科技大讲堂丛书

软件质量保证与测试
原理、技术与实践 微课视频版

董昕◎主编

董瑞志 梁艳 王杰◎副主编

清华大学出版社

北京

内 容 简 介

本书全面系统地讲述了软件质量保证与测试的概念、原理和典型方法，介绍了软件自动化测试案例。本书共 11 章，第 1 章是软件质量和软件测试概述，第 2～4 章分别讲述了软件质量标准、软件全面质量管理及软件质量保证，第 5～11 章分别讲述了软件测试基础、软件生命周期中的测试、软件静态测试技术、软件测试设计技术、软件测试管理、软件测试工具及软件自动化测试及其案例。

本书与最新 ISTQB(国际软件测试认证委员会)软件测试初级认证大纲 2018 版要求一致，便于读者所学知识与国际接轨；并提供了丰富的实例和实践要点，更好地把握了软件工程学科的特点，以便读者更容易理解所学的理论知识，掌握软件质量保证与测试的应用之道。

本书紧密结合专业标准和工程教育认证，可作为应用型本科院校软件工程专业、计算机应用专业和相关专业的教材，成为软件质量保证工程师和软件测试工程师的良师益友，并可作为其他各类软件工程技术人员的参考书。

图书在版编目(CIP)数据

软件质量保证与测试：原理、技术与实践：微课视频版/董昕主编. —北京：清华大学出版社，2022.5
(2023.8 重印)
(清华科技大讲堂丛书)
ISBN 978-7-302-58660-9

Ⅰ. ①软… Ⅱ. ①董… Ⅲ. ①软件质量－质量管理－高等学校－教材 ②软件－测试－高等学校－教材 Ⅳ. ①TP311.5

中国版本图书馆 CIP 数据核字(2021)第 142444 号

责任编辑：王冰飞　薛　阳
封面设计：刘　键
责任校对：刘玉霞
责任印制：杨　艳

出版发行：清华大学出版社
　　　　网　　　址：http://www.tup.com.cn，http://www.wqbook.com
　　　　地　　　址：北京清华大学学研大厦 A 座　　　邮　　编：100084
　　　　社 总 机：010-83470000　　　　　　　　　邮　　购：010-62786544
　　　　投稿与读者服务：010-62776969，c-service@tup.tsinghua.edu.cn
　　　　质量反馈：010-62772015，zhiliang@tup.tsinghua.edu.cn
　　　　课件下载：http://www.tup.com.cn，010-83470236
印 装 者：小森印刷霸州有限公司
经　　销：全国新华书店
开　　本：185mm×260mm　　　　印　张：19.5　　　　字　数：476 千字
版　　次：2022 年 5 月第 1 版　　　　　　　　　印　次：2023 年 8 月第 3 次印刷
印　　数：3001～4500
定　　价：59.80 元

产品编号：091207-01

新一轮科技革命和产业变革带动了传统产业的升级改造。党的二十大报告强调"必须坚持科技是第一生产力、人才是第一资源、创新是第一动力,深入实施科教兴国战略、人才强国战略、创新驱动发展战略,开辟发展新领域新赛道,不断塑造发展新动能新优势"。建设高质量高等教育体系是摆在高等教育面前的重大历史使命和政治责任。高等教育要坚持国家战略引领,聚焦重大需求布局,推进新工科、新医科、新农科、新文科建设,加快培养紧缺型人才。

随着信息产业日益成为我国的支柱性产业,特别是伴随软件"自主可控"战略上升至国家战略,软件行业正在以前所未有的速度蓬勃发展,因此也极大地带动了软件测试行业的快速发展。一方面,软件测试对于软件质量保障的重要性越来越多地得到软件企业和软件研发团队的重视,专业的软件测试人才需求不断扩大,软件测试已成为 IT 产业中的一个重要行业分支。另一方面,用人单位招聘不到合适的软件测试人员。软件测试人才不足,已成为制约我国软件产业发展的瓶颈之一。因此,急需培养大量适合软件企业需求的软件测试人员,高等院校特别是应用型本科院校需要加强软件测试技术相关课程的建设。

本书源起于全国部分理工类地方本科院校联盟(简称"G12 联盟")高校软件工程专业应用型课程教材建设。联盟各高校要按照"平等自愿、互信互利、共同发展"的原则,充分发挥专业建设的优质特色资源。成都工业学院选取软件工程专业牵头开展合作,并选择该专业优势核心课程"软件质量保证与测试"应用型课程及教材方面开展共建。该课程已获选四川省首批高校应用型示范课程。

本书主编在大型央企及全球 500 强企业从事软件工程的理论、技术研究及项目研发工作十余年,积累了丰富经验,并拥有敏捷专家、高级软件测试分析师、高级测试经理及需求分析师等多项国际认证;作为中国软件测试委员会专家,编写软件测试标准;作为国际高级软件测试经理讲师,为科研院所、大专院校、全球 500 强企业软件测试技术及管理人员授课。

在编写过程中,各位编者力求紧密结合软件工程专业近期的国内外标准、行业最佳实践,做到理论与实践相结合。本书知识体系与最新 ISTQB(国际软件测试认证委员会)软件测试初级认证大纲 2018 版要求一致,便于读者所学知识与国际接轨。本书参考了近期的国内外标准,例如 IEEE Std 730—2014、ISO 29119、ISO/IEC/IEEE 12207:2017、ISO/IEC/IEEE 90003:2018、GB/T 38634—2020、GB/T 25000.10—2016 及业界的最佳实践 CMMI V2.0、TMMI V1.2 等,并融入了编者在大型央企及全球 500 强企业从事软件工程的理论、技术研究及项目研发工作十余年积累的一些典型实际工程案例,与业界实践接轨,读者可学以致用。本书可作为应用型本科院校软件工程专业、计算机应用专业和相关专业的教材,成为软件质量保证工程师和软件测试工程师的良师益友,并可作为其他各类软件工程技术人员自学的参考书。

全书由董昕任主编，董瑞志、梁艳、王杰任副主编。第 1、3、8 章由董昕编写，第 2、4、9 章由董瑞志编写，第 5、6、7 章由梁艳编写，第 10、11 章由王杰编写，附录 A、B 由梁艳编写。实验指导书由董瑞志、董昕及王杰编写。全书由董昕负责统稿。

本书得到了国家留学基金管理委员会和四川省教育厅西部项目地方创新子项目及教育部春晖计划合作科研项目资助。各位领导、同事和朋友为此书的出版给予了诚恳的指导并给出了宝贵的意见。同时，特别感谢中国软件测试认证委员会（CSTQB）常务副理事长周震漪老师对本书编写的大力支持。感谢清华大学出版社的工作人员，他们的专业素质和敬业精神令我们感动。感谢我们亲爱的家人，这本书的写作占用了大量的业余时间，没有他们的理解、支持和鼓励，这本书很难和大家见面。另外，本书编写中借鉴了国内外一些专家学者的优秀研究成果，在此向他们表示衷心的感谢！

因编者水平所限，书中疏漏和不妥之处难免，恳请读者批评指正，并提出意见和建议，以帮助我们不断改进和完善。

编　者

2023 年 7 月

目录

第1章

软件质量和软件测试概述

1.1 软件质量

视频讲解

1.1.1 质量概念

质量的内容十分丰富,随着社会经济和科学技术的发展,也在不断充实、完善和深化。同样,人们对质量概念的认识也经历了一个不断发展和深化的历史过程。

国际标准化组织所制定的《质量术语》标准中,对质量做了如下的定义:质量是反映实体满足明确或隐含需求能力的特征和特征的总和。该定义中强调两点:

(1) 在合同环境中,需求是规定的,而在其他环境中,隐含需求则应加以识别和确定。

(2) 在许多情况下,需求会随时间而改变,这就要求定期修改规范。

从该定义可以看出,质量就其本质来说是一种客观事物具有某种能力的属性,由于客观事物具备了某种能力,才可能满足人们的需求,需求由以下两个层次构成。

第一层次是产品或服务必须满足规定或潜在的需求,这种需求可以是技术规范中规定的要求,也可以是在技术规范中未注明,但用户在使用过程中实际存在的需求。它是动态的、变化的、发展的和相对的,需求随时间、地点、使用对象和社会环境的变化而变化。因此,这里的需求实质上就是产品或服务的适用性。

第二层次是在第一层次的前提下质量是产品特征和特性的总和。因为,需求应加以表征,必须转换成有指标的特征和特性,这些特征和特性通常是可以衡量的:全部符合特征和特性要求的产品,就是满足用户需求的产品。因此,质量定义的第二个层次实质上就是产品的符合性。

另外,质量的定义中所说实体是指可单独描述和研究的事物,它可以是活动、过程、产品、组织、体系、人以及它们的组合。

从以上分析可知,企业只有生产出用户使用的产品,才能占领市场。而就企业内部来讲,企业又必须要生产符合质量特征和特性指标的产品。所以,企业除了要研究质量的适用性之外,还要研究符合性质量。

我国国家标准 GB/T 19000—2008(等同于国际标准 ISO 9001—2008)对质量的定义是:一组固有特性满足要求的程度。该定义可以从以下几个方面来理解。

(1) 质量对质量的载体不做界定,说明质量是可以存在于不同领域或任何事物中。对质量管理体系来说,质量的载体不仅针对产品,即过程的结果(如硬件、流程、软件和服务),也针对过程和体系或者它们的组合。也就是说,质量既可以是零部件、计算机软件或服务等产品的质量,也可以是某项活动的工作质量或某个过程的工作质量,还可以是指企业的信誉、体系的有效性。

(2) 定义中的特性是指事物所特有的性质,固有特性是事物本来就有的,它是通过产品、过程或体系设计和开发及其后之实现过程形成的属性。例如,物质特性(如机械、电气、化学或生物特性)、感官特性(如用嗅觉、触觉、味觉、视觉等感觉控测的特性)、行为特性(如礼貌、诚实、正直)、时间特性(如准时性、可靠性、可用性)、人体工效特性(如语言或生理特性、人身安全特性)、功能特性(如飞机最高速度)等。这些固有特性的要求大多是可测量的。赋予的特性(如某一产品的价格)并非是产品、体系或过程的固有特性。

(3) 满足要求就是应满足明示的(如明确规定的)、通常隐含的(如组织的惯例、一般习惯)或必须履行的(如法律法规、行业规则)需求和期望。只有全面满足这些要求,才能评定为好的质量或优秀的质量。

(4) 顾客和其他相关方对产品、体系或过程的质量要求是动态的、发展的和相对的。它将随着时间、地点、环境的变化而变化。所以,应定期对质量进行评审,按照变化的需求和期望,相应地改进产品、体系或过程的质量,确保持续地满足顾客和其他相关方的要求。

(5) 质量一词可用形容词如较差、良好或优秀等来修饰。

在质量管理过程中,质量的含义是广泛的,除了产品质量之外,还包括工作质量。质量管理不仅要管好产品本身的质量,还要管好质量赖以产生和形成的工作质量,并以工作质量为重点。

1.1.2 软件及软件质量概念

要理解软件的含义,必须明确软件的特征,并据此知道软件与人类建造的其他事物之间的区别。根据电气和电子工程师协会(Institute of Electrical and Electronics Engineers,IEEE)的定义,软件是计算机程序、规程以及可能的相关文档和运行计算机系统需要的数据。软件包含计算机程序、规程、文档和软件系统运行所必需的数据四个部分。

软件是逻辑产品,而不是物理产品,所以软件具有和硬件完全不同的特征,如图 1.1 所示。软件是开发产生的,而不是用传统方法制造;软件不会像硬件一样有磨损;很多软件不能通过已有构件组装,只能自己定义。

IEEE 关于软件质量的定义是:系统、部件或过程满足需求的程度;系统、部件或过程满足顾客或用户需求或期望的程度。该定义相对客观,强调了产品(或服务)和客户/社会需求的一致性。根据美国国家标准学会(American National Standards Institute,ANSI)的标准陈述,软件质量定义为"与软件产品满足规定的和隐含的需求的能力有关的特征和特性的全体",即软件产品中能满足用户给定需求的全部特性的集合,软件具有所期望的各种属性

图 1.1   计算机硬件及软件

组合的程度,用户主观得出的软件是否满足其综合期望的程度,决定所用软件在使用中将满足其综合期望程度的软件合成特性。

系统的质量是系统满足其各利益相关者的明确和隐含需求的程度,从而提供价值。这些利益相关者的需求(功能、性能、安全性、可维护性等)正是质量模型中所代表的,它将产品质量分为特征和子特征。质量模型是产品质量评估系统的基石。质量模型确定在评估软件产品的属性时将考虑哪些质量特性。ISO/IEC 25010 中定义的软件产品质量模型包括下列八个质量特性:功能适应性、性能效率、兼容性、易用性、可靠性、安全性、可维护性、可移植性。每个特性由一组相关子特性组成,如图 1.2 所示。

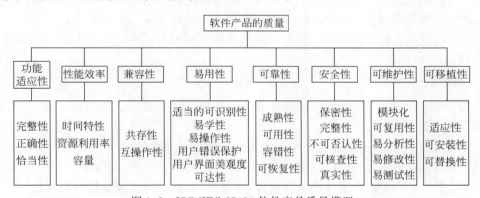

图 1.2   ISO/IEC 25010 软件产品质量模型

1. 功能适应性

该特征表示产品或系统在特定条件下使用时提供满足规定和隐含需求的功能的程度。该特征由以下子特征组成。

(1) 完整性:功能集涵盖所有指定任务和用户目标的程度。

(2) 正确性:产品或系统以所需精度提供正确结果的程度。

(3) 恰当性:功能促进完成特定任务和目标的程度。

2. 性能效率

该特征表示相对于在所述条件下使用的资源量的性能。该特征由以下子特征组成。

(1) 时间特性:产品或系统在执行其功能时的响应和处理时间以及吞吐率满足要求的

程度。

（2）资源利用率：产品或系统在执行其功能时使用的资源数量和类型满足要求的程度。

（3）容量：产品或系统参数的最大限制满足需求的程度。

3. 兼容性

该特征表示产品、系统或组件可以与其他产品、系统或组件交换信息和（或）执行其所需功能的程度，同时共享相同的硬件或软件环境。该特征由以下子特征组成。

（1）共存性：产品可以有效地执行其所需功能的程度，同时与其他产品共享公共环境和资源，而不会对任何其他产品产生不利影响。

（2）互操作性：两个或多个系统、产品或组件可以交换信息并使用已交换信息的程度。

4. 易用性

该特征表示指定用户在特定使用环境中使用产品或系统实现特定目标的有效和满意程度。该特征由以下子特征组成。

（1）适当的可识别性：用户可以识别产品或系统是否适合其需求的程度。

（2）易学性：指定用户在特定使用环境中学习使用产品或系统的有效性、高效、免于风险和满意度的特定目标。

（3）易操作性：产品或系统具有使其易于操作和控制的属性的程度。

（4）用户错误保护：系统保护用户免于出错的程度。

（5）用户界面美观度：用户界面为用户提供令人愉悦和满意的交互的程度。

（6）可达性：具有广泛特征和能力的人员在特定使用环境中可以使用产品或系统实现特定目标的程度。

5. 可靠性

该特征表示系统、产品或组件在指定条件下在指定时间段内执行指定功能的程度。该特征由以下子特征组成。

（1）成熟性：系统、产品或组件在正常操作下满足可靠性的程度。

（2）可用性：系统、产品或组件在需要使用时可以运行和访问的程度。

（3）容错性：尽管存在硬件或软件故障，系统、产品或组件按预期运行的程度。

（4）可恢复性：在发生中断或故障的情况下，产品或系统可以恢复受影响的数据并重新建立所需的系统状态的程度。

6. 安全性

该特征表示产品或系统保护信息和数据的程度，以便人员或其他产品或系统具有适合其类型和授权级别的数据访问级别。该特征由以下子特征组成。

（1）保密性：产品或系统确保只有经授权访问的人才能访问数据的程度。

（2）完整性：系统、产品或组件防止未经授权访问或修改计算机程序或数据的程度。

（3）不可否认性：可以证明行为或事件发生的程度，以便以后不能否定发生的事件或行动。

（4）可核查性：可以将实体的操作唯一地跟踪到实体的程度。

（5）真实性：可以证明主体或资源的身份是所声称的身份的程度。

7．可维护性

该特征表示可以修改产品或系统使其改进或使其适应环境变化和要求的有效性和效率。该特征由以下子特征组成。

（1）模块化：系统或计算机程序由离散组件组成的程度，以便对一个组件的更改对其他组件的影响最小。

（2）可复用性：资产可以在多个系统中使用或构建其他资产的程度。

（3）易分析性：可用于评估一个或多个部件的预期变更对产品或系统的影响，或诊断产品的缺陷或故障原因，或识别要修改的部件有效程度和效率。

（4）易修改性：在不引入缺陷或降低现有产品质量的情况下，可以有效和高效地修改产品或系统的程度。

（5）易测试性：可以为系统、产品或组件建立测试标准的有效性和效率程度，以确定是否已满足这些标准。

8．可移植性

该特征表示系统、产品或组件可以从一个硬件、软件或其他操作或使用环境转移到另一个的有效程度和效率。该特征由以下子特征组成。

（1）适应性：产品或系统可以有效和高效地适应不同或不断发展的硬件、软件或其他操作或使用环境的程度。

（2）可安装性：在指定环境中成功安装和（或）卸载产品或系统的有效性和效率。

（3）可替换性：产品在同一环境中为同一目的替换另一个指定软件产品的程度。

在每个质量特性中都有依从性的子特性，至于在某些安全关键或受控环境下，每个质量特性可能需要遵守特定的标准和法规。由于标准在不同行业有很大的变化，所以在此不做深入讨论。如果软件质量保证人员和测试人员在一个受依从性需求影响的环境中工作时，理解这些需求以及确保测试和测试文档满足依从性需求是很重要的。

对所有质量特性和子特性，必须识别典型风险，以便形成合适的测试策略并将其文档化。质量特性测试需要特别关注生命周期时间点、所需工具、软件和文档的可用性和技术专长。如果没有对每个特性和其独特的测试需求策略进行规划，那么测试人员在制订时间计划表时可能无法正确地规划出测试计划、测试准备和测试执行的时间。某些测试，例如性能测试需要大规模的计划，需要专用的设备、特定的工具、专业的测试技能以及（通常情况下还需要）大量的时间。质量特性和子特性的测试必须通过为相应的工作量分配足够的资源来集成到整体测试时间表中。这些领域中的每项都有特定的需求，面向特定的问题，而且它们可能出现在软件生命周期的不同时段。

软件质量保证人员和测试人员在软件进入生产阶段前的测试中收集质量特性的度量，而这些度量是构成软件系统的供应商和项目干系人（如客户、运营商）之间的服务等级协议（Service Level Agreement，SLA）的基础。在某些情况下，可能在软件进入生产阶段后需要继续执行测试，通常是由一个独立的或在相同领域的团队或组织负责。这通常是效率和可靠性测试，在这些测试中，在实际的生产环境中与在测试环境中的测试结果往往会不同。

当软件项目负责人主要关注在编制和报告汇总有关质量特性和子特性的度量信息时，软件质量保证人员和测试人员则负责收集每个度量的信息。

1.1.3　软件质量评价体系

用户常说某软件好用,某软件功能全、结构合理、层次分明,这些表述很含糊,用来评价软件质量不够确切,不能作为企业选购软件的依据。对于企业来说,开发单位按照企业的需求,开发一个应用软件系统,按期完成并移交使用,系统正确执行用户规定的功能,仅满足这些是远远不够的。因为企业在引进一套软件过程中,常常会出现如下问题。

(1) 定制的软件可能难以理解、难以修改,在维护期间,企业的维护费用大幅增加。

(2) 企业对外购的软件质量存在怀疑,企业评价软件质量没有一个恰当的指标,对软件可靠性和功能性指标了解不足。

(3) 软件开发组织缺乏历史数据作为指南,所有关于进度和成本的估算都是粗略的。因为没有切实的生产率指标,没有过去软件开发过程的数据,企业无法精确评价开发商的工作质量。

为此,有必要先了解软件的质量评价体系。美国的 B. W. Boehm 和 R. Brown 先后提出了三个层次的评价度量模型:软件质量要素、准则、度量。随后,G. Mruine 提出了软件质量度量(Software Quality Measurement,SQM)技术。波音公司在软件开发过程中采用了SQM 技术,日本的 NEC 公司也提出了自己的 SQM 工具,并且在成本控制和进度安排方面取得了良好的效果。

第一层是软件质量要素,可分解成八个要素,如图 1.2 所示。

第二层是评价准则,包括精确性(在计算和输出时所需精度的软件属性)、健壮性(在发生意外时,能继续执行和恢复系统的软件属性)、安全性(防止软件受到意外或蓄意的存取、使用、修改、毁坏或泄密的软件属性),以及通信有效性、处理有效性、设备有效性、可操作性、培训性、完备性、一致性、可追踪性、可见性、硬件系统无关性、软件系统无关性、可扩充性、公用性、模块性、清晰性、自描述性、简单性、结构性、产品文件完备性。

第三层是度量,根据软件的需求分析、概要设计、详细设计、实现、组装测试、确认测试和维护与使用七个阶段,制定了针对每一个阶段的问卷表,以此实现软件开发过程的质量控制。对于企业来说,不管是定制还是外购软件后的二次开发,了解和监控软件开发过程每一个环节的进展情况、产品水平都是至关重要的,因为软件质量的高低,很大程度上取决于用户的参与程度。

这里需要说明以下几点。

(1) 不同类型的软件,如系统软件、控制软件、管理软件、教育软件、网络软件及不同规模的软件,对于质量要求、评价准则、度量问题的侧重点有所不同,应加以区别。

软件质量保证和评价活动有其不同的侧重点。在需求分析、概要设计、详细设计及其实现阶段,主要评价软件需求是否完备,设计是否完全反映了需求以及编码是否简洁、清晰。而且,每一个阶段都存在一份特定的度量工作表,它由特定的度量元组成,根据度量元的得分就可逐步得到度量准则、要素的得分,并在此基础上做出评价。这一点很适用于同软件开发商合作开发的企业。

(2) 对软件质量各阶段都进行度量的根本目的是以此控制成本、进度,改善软件开发的效率和质量,但是,目前大规模的软件公司在我国并不多,大多数软件开发单位都缺乏软件质量保证与软件质量评价的专门部门,因而企业可以委托专业机构参与帮助软件质量控制与保证。例如,美国的 METRTQS 公司就是专门从事软件质量评价的公司,而日本的 NEC公司是由公司内部的软件质量保证组织进行软件质量评价。

(3) 企业选择软件供应商、开发商,需要考察该公司是否建立起自己的软件质量度量和评价数据,数据库中是否存有与本企业所在行业相关的软件,是否具有相关的开发经验。

软件在企业中的应用越来越广泛,获取软件的途径有四种:自行开发、直接外购、外购再二次开发、与软件开发商合作开发。其中,又以合作开发最为普遍,因为这种方式更能满足企业独特的业务流程,更有针对性。合作开发的软件是否好用、质量如何,就需要用到上文中的质量衡量标准。目前有一些比较好的软件质量评价平台,就是根据被测软件的类型和特点,针对软件八大质量特性,选择不同的度量元,形成的评价体系,以此为依据,对被测软件进行定性、定量、独立的技术测试,注重的是用数字说话,更具科学性。例如,企业选购财务软件,首先是要满足功能性,其次是可靠性。软件可靠性的依据不是软件已经过多少周的测试、调试,而是在可靠性预测模型中,定量地估计出软件中每千行代码(Thousand Lines Of Code,KLOC)尚存在多少个错误没有被消除。更进一步,通过软件质量测量,用户知道该财务软件在今后使用中的平均失效前工作时间(Mean Time To Failure,MTTF)和平均失效间隔时间(Mean Time Between Failure,MTBF),这样企业评价一套软件,就有据可依了。

1.2　软件测试

1.2.1　软件测试的意义

视频讲解

软件系统是生活中不可或缺的一部分,包括从商业应用(如银行系统)到消费产品(如汽车)的各个领域。然而,很多人都有过这样的经历:软件并没有按照预期进行工作。不能正常工作的软件会导致许多问题,包括资金、时间和商业声誉的损失,甚至是伤害或死亡。软件测试是评估软件质量和降低软件运行中出现失效风险的一种方法。

对测试的常见误解是,它只包含运行测试,即执行软件和检查结果。软件测试是一个包含许多不同活动的过程,测试执行(包括检查结果)只是这些活动之一。测试过程还包括诸如测试计划、测试分析、测试设计、测试实施、报告测试进度和结果,以及评估测试对象的质量等活动。有些测试确实涉及被测组件或系统的执行,这种测试称为动态测试。不涉及运行被测组件或系统的测试,称为静态测试。所以,测试还包括评审工作产品,如需求、用户故事和源代码。另一个关于测试的常见误解是,它只关注需求、用户故事或其他规格说明的验证。虽然测试确实涉及检查系统是否满足指定的需求,但它也包含确认,即检查系统在其运行的环境中是否满足用户和其他干系人的需求。

软件错误、缺陷和失效这三个概念容易混淆,下面讲解这三个概念的区别。所有人都会犯错误。发生错误的原因有很多种,例如:

- 时间压力;
- 人本身容易犯错;
- 项目参与者缺乏经验或技能不足;

- 项目参与者之间沟通有误，包括需求和设计之间的沟通误解；
- 代码、设计、架构的复杂度，待解决的潜在问题和(或)使用的技术；
- 对系统内和系统间接口的误解，特别是当系统内和系统间的交互数量比较多的时候；
- 新的不熟悉的技术。

　　缺陷(bug)原指飞虫，bug 亦为计算机术语，意即因为程序有误，而在软件运行时出现不正常操作，导致系统宕机、忽然中断或数据丢失等问题。爱迪生在 1878 年一封书信中提到 bug 就是发明过程中的小错误和困难。至于软件的 bug，则是 1947 年在哈佛大学被发现的。美国科学家葛丽丝·霍普(Grace Hopper)和她的团队的计算机突然不能正常操作，大家仔细追查后发现，原来是一只飞蛾飞入其中一台计算机所致，如图 1.3 所示。之后，bug 渐渐用来称呼计算机和软件出现的潜在错误。飞蛾事件也启发了葛丽丝·霍普开始以 debug(调试)一词说明解决软件 bug 的动作和过程，因此她又被称为"debug 之母"。

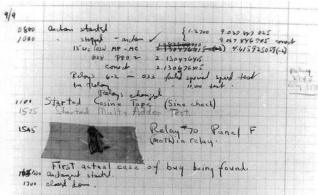

图 1.3　葛丽丝·霍普及第一个软件缺陷

　　软件缺陷为计算机软件或程序中存在的某种破坏正常运行能力的问题、错误或者隐藏的功能缺陷。缺陷的存在会导致软件产品在某种程度上不能满足用户的需求。IEEE 对缺陷有一个标准的定义：从产品内部看，缺陷是软件产品开发或维护过程中存在的错误、毛病等各种问题；从产品外部看，缺陷是系统所需要实现的某种功能的失效或违背。在一个工作产品中引入的缺陷就可能会导致其他相关工作产品都引入缺陷。例如，需求引发的错误就可能导致需求缺陷，需求缺陷就会导致编程错误，这样代码中就存在缺陷。在软件开发生命周期的后期，修复检测到的软件错误的成本较高。

　　软件缺陷的主要类型有：

- 软件未实现产品说明书要求的功能，即该有的功能没有；
- 软件出现产品说明书指明不该出现的错误；
- 软件实现了产品说明书未说明的功能，即出现不该有的功能；
- 软件未实现产品说明书未明确提及但应实现的目标，即该有的隐含功能没有；
- 软件难以理解，不好用，运行速度慢，或软件测试人员、最终用户认为软件不好。

　　以计算器程序为例，计算器的产品规格说明规定其应能准确无误地进行加、减、乘、除运算，如图 1.4 所示。如果按下加法键，没什么反应，就是第一种类型的缺陷；若计算结果出错，也是第一种类型的缺陷。产品规格说明书还规定计算器不会死机，或者停止反应。如果随意按键导致计算器停止接受输入,这就是第二种类型的缺陷。如果使用计算器进行测试,发现除了加、减、乘、除之外还可以求平方根,但是产品规格说明没有提及这一功能模块,这是第三种类型的缺陷——软件实现了产品规格说明书中未提及的功能模块。在测试计算器时若发现电池电量不足会导致计算不正确,而产品说明书是假定电池一直都有电的,从而发现第四种类型的错误。软件测试工程师如果发现某些地方不对,例如,测试工程师认为按键太小、"+"键布置的位置不好按、在亮光下看不清显示屏等,无论什么原因,都认定为缺陷,而这正是第五种类型的缺陷。

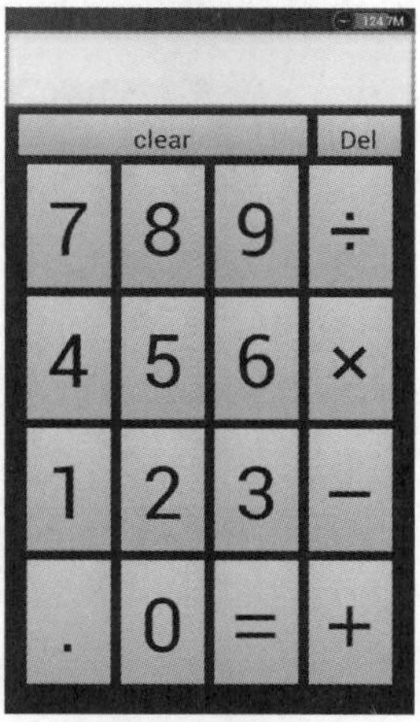

图 1.4　计算器程序

如果执行了存在缺陷的代码,就可能导致失效,但不一定在所有情况下都是这样。例如,有些缺陷需要非常特殊的输入或先决条件才能触发失效,这种失效可能很少发生,也可能永远不会发生。除了代码中的缺陷导致的失效之外,环境条件也可能导致失效,例如,辐射、电磁场和污染等都有可能引起固件中的失效,或者由于硬件环境的改变而影响软件的执行。但并非所有意外的测试结果都属于失效。由于测试执行方式的错误,或者由于测试数据、测试环境或其他测试件中的缺陷,又或者由于其他的原因,可能会出现假阳性结果(误报)。相反的情况也有可能发生,即相似的错误或缺陷会导致假阴性结果(缺陷的漏报)。假阴性结果指的是没有发现测试应该要发现的缺陷;假阳性结果记录为缺陷,但实际上并不是缺陷。

1.2.2　软件失效的实例

下面列举了多年来发生的一些重大的灾难事件,看看因为软件失效会给人们带来多大的损失。

图 1.5　无人卫星发射火箭阿丽亚娜 5 号

1996 年,欧洲当时最先进的无人卫星发射火箭阿丽亚娜 5 号(图 1.5),重用了其前身阿丽亚娜 4 号的系统软件。不幸的是,阿丽亚娜 5 号的发动机遭遇了在之前的型号中没有被发现的漏洞。在火箭首次发射后的 36s 内,出现了多次计算故障,工程师不得不按下自毁按钮。原来,系统软件试图将一个 64 位的数字塞入 16 位的空间,由此产生的溢出导致主计算机和备份计算机(它们都运行完全相同的软件系统)崩溃。阿丽亚娜 5 号的开发成本近 80 亿美元,并携带了造价 5 亿美元的卫星,然而它们都化为了灰烬。

2008 年,英国希思罗机场 5 号航站楼(图 1.6)在正式开通之前,工作人员全面测试了全新的行李处理系统。所有的测试都很完美,唯独在航站楼正式开放的那一天却出了状况。当乘客手动从系统中取出行李时,导致整个系统产生混乱,进而关闭。在接下来的 10 天里,约有 42 000 件行李滞留机场,超过 500 架次航班取消。

图 1.6　英国希思罗机场 5 号航站楼

有时候,软件失效导致的成本无法用金钱来衡量。1991 年 2 月,美国在沙特阿拉伯部署的爱国者导弹防御系统(图 1.7)未能侦测到对一处军营的攻击。该袭击导致 28 名美国士兵丧生。一份美国政府报告指出,一个软件问题导致跟踪计算不准确,系统运行的时间越长,这个问题就越严重。事发当天,该系统已经运行了 100 多小时,而且不准确度严重到足以导致系统无法侦测到入侵导弹。

图 1.7　爱国者导弹

下面回顾波音 737 MAX 机型(图 1.8)由于软件失效引发的两次惨痛空难。2018 年 10 月 29 日 6 时 20 分(当地时间),一架载有 189 名乘客和机组人员的印度尼西亚狮航的波音 737 MAX8 客机(航班号 JT610),从雅加达苏加诺·哈达国际机场飞往邦加勿里洞省槟港。飞机起飞 13min 后失联,随后被确认在西爪哇省加拉璜(Karawang)附近海域坠毁。机上人员全部遇难。2019 年 3 月 10 日 8 时 38 分(当地时间),一架载有 157 名乘客和机组人员的埃塞俄比亚航空公司波音 737 MAX8 客机(航班号 ET302),从亚的斯亚贝巴飞往内罗毕。飞机起飞 6min 后失联,随后被确认坠毁,机上人员全部遇难。这是狮航客机坠毁后 5 个月内该机型遭遇的又一次空难。经过调查发现,波音 737 MAX 客机的飞行控制预警软件系统遗漏了一些关于防失速系统的重要保护机制。两次空难使得波音 737 MAX 机型面临前所未有的信任危机,波音 737 MAX 机型全面停飞,波音公司损失或达 5000 亿美元。

图 1.8　狮航和埃航失事前后的波音 737 MAX 客机

纵观计算机的历史,软件和系统的交付使用是很常见的,但是由于缺陷的存在,会导致软件和系统的失效,或者没有满足干系人的需求。然而,使用适当的测试技术可以减少这种有问题交付的频率,只要这些技术是在适当的测试技能水平、适当的测试级别和软件开发生命周期的适当点上得到应用。例如:

- 让测试人员参与需求评审或用户故事细化,可以发现这些工作产品中的缺陷。识别和修复需求缺陷可以减少被开发功能的不正确或不可测试的风险。
- 在系统设计过程中,让测试人员与系统设计人员密切合作,可以提高各方对设计和如何测试的理解。理解的增加可以降低基本设计缺陷的风险,并使测试能够尽早介入。
- 在开发代码过程中,让测试人员与开发人员密切合作,可以提高各方对代码以及如何测试的理解。理解的增加可以降低代码和测试中出现缺陷的风险。
- 让测试人员在发布之前对软件进行验证和确认,可能发现之前遗漏的失效,并帮助修复导致失效的缺陷(即调试)。这样就增加了软件满足干系人需求的可能性。

1.2.3　软件测试的定义

视频讲解

软件测试是伴随着软件的产生而产生的。早期的软件开发过程中软件规模都很小、复杂程度低,软件开发的过程混乱无序、相当随意,测试的含义比较狭窄,开发人员将测试等同于调试,目的是纠正软件中已经知道的故障,常常由开发人员自己完成这部分工作。对测试的投入极少，测试介入也晚，常常是等到形成代码，产品已经基本完成时才进行测试。

事实上，测试和调试是两个不同的概念，如表 1.1 所示。执行测试可以发现由于软件缺陷引起的失效。而调试是发现、分析和修复这些缺陷的开发活动。随后的确认测试检查修复活动是否解决了缺陷。有的时候，测试人员负责开始及最终的确认测试，而开发人员则负责调试及相关的组件测试。然而，在敏捷开发和其他一些软件生命开发周期中，测试人员也可能会参与调试和组件测试。

表 1.1　测试与调试比较

项　　目	测　　试	调　　试
目的	证明程序存在缺陷	定位并解决程序缺陷
条件与结果是否已知	条件和预期结果已知，实际结果未知	内部条件未知，结果未知
有无计划	有计划，设计测试用例	无计划，不受时间约束
执行有无规程	执行有规程	执行往往靠灵感
执行主体	测试人员执行	开发人员执行

到了 20 世纪 80 年代初期，软件和 IT 行业有了长足发展，软件趋向大型化、高复杂度，软件的质量也越来越受到重视。这个时候，一些软件测试的基础理论和实用技术开始形成，并且人们开始为软件开发设计了各种流程和管理方法，软件开发的方式也逐渐由混乱无序的开发过程过渡到结构化的开发过程，以结构化分析与设计、结构化评审、结构化程序设计以及结构化测试为特征。人们还将"质量"的概念融入其中，软件测试定义发生了改变，测试不单纯是一个发现错误的过程，而是将测试作为软件质量保证（Software Quality Assurance，SQA）的主要职能，包含软件质量评价的内容。Bill Hetzel 在《软件测试完全指南》（*Complete Guide of Software Testing*）一书中指出："测试是以评价一个程序或者系统属性为目标的任何一种活动。测试是对软件质量的度量。"这个定义至今仍被引用。软件开发人员和测试人员开始坐在一起探讨软件工程和测试问题。美国计算机科学家梅耶（Glenford J. Myers）在其经典著作《软件测试的艺术》（图 1.9）中提出以下观点。

图 1.9　梅耶及其著作《软件测试的艺术》

- 测试是程序的执行过程,目的在于发现错误。
- 一个好的测试用例在于能发现至今未发现的错误。
- 一个成功的测试是发现了至今未发现的错误的测试。

软件测试已有了行业标准(IEEE/ANSI),IEEE 提出的软件工程术语中给软件测试下的定义是:使用人工或自动的手段来运行或测定某个软件系统的过程,其目的在于检验它是否满足规定的需求或弄清预期结果与实际结果之间的差别。IEEE 颁布的软件工程标准术语集明确指出:软件测试的目的是检验软件系统是否满足需求。它再也不是一个一次性的,而且只是开发后期的活动,而是与整个开发流程融合成一体。软件测试已成为一个专业,需要运用专门的方法和手段,需要专门人才和专家来承担。

对于给定的任何项目,其测试目标可以包括:

- 评估工作产品,例如需求、用户故事、设计和代码;
- 验证是否实现了所有指定的需求;
- 确认测试对象是否完成,并按照用户和其他干系人期望那样工作;
- 建立对被测对象质量级别的信心;
- 预防缺陷;
- 发现失效和缺陷;
- 为干系人提供足够的信息以允许他们做出明智的决策,特别是关于测试对象的质量级别;
- 降低软件质量不足带来的风险,例如运行软件时,发现了之前未发现的失效;
- 遵守合同、法律或法规要求或标准,验证测试对象是否符合这些要求或标准。

根据被测组件或系统的环境、测试级别和软件开发生命周期模型的不同,测试目标会有所变化。例如,在组件测试时,尽可能多地发现失效,以便尽早识别和修复潜在的缺陷可能是其中一个目标。而另一个目标可能是增加组件测试时的代码覆盖率。在验收测试时,确认系统能够按照预期工作并且满足用户需求可能是其中一个目标,而另一个测试目标可能是为干系人提供关于在给定时间发布系统的风险信息。

1.2.4　软件测试的方法

(1) 根据测试时是否运行被测体,可分为动态测试和静态测试。

静态测试(Static Testing)是指不运行被测体本身,对需求规格说明书、软件设计说明书、源程序做结构分析、流程图分析、符号执行来找错。静态测试包括:对于程序测试,主要是测试代码是否符合相应的标准和规范;对于界面测试,主要测试软件的实际界面与需求中的说明是否相符;对于文档测试,主要测试用户手册和需求说明是否真正符合用户的实际需求。具体到程序的静态测试则不运行被测程序本身,仅通过分析或检查源程序的文法、结构、过程、接口等来检查程序的正确性。静态方法通过程序静态特性的分析,找出欠缺和可疑之处,例如,不匹配的参数、不适当的循环嵌套和分支嵌套、不允许的递归、未使用过的变量、空指针的引用和可疑的计算等。静态测试结果可用于进一步的查错,并为测试用例选取提供指导。

静态测试的检查项为代码风格和规则审核、程序设计和结构的审核、业务逻辑的审核、走查、审查与技术复审手册。静态测试常用工具有：klockwork(图 1.10)、Logiscope、PRQA 等。软件静态测试技术这一章将进一步详细介绍静态测试过程、评审及静态分析与工具支持等内容。

图 1.10 klockwork 静态代码分析工具

动态测试(Dynamic Testing)是指通过运行被测体,检查运行结果与预期结果的差异,并分析运行效率、正确性和健壮性等性能。这种方法由三部分组成：构造测试用例、执行程序、分析程序的输出结果。动态测试作为测试的主要方法,将在软件动态测试技术这一章做详细的介绍。

(2) 根据测试时是否查看程序内部结构或按被测体可见与否,可分为白盒测试、黑盒测试及灰盒测试。

白盒测试(White Box Testing),又称结构测试或者逻辑驱动测试。白盒测试是把测试对象看作一个打开的盒子。进行白盒测试时,需要测试软件产品的内部结构和处理过程。白盒测试法的覆盖标准有逻辑覆盖、循环覆盖和基本路径测试。其中,逻辑覆盖包括语句覆盖、判定覆盖、条件覆盖、判定/条件覆盖、条件组合覆盖和路径覆盖。白盒测试时已知产品内部工作过程,可通过测试来检测产品内部动作是否按照规格说明书的规定正常进行,按照程序内部的结构测试程序,检验程序中的每条通路是否都能按预定要求正确工作。

白盒测试的优点有：

- 深入程序内部,测试粒度到达模块、函数甚至语句,从程序具体实现的角度发现问题;
- 黑盒测试的有力补充,二者结合才能将软件测试做到位。

白盒测试的缺点有：

- 很难考虑是否完全满足设计说明书、需求说明书或用户实际需求,较难查出程序中遗漏的路径;
- 高覆盖率要求,测试工作量远超过黑盒测试;
- 需要测试人员用尽量短的时间理解开发人员编写的代码;
- 对测试人员要求高,测试人员站在一定高度(思维跳出程序)设计测试用例和开展测试。

白盒测试的常用工具有：JUnit、VcSmith、JContract、C++ Test、CodeWizard、Logiscope 等。

黑盒测试(Black Box Testing),又称功能测试或者数据驱动测试。黑盒测试是根据软件的规格对软件进行的测试,这类测试不考虑软件内部的运作原理,因此软件对用户来说就像一个黑盒子。软件测试人员以用户的角度,通过各种输入和观察软件的各种输出结果来发现软件存在的缺陷,而不关心程序具体如何实现的一种软件测试方法。黑盒测试的重点是设计测试用例,用尽量少的测试用例,测试尽量多的软件需求。黑盒测试常用工具有：AutoRunner、WinRunner 等。

黑盒测试的优点有：

- 应用面广：成本低见效快,产品(功能块,集成模块,系统)在第一轮测试时,首选黑盒测试,符合企业测试实践。
- 准备时间较短：不需要测试人员知道软件内部的逻辑结构和实现方法,不提供源代码的项目也适用。

- 可借助自动化测试工具提高效率：工作量大的项目及多轮功能测试，可考虑采用自动化。

黑盒测试的缺点有：

- 很难做到测试技能与各种业务熟悉度紧密结合，因为黑盒测试工作质量的好坏由测试用例设计的质量决定，而测试者对行业业务的熟悉程度又确定测试用例设计的质量。
- 缺陷定位有时不够准确，可能误导开发人员。

白盒测试和黑盒测试的特征比较见表1.2。

表 1.2 黑盒测试与白盒测试的比较

项 目	黑 盒 测 试	白 盒 测 试
目标	功能测试	结构测试
优点	从用户角度测试	对程序内部特定部位进行覆盖测试
缺点	无法测试程序内部特定部位； 无法发现需求的错误	无法检测程序自身逻辑错误； 无法检测遗漏的需求规定的功能
具体方法	边界分析法、等价类划分法、决策表法	语句覆盖、判断覆盖、条件覆盖等

灰盒测试（Gray Box Testing）是介于白盒测试与黑盒测试之间的一种测试，不仅关注输出、输入的正确性，同时也关注程序内部的情况。灰盒测试在需求分析阶段可通过需求说明书了解用户需求，利用黑盒测试思路设计测试用例，根据已有编程和测试经验，补充白盒测试用例。在开发阶段，测试人员拿到代码，直接人工阅读代码（静态测试），进行白盒测试；借助于白盒测试工具，实现各种覆盖测试。

该部分内容将在第6章软件生命周期中的测试中做进一步介绍。

（3）根据测试阶段及级别划分，可分为组件测试、集成测试、系统测试及验收测试。

① 组件测试（Unit Testing）是指对软件中的最小可测试组件进行检查和验证。桩模块（Stub）是指模拟被测模块所调用的模块。驱动模块（Driver）是指模拟被测模块的上级模块。驱动模块用来接收测试数据，启动被测模块并输出结果。

② 集成测试（Integration Testing）是组件测试的下一阶段，是指将通过测试的组件模块组装成系统或子系统，再进行测试，重点测试不同模块的接口部分。集成测试就是用来检查各个组件模块结合到一起能否协同配合，正常运行。

③ 系统测试（System Testing）指的是将整个软件系统看作一个整体进行测试，包括对功能、性能以及软件所运行的软硬件环境进行测试。系统测试的主要依据是《系统需求规格说明书》文档。

④ 验收测试（Acceptance Testing）指的是在系统测试的后期，以用户测试为主，或有测试人员等质量保障人员共同参与的测试，它也是软件正式交给用户使用的最后一道工序。

验收测试又分为 α 测试和 β 测试，其中，α 测试指的是由用户、测试人员、开发人员等共同参与的内部测试，而 β 测试指的是内测后的公测，即完全交给最终用户测试。

该部分内容将在第6章中做进一步详细的介绍。

1.2.5 软件缺陷的修复代价

缺陷的根本原因是导致缺陷产生的最早的行为或条件。可以分析缺陷并找出其根本原因，以防止类似的缺陷以后再发生。通过将关注点放在最重要的根本原因，可以促进过程的改进，从而防止将来引入大量的缺陷。例如，假设由于一行不正确的代码，支付了错误的利息，导致了客户投诉，由于产品所有者对如何计算利息有误解，所以为模糊的用户故事编写了有缺陷的代码。如果在利息计算中存在很大比例的缺陷，并且引发这些缺陷的根本原因来源于类似的误解，那么需要为产品所有者进行利息计算相关主题的培训，以便在未来减少这类缺陷。在这个例子中，客户投诉是影响，支付错误的利息属于失效，代码中的错误计算属于缺陷，它是由模糊的用户故事中的原始缺陷造成的。原始缺陷产生的根本原因是产品所有者知识的缺乏，导致产品所有者在编写用户故事时犯了错误。

软件业的发展推动了社会经济的快速发展，但是软件质量却变得越来越难以控制。从某种程度上说，软件产品的竞争力已经不完全取决于技术的先进，更重要的是取决于软件质量的稳定。然而对于软件开发而言，软件缺陷始终是不可避免的，为此付出的代价和成本是巨大的。研究表明，大约有 60% 的错误是在设计阶段之前引入的，并且修正一个软件错误所需要的费用将随着软件生存期的进展而上升。错误发现得越晚，修复它的费用就越高，而且呈指数上升的趋势。在软件的编码测试阶段遗漏编码缺陷，如果到系统测试时才发现，那么这时纠正缺陷所花费的成本是在编码阶段纠错花费的成本的 7 倍以上，而且测试后程序中残存的错误数目与该程序中已发现的错误数目（即检错率）很可能成正比。能否及早地将缺陷信息从软件产品开发过程中反馈回来，是软件质量生存期中最重要的一步。以一个典型的瀑布模型的软件开发过程为例，软件缺陷的积累和放大效应如图 1.11 所示。

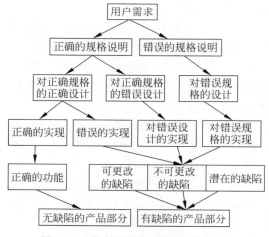

图 1.11　软件缺陷的积累和放大效应

软件工程实践要求测试人员要在软件开发的早期，如需求分析阶段就应介入，缺陷发现得越早越好。发现缺陷后，要尽快修复缺陷。其原因在于错误并不只是在编程阶段产生，需求和设计阶段同样会产生错误。也许一开始只是一个很小范围内的错误，但随着产品开发工作的进行，小错误会扩散成大错误，修改后期的错误所做的工作要大得多，即越到后期往前返工也困难。如果不能及早发现错误，那只可能造成越来越严重的后果。缺陷发现或解决得越迟，成本就越高。

平均而言，如果在需求阶段修正一个错误的代价是 1，那么在设计阶段就是它的 2～

5 倍,在编程阶段是它的 10 倍,在组件测试和集成测试阶段是它的 15～22 倍,在系统测试及验收测试阶段是它的 50～100 倍。修正错误的代价不是随时间线性增长,而几乎是呈指数增长的,如图 1.12 所示。

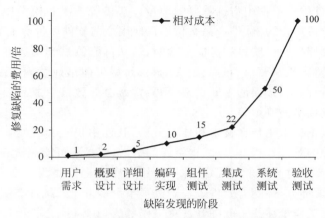

图 1.12　修复软件缺陷费用随着时间增加的趋势

　　软件在版本发布后发现和解决一个软件存在的问题所需的费用,通常要比在需求和设计阶段发现、解决问题高出约 100 倍;当前的软件项目 40%～50% 的费用花费在可以避免的重复工作上;大约 80% 的可避免的重复工作产生于 20% 的缺陷;大约 80% 的缺陷产生于 20% 的模块,约一半的模块缺陷是很少的;大约 90% 的软件故障来自于 10% 的缺陷;有效的审核可以找出约 60% 的缺陷;有目的性的审核能够比无方向的审核多捕获约 35% 的缺陷;人员的专业性训练可减少高达约 75% 的缺陷出现率;同等情况下,开发高可信赖的软件产品与开发低可信赖的软件产品相比,成本要高出近 50%。然而,如果考虑到软件项目的运行和维护成本的话,这种投资是完全值得的;40%～50% 的用户程序都包含非常细小的缺陷。

　　因此测试的目标之一就是尽早发现软件缺陷。因为缺陷发现越早,修复成本越低。这和我国传统医学经典著作《黄帝内经》上所阐述的"上医治未病,中医治欲病,下医治已病"有异曲同工之妙,如图 1.13 所示。高明的软件测试人员能够像"治未病"的"上医"一样有效预防软件缺陷。

图 1.13　《黄帝内经》中的治未病

1.3 软件质量保证和软件测试的关系

视频讲解

软件测试在软件生命周期中占据重要的地位。在传统的瀑布模型中,软件测试处于编码之后、运行维护阶段之前,是软件产品交付用户使用之前软件质量保证的最后手段。这是一种误导,软件生命周期每一阶段中都应包含测试,从静态测试到动态测试,要求检验每一个阶段的成果是否符合质量要求和达到定义的目标,尽可能早地发现错误并加以修正。如果不在早期阶段进行测试,错误的不断扩散、积累常常会导致最后成品测试的巨大困难、开发周期的延长、开发成本的剧增等。

对于软件来讲,不论采用什么技术和什么方法,软件中仍然会有错。采用新的语言、先进的开发方式、完善的开发过程,可以减少错误的引入,但是不可能完全杜绝软件中的错误,这些引入的错误需要通过测试来发现,软件中的错误密度也需要测试来进行估计。软件测试是软件工程的重要部分,伴随着软件工程走过了半个多世纪。统计表明,在典型的软件开发项目中,软件测试工作量往往占软件开发总工作量的40%以上。而在软件开发的总成本中,用在测试上的开销要占30%~50%。

一般规范的软件测试流程包括项目计划检查、测试计划创建、测试设计、执行测试、更新测试文档,而软件质量保证(SQA)的活动可总结为:协调度量、风险管理、文档检查、促进/协助流程改进、监察测试工作。它们的相同点在于二者都是贯穿整个软件开发生命周期的流程。

IEEE 给出的定义,软件质量保证(Software Quality Assurance,SQA)是一种有计划的、系统化的行动模式,它是为项目或者产品符合已有技术需求提供充分信任所必需的。设计用来评价开发或者制造产品的过程的一组活动。软件质量保证的职能是向管理层提供正确的可视化的信息,从而促进与协助流程改进。SQA 还充当测试工作的指导者和监督者,帮助软件测试建立质量标准、测试过程评审方法和测试流程,同时通过跟踪、审计和评审,及时发现软件测试过程中的问题,从而帮助改进测试或整个开发的流程等,因此有了 SQA,测试工作就可以被客观地检查与评价,同时也可以协助测试流程的改进。而测试为 SQA 提供数据和依据,帮助 SQA 更好地了解质量计划的执行情况、过程质量、产品质量和过程改进进展,从而使 SQA 更好地做好下一步工作。

人们经常使用"质量保证"(Quality Assurance,QA)来代指测试,虽然它们是有关联的,但是质量保证并不等于测试。可以用更大的概念把它们联系在一起,即"质量管理"(Quality Management,QM)。

除其他活动外,"质量管理"包括"质量保证"和"质量控制"(Quality Control,QC),如图1.14所示。质量保证的关注点在于遵循正确的过程,侧重对流程的管理与控制,是一项管理工作,侧重于流程和方法。正确的过程为达到合适的质量等级提供信心。当过程正确开展时,在这些过程中所创造的软件工作产品通常具有更高的质量,有助于缺陷的预防。另外,使用根本原因分析方法来发现缺陷并消除引起缺陷的原因,以及适当应用经验教训回顾会议的结论来改进过程,对于有效的质量保证也很重要。质量控制涉及各种支持达到适当质量等级的活动,包括测试活动。测试活动是整个软件开发和维护过程的一部分。测试是对流程中各过程管理与控制策略的具体执行实施,其对象是软件产品(包括阶段性的产品),

即测试是对软件产品的检验,是一项技术性的工作。因为质量保证涉及整个过程的正确执行,质量保证会支持正确的测试活动。

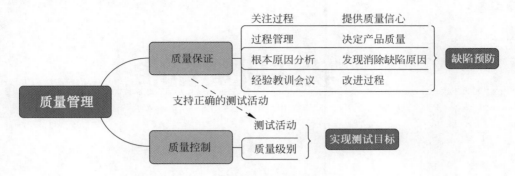

图 1.14　软件质量保证和测试的关系

1.4　本章小结

软件质量保证是建立一套有计划、有系统的方法,向管理层拟定出的标准、步骤、实践和方法能够正确地被所有项目所采用,目的是使软件过程对于管理人员来说是可见的。通过对软件产品和活动进行评审和审计来验证软件是合乎标准的。软件质量保证组在项目开始时就一起参与建立计划、标准和过程。这些将使软件项目满足机构方针的要求。

软件测试是利用测试工具按照测试方案和流程对产品进行功能和性能测试,甚至根据需要编写不同的测试工具,设计和维护测试系统,对测试方案可能出现的问题进行分析和评估。执行测试用例后,需要跟踪故障,以确保开发的产品适合需求。

第2章

软件质量标准

视频讲解

　　软件系统已广泛应用到社会生产生活的各个领域,社会对软件质量的要求越来越高,这就对软件工程的标准化提出了更高要求。在经济全球化的今天,"得标准者得天下",标准已不只是企业组织生产的依据,也是企业开创市场继而占领市场的"杀手锏"。

　　为了规范和促进软件企业的生产经营,软件质量标准应运而生。软件质量标准是由国际组织、政府机关、行业协会、企事业单位等机构制定并发布、用来规范软件机构行为、促成高质量软件产出的标准,作为软件机构的软件产品研发、运营及管理的准则和依据。

2.1　标准的定义及分类

　　标准是对重复性事物和概念所做的统一规定,以科学技术和实践经验的结合成果为基础,经有关方面协商一致,由主管机构批准,以特定形式发布作为共同遵守的准则和依据。标准是科学、技术和实践经验的总结。标准的制定、发布和实施的全过程称为标准化。

　　按内容细分为基础标准(一般包括名词术语、符号、表示法等)、产品标准、辅助产品标准(工具、模具、量具、夹具等)、原材料标准、方法标准(包括工艺要求、过程、要素、工艺说明等);按成熟度细分为法定标准、推荐标准、试行标准、标准草案;按照标准对实施主体的约束程度,划分为强制性标准和推荐性标准;按适用范围划分为国际标准、国家标准、地方标准、行业标准、企业标准。本节重点讲述按照适用范围的分类法,并分别做详细介绍。

2.1.1　国际标准

　　由国际机构指定并发布、供各地参考的标准称为国际标准。国际标准化组织(International Organization for Standardization,ISO)是一个由国家标准化机构组成的世界范围的联合会,现有 140 个成员。国际标准化组织于 20 世纪 60 年代建立"计算机与信息处理技术委员会"专门负责计算机系统相关的标准编制工作,凭借其国际影响力和权威性,制定了一系列的国际标准。国际标准化组织公布的标准带有"ISO"标识,如 ISO 9001:2015 标准。

2.1.2 国家标准

国家标准是指由各国政府或国家级机构制定、批准和发布的标准。例如,美国国家标准的编制机构包括美国商务部国家标准局、美国国家标准协会等机构。美国商务部国家标准局联邦信息处理标准,冠以"FIPs"字样;美国国家标准协会是美国民间标准化组织的领导机构,制定的标准冠以"ANSI"标识。英国、德国、日本的国家标准分别冠有 BS、DIN、JS字样。

我国国家技术监督局是中国的最高标准化机构,它所公布实施的标准简称为"国标"。按照标准对其规范对象和实施主体的约束程度,我国国家标准细分为强制性国家标准和推荐性国家标准。其中,强制性国家标准是保障人体健康、人身、财产安全的标准和法律及行政法规规定强制执行的国家标准,冠以"GB"字样;推荐性国家标准是指生产、检验、使用等方面,通过经济手段或市场调节而自愿采用的国家标准,冠以"GB/T"字样。

2.1.3 行业标准

行业标准是指由行业协会或管理机构、学术团体、国防机构制定,适用于特定业务领域的标准。

美国电气和电子工程师学会(Institute of Electrical and Electronics Engineers,IEEE)成立了软件标准技术委员会,开发 IEEE 系列标准。美国国防部为国防任务领域体系结构制定相关标准,来满足和适用备战、作战需要,形成美国国防部标准(DoD Standard)、美国军用标准(Military Standards,MIL-S)。

我国国防科学技术工业委员会为我国国防部门和军队专门制定"GJB"冠名的中华人民共和国军用标准。

各类行业协会制定的标准也隶属于行业标准的范畴。例如,广东省静态交通协会发布《停车场(库)智能管理系统技术规范》团体标准,江苏省软件行业协会批准发布《软件企业和信息竞争力评价规范》。2019 年 12 月,由深圳市无人机行业协会牵头制定的《多旋翼无人机系统安全性分析规范》《多旋翼无人机系统可靠性评价方法》《多旋翼无人机系统实验室环境实验方法第 1-12 部分》等团体标准正式发布。

2.1.4 地方标准

地方标准是由地方(省、自治区、直辖市)标准化主管机构或专业主管部门批准、发布,在某一地区范围内统一的标准。制定地方标准一般有利于发挥地区优势,有利于提高地方产品的质量和竞争能力,同时也使标准更符合地方实际,有利于标准的贯彻执行。例如,江苏省人民政府制定并发布《电子政务外网建设规范》,为江苏省辖域内各级政府机构及部门的电子政务建设提供远景规划和技术指导。

2.1.5　企业标准

《中华人民共和国标准化法》规定：企业生产的产品没有国家标准和行业标准的，应当制定企业标准，作为组织生产的依据。已有国家标准或者行业标准的，国家鼓励企业制定严于国家标准或者行业标准的企业标准，在企业内部适用。

企业标准是在企业范围内需要协调、统一的技术要求、管理要求和工作要求所制定的标准，是企业组织生产、经营活动的依据。企业标准由企业制定，由企业法人代表或法人代表授权的主管领导批准、发布。企业标准一般以"Q"作为标准的开头。例如，华为编制并发表《华为技术有限公司企业技术规范——高密度 PCB（HDI）检验标准》；协鑫集团企业标准以"GCL/GCHQ"冠名，为集团总部及下属企业的经营、管理服务。

2.2　软件质量标准概述

软件质量标准围绕软件质量持续提升，为组织机构开展软件工程工作提供实践经验指导和软件工程实战准则。常见的软件质量标准包括 ISO/IEC/IEEE 12207 标准、CMM 和 CMMI 标准、GB/T 25000 标准。可以从以下多个维度对软件质量标准进行归类。

- 按照适用范围，把软件质量标准细分为软件质量的国际标准、国家标准、行业标准和企业标准。
- 根据软件工程知识体系，把软件质量标准划分为软件产品标准、软件过程标准。其中，软件产品标准为软件产品的质量评价提供准则和依据；软件过程标准则对软件过程（包括开发维护过程、采购过程等）的质量评价、问题发现及过程优化提供评估量表、优化准则。

2.3　ISO/IEC/IEEE 12207：2017 标准

软件生存周期是从软件的产生直到退役的全过程，是科学地建立和管理软件工程过程的基础，有助于保证软件质量，提高软件工程能力。然而，随着软件系统越来越复杂、规模越来越大，原有的软件生存周期过程标准的局限性日益凸显。

ISO/IEC/IEEE 12207：2017 标准采用系统工程的方法，提供了一个软件产品全生存周期的公共过程框架，它能改善各方在创建、使用和管理软件系统中的沟通与合作，使它们能够以一种集成、紧凑的方式工作。该标准也为组织机构的软件过程的评价及改进提供决策支持。一个组织可以据此标准构建适合其产品和服务的系统生存周期模型，并根据其目的选择、应用合适的子集来达到目的。

本标准适用于软件产品及服务的供应、获取、开发、运行和维护，既可以在一个组织内部实施，也可以跨组织实施。此外，还可作为软件机构进行软件过程自我评估及改进的依据。本标准并未规定任何特定的软件生存周期模型或软件开发方法。使用该标准时，各方负责为软件项目选择一个生存周期模型，并把标准中的过程、活动和人物映射到所选择的模型中。

ISO/IEC/IEEE 12207:2017 标准的基本目的是为软件生存周期过程建立提供一个共用框架,使软件相关涉众在开发、维护、管理和使用软件时有共同语言。该标准考虑了 5 类涉众的需求,综合了各涉众的利益诉求和不同观点,也为标准的剪裁及应用提供指南。

本标准把软件生存周期中要实施的活动划分为 4 组,分别为合同过程、组织性项目使能过程、技术过程和技术管理过程(图 2.1)。每个过程组由一组活动组成,各活动拥有其实施过程细则。

图 2.1　软件生存周期过程框架

2.3.1　合同过程组

合同过程组把软件产品的供方和需方通过合同联系起来,从而实现供需双方的价值沟通并实现各自的商业目标。合同过程组由一组跨越组织边界的活动组成,也可超越单个软件项目的生存周期。合同过程组包括需方过程和供方过程。

1. 需方过程

组织机构用来采购软件产品及服务的活动,具体包括采办准备、选择供应商、建立并维护采办合同、监督采办合同的执行情况、软件产品及服务的验收。

2. 供方过程

供方过程是指机构用来提供软件产品及服务的活动,具体工作包括软件产品及服务的供应准备、响应需方采办请求、建立并维护供需合同、合同执行、软件产品及服务的交付。

2.3.2　组织性项目使能过程组

组织性项目使能过程组:确保组织机构通过启动、支持和控制软件项目来获得并提供软件产品及服务的能力,提供项目所需的基础设施、各类资源、质量管理及相关知识,确保组织目标和合同目标如期达成。

1. 生存周期模型管理

根据机构目标选择合适的软件过程模型,定义软件过程相关的过程模式、规程及工作条例。具体活动包括定义软件过程、软件过程评估及持续改进。

2. 基础设施管理

基础设施管理为机构目标和软件项目目标的达成建立并维护软件项目必需的基础设施。

3. 项目组合管理

在可利用的资源和企业战略计划的指导下,进行多个项目或项目群投资的选择和支持。项目组合管理是通过项目评价选择、多项目组合优化,确保项目符合企业的战略目标,从而实现机构收益最大化。

4. 人力资源管理

为组织机构、软件项目提供拥有技能和知识的员工而定义的活动。具体活动包括识别出项目所需技能、根据技能需求招募新人、员工培训及认证等。

5. 质量管理

围绕软件产品及服务的质量,定义软件产品质量、过程质量所需的软件质量管理活动。具体工作包括建立质量管理计划、软件质量管理活动的实施及监控、分析软件质量管理现状、实施必要的改正性及预防性措施。

6. 知识管理

建立、维护和复用软件项目所需知识而进行的活动。具体活动包括建立知识管理计划、管理组织机构的已有知识、机构范围的知识和技能的分享、复用各种类型的知识资产。

2.3.3 技术过程组

技术过程组用于定义商业目标从而抽取出软件需求,根据软件需求定义软件架构并编码实现,并为软件的验证、确认、审核、运维直至退役的全程给出过程定义及任务描述,如图 2.1 所示。技术过程组详细内容包括如下内容。

1. 商业目标分析

商业目标分析是指为商业目标的实现而进行一系列活动,包括商业机会识别、根据商业机会或目标设计候选方案、最优或次优方案选择等活动。

2. 涉众需求定义

涉众需求定义是指为涉众需求及期望的识别而开展的一系列活动,旨在识别涉众期望和涉众对软件运行环境的要求、抽取出涉众需求以及相关约束、建立涉众期望与涉众需求之间的追溯关系,形成涉众需求文档记录。

3. 需求工程

将涉众需求转换为供方视角的软件需求而需要实施的各类活动,包括需求抽取、需求分析和软件需求文档化等活动。软件需求既包括功能需求,也考虑非功能需求。

4. 架构设计

架构设计是指为软件架构设计而开展的活动,包括识别出涉众关切、拟定软件架构设计计划及路线图、定义软件架构评价的准则、软件架构方案设计、软件架构评估、软件架构建模及文档化。

5. 详细设计

详细设计为软件架构中各软件模型及其交互给出详细的设计细节,为每一个软件模块设计算法、数据结构及交互细节,同时确保详细设计方案与软件架构、软件需求、涉众需求之间的追溯关系。

6. 系统分析

系统分析也称为"系统(工程)方法"。以系统的整体最优为目标,对软件系统的各个方面(例如,技术效能、软件行为、关键质量属性的达成情况、技术风险、项目成本、敏感性分析等)进行定性和定量分析。它是一个有目的、有步骤的探索和分析过程,为决策者提供直接判断和决定最优系统方案所需的信息和资料,从而为软件生存周期过程中的决策提供支持。

7. 软件实现

编码实现软件产品,相关活动包括编码、组件测试和软件调试。参与上述工作的人员包括程序员、测试人员、架构师、需求工程师、项目经理等角色。软件实现方式可以是自研、获取新的软件和(或)复用已有的软件制品。如果软件系统的功能、服务实现需要与第三方软件、服务交互,软件实现时还要获取第三方软件、服务。软件实现需要配置管理等技术管理、组织性项目使能工作的支持。

8. 系统集成

把开发的软件模块逐步集成起来,形成更大的模块、子系统,乃至形成完整的软件系统。集成过程是持续进行的。集成过程中,还要进行持续的集成测试,确保软件集成每一个步骤的结构都是正确的。集成过程中,如果发现软件缺陷,还应进行软件制品修改和回归测试。

9. 验证

验证过程是一个确定软件产品是否满足软件需求及相关约束的过程。为了节约费用和有效进行,验证活动应尽早地开展。验证过程的输出为软件产品相关的缺陷、故障和失效。

10. 确认

确认过程是一个确定需求和最终的、已建成的软件产品是否满足特定的、预期用途的过程。确认工作,可以由一个人、来自同一组织的不同人员和(或)独立于供方、开发方、操作方的第三方机构进行。

11. 迁移

软件生存周期过程中,软件周境是不断变化的,包括不同的开发环境、测试环境、开发环境的相互间的迁移。为了适用软件周境变化而进行的活动集合形成迁移过程,具体活动包括制订迁移计划并付诸实施、操作方及用户培训、迁移过程管理及文档记录生成。

12. 软件运行

运行过程组为用户在特定环境下使用软件来获取软件服务、达成软件功能服务,识别出软件运行的环境、必需的资源和相关约束,监督并记录软件运行相关问题,为操作方、用户提供运行时技术支持和必要的软件使用指南,确保软件在给定环境及约束下能够实现预期功能与服务。具体活动包括上线运行准备、操作方使用软件、出现运行问题时予以记录和生产软件运行报告等。

13. 软件维护

软件上线运行之后,根据软件维护请求,开展改正性维护、适应性维护、完善性维护及预防性维护等软件维护工作,确保软件功能、服务的实现。工作内容包括软件维护准备、开展软件维护工作、进行后期保障、做好软件维护和后勤保障的管理。

14. 软件退役

为软件退役提供过程定义,具体任务包括制订退役计划、通知相关涉众、退役软件、软件退役的过程记录和退役后的环境恢复等。

2.3.4 技术管理过程组

技术管理过程组用于建立、执行、监控并不断修订项目计划,并开展组织范围的决策管理、风险管理、配置管理、独立管理、信息管理、质量保证等工作。

1. 项目计划

项目计划是一项贯穿软件生存周期全过程的重要活动,用来识别软件项目所需的资源、活动和阶段性产出品,定义并维护项目计划,监督项目计划的执行,并根据项目进展情况适时修正项目计划。

2. 项目评估与控制

在软件项目过程中,对项目进展情况进行分析和控制,确保项目过程符合项目计划。具体工作包括编制项目过程的评估及控制计划、分析项目进展、项目过程控制。

3. 决策管理

决策管理为软件项目过程中各类决策提供结构化的分析过程框架支持,相关活动包括决策准备、分析相关信息、做出决策并监督决策结果的执行情况及执行效果。

4. 风险管理

在软件生存周期全过程中开展风险识别、风险分析、风险处置、风险管控等活动,具体工作包括制订风险管理计划、风险分析、风险评估、风险处置决策、风险管控、风险监控等。

5. 配置管理

对软件配置项进行管控,包括编制配置管理计划、识别软件配置项、配置变更管理、版本控制及发布管理、软件配置状态分析、配置审计和控制软件配置项的存储、处理和交付。

6. 信息管理

软件项目相关信息很多,包括项目信息、组织机构信息、技术信息、用户信息等。为有效管控上述信息,开展信息采集、整理、保存、检索利用、分发传播等活动。

7. 软件度量

对软件产品、服务及软件过程进行度量为项目管理、过程能力提升等工作提供支持。

8. 质量保证

确保软件产品和过程在项目生存周期中符合质量要求,并遵守已制订的计划。质量保证可以是内部的或外部的,这取决于质量保证相关信息是提交给供方还是需方的管理者。工作内容包括拟定质量保证策略、制订质量保证计划、对产品质量或软件过程质量进行评价、质量问题的处置、质量保证记录的生成及管理。

该标准兼顾了不同类型软件的相关涉众需求。对项目软件而言,本标准提供合同过程来把软件的供方、需方的利益诉求整合起来。对于产品软件,标准强调软件开发方法的过程定义,还将软件产品潜在用户的需求获取、软件使用反馈等环节纳入进来。此外,还通过知识管理过程将各涉众联系起来。

该标准兼顾了单一主体开发、软件分包、众包、发包等多种开发模式下的软件过程需求,说明了软件相关涉众在软件生存周期中的职责、应实施的活动和预期的活动效果。为体现以人为本的理念,标准要求软件过程建立要兼顾用户、客户对软件功能及非功能需求的期望,还要兼顾软件周境对软件产品、软件过程的作用效果。

该标准要求通过技术和管理齐头并进的方式开展工作。技术方面,既包括专业技术活动又包括技术管理活动;管理活动不仅包括组织机构内的软件项目活动,还包括跨越组织边界的组织性项目使能活动。系统工程思维贯穿软件生存周期全过程,把"系统分析"作为技术过程组的重要工作,凸显基于系统工程的系统分析对软件开发、维护、质量管理等相关决策的关键作用。把知识管理作为组织性项目使能过程的重要内容,将软件产品、软件过程以及行业、企业已有的知识、知识资产作为可复用、可传播的重要资产。

2.4　CMM 与 CMMI 标准

2.4.1　从 CMM 到 CMMI

1981 年,美国卡内基梅隆大学软件工程研究所(SEI),应美国联邦政府的要求开发用于评价软件承包商能力并帮助其改善质量的方法。Watts Humphrey 将成熟框架带到了 SEI 并增加了成熟度等级的概念,发展成为软件过程成熟度框架。1987 年,SEI 建立了第一个软件能力成熟度模型(CMM),即软件 CMM(SW-CMM)。SW-CMMV 1.0 发表之后,美国国防部规定美国军方项目招投标时"投标方必须接受 CMM 评估"的条款,发包单位将把评估结果作为选择承包方的重要因素之一。CMM 评估开始在美国国防项目承包商范围内试行。CMM 评估试行一段时间后发现 CMM 评估对软件机构的过程改进具有明显的促进作用。这使 SEI 看到了 CMM 评估的巨大商业前景,为此 SEI 将 CMM 评估作为商业行为推向 IT 市场。1993 年,SEI 推出了 CMM 1.1,这是目前世界上应用最广泛的 CMM 版本。

在软件 CMM 基础上,SEI 又相继开发出了系统工程 CMM、软件采购 CMM、人力资源管理 CMM、集成产品和过程开发 CMM。虽然这些模型在许多组织都得到了良好的应用,但对于一些大型软件企业来说可能要同时施行多种 CMM 模型来改进自身的软件过程。这时他们就会发现存在一些问题,其中主要问题体现在:不能集中其不同过程改进的能力,以取得更大成绩;要进行一些重复的培训、评估和改进活动,因而增加了许多成本;不同模型中有一些对相同事物说法不一致或活动不协调甚至相抵触。

于是,希望整合不同 CMM 模型的需求产生了。美国国防采购与技术办公室领导了一个由政府、企业和 SEI 的代表组成的团队开始开发一个 CMM 模型集成框架,即 CMMI。CMMI 基础来源于软件 CMM 2.0 版本、EIA-731 系统工程和集成产品和过程开发 CMM 0.98a。2002 年 1 月,CMMI V1.1 正式发布,并立即被广泛采用。2006 年 8 月,CMMI V1.2 正式发布。

到发布 CMMI 1.2 版时,另外两个 CMMI 模型又处在酝酿之中。由于此次计划中的扩增,第一个 CMMI 模型的名称需要进行改变,成为 CMMI 开发模型,群集的概念也自此产生。CMMI 采购模型于 2007 年发布。由于它建立在 CMMI 开发模型 1.2 版的基础之上,因而也被命名为 1.2 版。两年后,CMMI 服务模型发布。它建立在另外两个模型基础之上,并且也被命名为 1.2 版。2008 年开始计划制定 1.3 版,以确保三个模型之间的一致性。1.3 版的 CMMI 采购模型、CMMI 开发模型和 CMMI 服务模型于 2010 年 11 月发布。

2.4.2　CMM 标准

1. CMM 概述

软件能力成熟度是指一个组织机构的软件过程被有效地定义、管理、测量和控制的程度。软件能力成熟度模型(CMM)为软件过程的改进提供了一个框架,将整个软件改进过程分为 5 个成熟度等级,这 5 个等级定义了一个有序的尺度,用来衡量组织机构的软件过程成熟度和评价其软件过程能力。

1) 初始级

在初始级,软件机构的软件过程是无规律可循的,甚至是混乱的。软件机构不能为软件产品的开发和维护提供一个稳定的环境,即没有一个定版的过程模型。在这些缺乏健全管理实践的软件机构中,以前软件工程实践得到的经验会因无效的策划和组织体系而无法对当前的项目运作产生应有的效果。项目过程中,时常因时间紧迫而把力量集中在编码和测试上,项目的成功与否完全依赖于是否有一个杰出的项目负责人和一支有经验、有能力的软件开发队伍。项目成功与否完全依赖于员工个体能力。如果有能力超群的项目负责人出现,顶住各方压力,排除各种困难,走出一条捷径而取得成功;但当他们离开项目后,种种问题将随之而来。由此可见,处于初始级时,软件过程因项目团队变化而变化,机构的软件过程是不稳定且多变的。

2) 可重复级

处于第 2 级成熟度的软件机构的过程能力概括为:已建立了项目管理的基本过程,可跟踪成本、进度和质量特性。已经建立了必要的过程规范,能重复早先类似项目的实践经验成功完成新项目。软件项目的策划和跟踪是稳定的,已经为一个有纪律的管理过程提供了可重复以前成功实践的项目环境。软件项目工程活动处于项目管理体系有效控制之下,执行着基于以前项目准则且合乎现实的计划。由于遵循切实可行的计划,因而软件项目处于项目管理体制的有效控制之下。

3) 已定义级

已经定义了完整的软件过程,软件过程已文档化、标准化。所有项目均使用经批准的、文档化的标准软件过程来开发和维护软件。这一级别包含第 2 级的全部特征。

在第 3 级成熟度的软件机构中,有一个固定的过程小组从事软件过程工程活动。当需要时,过程小组可以利用过程模型进行过程例化活动,还可以推进软件机构的过程改进活动。在该机构内实施了培训计划,能够保证全体项目负责人和开发人员具有完成承担的任务所要求的知识和技能。这种过程能力建立在整个组织范围内对已定义的软件过程中的活动、角色和职责的共同理解的基础之上。

处于第 3 级的软件机构的能力成熟度可以概括为:无论是管理活动还是工程活动都是稳定的。软件开发成本和进度以及产品的功能都受到控制,而且软件产品质量具有可追溯性。

4) 已管理级

在已管理级,软件开发组织对软件过程和软件产品建立了定量的质量目标,所有项目的重要的过程活动都是可度量的。该软件开发组织收集了过程度量和产品度量的方法并加以运用,可以定量地了解和控制软件过程和软件产品,并为评定项目的过程质量和产品质量奠定了基础。

处于第 4 级的软件开发组织的过程能力可概括为"可预测的",因为过程是可评价的并能控制在可接受的变化范围内运行。该等级的过程能力使软件开发组织能在定量限制的范围内预测过程和产品质量方面的趋势。当超过限制范围时,能采取措施予以纠正,使软件产品具有定量可预测的高质量。

5) 优化级

在优化级,通过对来自过程、新概念和新技术等方面的各种有用信息的定量分析,能够不断地、持续地对过程进行改进。此时,该软件开发组织是一个以防止缺陷出现为目标的机构,它有能力识别软件过程要素的薄弱环节,有充分的手段改进它们。

处于第 5 级的软件开发组织的过程能力的基本特征可概括为软件过程的不断改进。因为这些组织为改进其过程能力进行不懈的努力,使其项目的软件过程性能得到不断改善。为了不断改进其过程能力,既可采用在现有过程中进行增量式改进的办法,也可采用借助新技术、新方法对过程进行革新的办法。

2. CMM 评估方法

CMM 评估由 SEI 授权的主任评估师领导,参考 CMM 框架来进行,要审查各类软件项目文档,还要对员工进行访谈。CMM 评估的实施方法有两种,详情如下。

CBA-SCE(CMM-Based Appraisal for Software Capability Estimation)是基于 CMM 对组织的软件能力进行评估,是由组织外部的评估小组对该组织的软件能力进行的评估。

CBA-IPI(CMM-Based Appraisal for Internal Process Improvement)是基于 CMM 对内部的过程改进进行的评估,是由组织内部的小组对软件组织本身进行评估以改进质量,评估结果归组织机构所有。

3. CMM 评估过程

CMM 为进行软件过程评估和软件能力评价建立一个共同的参考框架。CMM 评估详细过程包括如下环节。

1) 建立评估小组

评估小组成员应是具有丰富软件工程和管理经验的专业人员,对评估小组进行 CMM 认证评估培训。

2) 填写提问单

让待评估或评价单位的代表填报成熟度提问单。

3) 进行响应分析

评估小组对提问单回答进行分析,即对提问的回答进行统计,明确需要进一步明晰的过程域。待探查的域与 CMM 关键过程域相对应。

4) 进行现场访问

评估小组根据响应分析结果,召开座谈会,进行文档复审。在确定现场的关键过程域的实施是否满足相关的关键过程域的目标方面,该组运用专业性的判断。当 CMM 的关键实践与现场的实践之间存在明显差异时,评估小组应如实记录。

5) 提出调查结果清单

在现场工作阶段结束时,评估或评价组生成一个调查结果清单,明确指出该组织软件过程的强项和弱项。在软件过程评估中,该调查结果清单作为提出过程改进建议的基础;在软件能力评价中,调查结果清单作为软件采购单位所做的风险分析的一部分。

6) 制作关键过程域剖面图

评估小组制作一份关键过程域剖面图,标出该组织已满足和尚未满足关键过程域目标的域,为机构的软件过程改进指明方向。编制形成 CMM 评估报告,给出评估结果。

7）软件过程持续改进和 CMM 再评估

机构的软件过程改进是一个持续改进的过程。机构通过 CMM 认证后,仍然要根据 CMM 标准不断改进其软件过程,进行 CMM 再评估、再认证。

2.4.3 CMMI 标准

CMMI(Capability Maturity Model Integration,能力成熟度模型集成)是用于产品开发(或服务)的过程改进成熟度模型。CMMI 最佳实践覆盖了产品构思、交付、维护直至退役的整个软件生存周期。CMMI 表示法包括阶段式和连续式。

1. 过程域及其相关组件

过程域(Process Area)是同属于某个领域而彼此相关的实践集合,当这些实践共同执行时,可以达到该领域过程改进的目标。CMMI 有 22 个过程域,如表 2.1 所示。CMMI 过程域的相关组件分为三类:必需的、期望的和说明性的,如图 2.2 所示。

表 2.1 CMMI 的 22 个过程域

序号	简称	英文名称	中文名称
1	CAR	Causal Analysis and Resolution	原因分析与解决方案
2	CM	Configuration Management	配置管理
3	DAR	Decision Analysis and Resolution	决策分析与解决方案
4	IPM	Integrated Project Management	集成化项目管理
5	MA	Measurement and Analysis	度量与分析
6	OPM	Organizational Performance Management	组织级绩效管理
7	OPD	Organizational Process Definition	组织级过程定义
8	OPF	Organizational Process Focus	组织级绩效关注
9	OPP	Organizational Process Performance	组织级过程性能
10	OT	Organizational Training	组织培训
11	PI	Product Integration	产品集成
12	PMC	Project Monitoring and Control	项目监控
13	PP	Project Planning	项目规划
14	PPQA	Process and Product Quality Assurance	过程和产品质量保证
15	QPM	Quantitative Project Management	量化项目管理
16	RD	Requirements Development	需求开发
17	RM	Requirements Management	需求管理
18	RM	Risk Management	风险管理
19	SAM	Supplier Agreement Management	供方协议管理
20	TS	Technical Solution	技术方案
21	VAL	Validation	确认
22	VER	Verification	验证

必需组件描述了要实现某个过程域必须满足的目标,包括共性目标和特定目标。通用目标之所以被称为"通用",是因为同样的目标陈述适用于多个过程域。而特定目标描述了为满足某个过程域而必须实现的目标。例如,配置管理过程域的一个特定目标是"创建和维

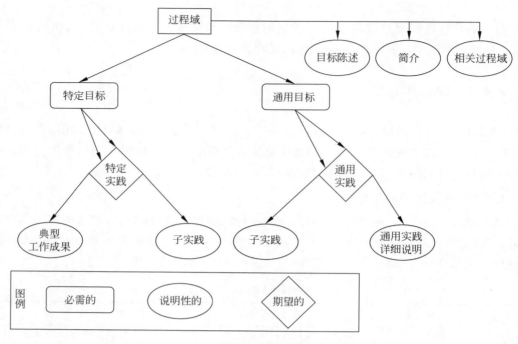

图 2.2　CMMI 模型组件

护基线的完整性"。

期望组件描述了实现目标时要实施一般性做法，包括共性实践和特定实践。共性实践是指同一活动的实施有助于多个过程域目标的实现。特定实践是某过程域的特定目标要求开展的活动。

说明性组件为过程域的描述提供说明性信息，包括目的陈述、简介、相关过程域、典型工作成果、通用实践详细说明、子实践、注释、实例和参考信息。

目的陈述、简介、相关过程域分别描述了过程域的目的、概要性描述信息、与其关联的其他过程域。

典型工作成果是指过程域相关实践的产出品。例如，项目监控过程域的特定实践"依据项目计划中的参数监督项目实际数据"中一个典型工作成果是"明显偏离的记录"。

子实践描述了某实践要求开展的活动细节，而共性实践详细说明则为共性实践提供操作指南和实施细则。

注释、实例和参考信息可以为 CMMI 模型中任何元素提供更为细节的描述。

2. CMMI 阶段式表示法

成熟度等级是一组经定义的渐进式过程改进指标，达到每一成熟度等级，则代表组织过程的某重要部分有了稳固的基础。

CMMI 的阶段式表示法将成熟度划分为 5 个等级。除了初始级以外，每个成熟度等级都有若干个过程域。由于成熟度等级是循序渐进的，如果想达到某个成熟度等级，例如 CMMI 3 级，除了满足 CMMI 3 级本身 11 个过程域之外，还要满足 CMMI 2 级的 7 个过程域，以此类推，如表 2.2 所示。

表 2.2　成熟度等级与过程域的关系

成熟度等级	过　程　域
第 5 级：优化级	组织级绩效管理(OPM) 原因分析与解决方案(CAR)
第 4 级：量化管理级	量化项目管理(QPM) 组织级过程性能(OPP)
第 3 级：已定义级	需求开发(RD) 技术解决方案(TS) 产品集成(PI) 验证(VER) 确认(VAL) 组织级过程焦点(OPF) 组织级过程定义(OPD) 组织培训(OT) 产品基础(PI) 风险管理(RSKM) 决策分析与解决方案(DAR)
第 2 级：已管理级	需求管理(REQM) 项目规划(PP) 项目监督与控制(PMC) 供方协议管理(SAM) 度量分析(MA) 配置管理(CM) 过程与产品质量保证(PPQA)
第 1 级：初始级	无

1）成熟度等级 L1：初始级的特征

在成熟度第 1 级中，过程通常是混乱的，没有稳定的开发环境。这些组织的成功，往往依赖组织中个人的能力和个人英雄主义，而不是使用一套经过验证的过程。处于成熟度第 1 级的组织在这种混乱的环境中，也能开发出可以工作的产品和服务，但是往往伴随着项目费用超支和进度拖延。

2）成熟度等级 L2：已管理级的特征

在成熟度第 2 级中，项目确保其过程按照方针得到计划与执行；项目雇用有技能的人，具备充分的资源以产生受控的输出；使相关干系人参与其中；得到监督、控制与评审；并且评价对其过程描述的遵守程度。成熟度级别 2 级体现的过程规范有助于确保现有实践在有压力的情况下得以保留。当具备了这些实践时，项目的执行与管理能够根据其文档化的计划来进行。在成熟度第 2 级，需求、过程、工作成果及服务是受管理的。在预定的时间节点（例如重要里程碑、重要的任务完成时刻），管理层都可以了解工作成果的情况。工作成果得到了适当控制。

3）成熟度等级 L3：已定义级的特征

在成熟度第 3 级中,过程得到清晰的说明与理解,并以标准、规程、工具和方法的形式进行描述。作为成熟度级别 3 级的基础,组织的标准过程集得到了建立并随时间进行改进。这些标准过程被用于在整个组织中确立一致性。项目根据裁剪指南,通过对组织的标准过程集进行裁剪来建立已定义的过程。

成熟度级别 2 级与 3 级的关键区别在于标准、过程描述与规程的范围。在成熟度级别 2 级中,标准、过程描述与规程在过程的每个特定实例中(如在某一特定项目中)都可能有很大的不同。在成熟度级别 3 级中,标准、过程描述与规程是从组织的标准过程集中裁剪得来,以适应特定的项目或组织级单位,因而就更为一致,除非是裁剪指南所允许的差别。

另一个主要的区别是,成熟度第 3 级的过程说明比第 2 级更加详细与严谨,基于对过程活动的了解,以及对过程、产品与服务的详细度量,可更主动地管理过程。

4）成熟度等级 L4：量化管理级的特征

在成熟度第 4 级中,组织与项目建立了质量与过程性能的量化目标并将其用作管理项目的准则。量化目标基于客户、最终用户、组织、过程实施人员的需要。质量与过程性能以统计术语的形式得到理解,并在项目的整个生命期内得到管理。

针对选定的子过程,过程性能的具体度量项得到了收集与统计分析。在选择需要分析的子过程时,理解不同子过程之间的关系及其对达成质量与过程性能目标所产生的影响十分关键。这种方法有助于确保使用统计与其他量化技术的子过程监督能应用于对业务最有整体价值的地方。过程性能基线与模型能用于帮助设定有助于达成业务目标的质量与过程性能目标。

成熟度级别 3 级与 4 级的关键区别在于对过程性能的可预测能力。处于成熟度级别 4 级时,项目绩效与选定的子过程的性能得以使用统计与其他量化技术进行控制,预测则部分地基于对精细粒度的过程数据的统计分析。但是在成熟度第 3 级中,仅能说在质量上是可预测的。

5）成熟度等级 L5：持续优化级的特征

处于成熟度级别 5 级时,组织基于对其业务目标与绩效需要的量化理解,不断改进其过程。组织使用量化的方法来理解过程中固有的偏差与过程结果的原因。

成熟度级别 5 级关注于通过增量式的与创新式的过程与技术改进,不断地改进过程性能。组织的质量与过程性能目标得到建立,然后被不断修改来体现变化的业务目标与组织级绩效,并被用来作为管理过程改进的准则。部署的过程改进的效果通过使用统计与其他量化技术来进行度量,并与质量与过程性能目标进行比较。项目已定义的过程、组织标准过程集与作为支撑的技术都是可度量的改进活动的目标。

成熟度级别 4 级与 5 级的关键区别在于管理与改进组织级绩效的关注点。处于成熟度级别 4 级时,组织与项目关注于子过程层面对性能的理解与控制,并使用其结果来管理项目。处于成熟度级别 5 级时,组织使用从多个项目收集来的数据对整体的组织级绩效进行关注。对数据的分析识别出绩效方面的不足与差距。这些差距用于驱动组织级过程改进,并产生绩效方面的可度量的改进。

3. CMMI 连续式表示法

能力等级(Capability Level)表示一个组织在实施和控制其过程以及改善其过程绩效等

方面所具备的能力。

一个过程能力等级由这个过程的若干相关的特定实践和共性实践所构成。如果这些特定实践和共性实践得以执行,则将使该组织的这个过程的执行能力得到提高,进而增强该组织的总体过程能力。

过程能力等级模型中的能力等级的着眼点在于使组织走向成熟,以便增加实施和控制过程的能力并且改善过程本身的绩效。这些能力等级有助于组织在过程改进各个相关过程时追踪、评价和验证各项改进进程,如图 2.3 所示。

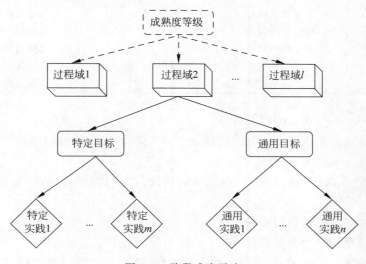

图 2.3 阶段式表示法

连续式表示法中,每个过程域的能力等级划分为 0～5 级(共 6 级),以 0～5 编号,分别为:0—不完整级;1—已执行级;2—已管理级;3—已定义级;4—量化管理级;5—持续优化级。

CMMI 模型的连续式表示法,按照过程域之间的关系分成四个类型:过程管理、项目管理、工程和支持,如表 2.3 所示。

表 2.3 CMMI 连续式表示法:过程域分类

类 型	过 程 域	基础过程域/高级过程域
过程管理	组织过程焦点(OPF)	基础过程域
	组织过程定义(OPD)	基础过程域
	组织培训(OT)	基础过程域
	组织过程绩效(OPP)	高级过程域
	组织革新与部署(OID)	高级过程域
项目管理	项目规划(PP)	基础过程域
	项目监控(PMC)	基础过程域
	供应商协议管理(SAM)	基础过程域
	集成化项目管理(IPM)	高级过程域
	风险管理(RSKM)	高级过程域
	定量项目管理(QPM)	高级过程域

续表

类　　型	过　程　域	基础过程域/高级过程域
工程	需求管理（REQM）	基础过程域
	需求开发（RD）	基础过程域
	技术方案（TS）	基础过程域
	产品集成（PI）	基础过程域
	验证（VER）	基础过程域
	确认（VAL）	基础过程域
支持	度量分析（MA）	基础过程域
	配置管理（CM）	基础过程域
	过程和产品质量保证（PPQA）	基础过程域
	决策分析与解决方案（DAR）	高级过程域
	原因分析与解决方案（CAR）	高级过程域

1）能力等级 0——不完整级的特征

不完整级也称为未执行级。它的过程是一个未执行或仅部分执行的过程。该过程的一个或多个特定目标未被满足。

注意：所谓"未执行""部分执行"以及后面所说的"已执行"等描述，都是相对于模型的过程域而言。

2）能力等级 1——已执行级的特征

已执行级过程是一个满足过程域各个特定目标的过程：为了实现可识别的输入工作成果产生可识别的输出工作成果，需要做相应的工作，处于这个级别的过程，能支持这类工作并且使其能执行。

不完整级与已执行级过程之间的关键差别在于，已执行级过程满足相应的过程域的所有特定目标。

3）能力等级 2——已管理级的特征

已管理级过程是一个具有以下特征的已执行级过程。它是按照预定方针予以策划和执行；为生成受控的输出，过程的执行都是配备有适当的资源、有熟练技能的人；各方利益相关者介入该过程；并且依据各项要求进行审查和评价。该过程可能由某个项目、某个项目组或某个职能部门予以制度化，或者可能成为组织的一个独立过程。该过程的管理牵涉到过程的制度化（作为已管理级过程加以制度化），牵涉到针对该过程各种具体目标（如成本、进度和质量目标）的实现。

已管理级过程与已执行级过程之间的基本区别在于，过程受到管理的程度不同。已管理级过程是有计划的。当实际结果和性能明显偏离该计划时，会采取纠正措施。已管理级过程要实现该计划的各项具体目标并且被制度化，以保证绩效的一致性。过程制度化还意味着，该过程的实施广度和深度以及维持时间等是适当的，能够确保该过程成为开展工作中的一个坚实的组成部分。

该过程的具体目标可能是这个过程特有的目标，也可能是某个更高层次上规定的目标（就一组过程而言），在后一种情况下，各个过程将共同为这些目标的实现做贡献。作为对该过程采取的纠正措施的一部分，这些具体目标可能会被修改。

4）能力等级 3——已定义级的特征

已定义级过程是一种受管理的过程：它是根据本组织的剪裁指南从本组织的标准过程集合剪裁而得来；它具有受到维护的过程描述；并且它能为本组织的过程财富（资源）贡献工作成果、度量项目以及其他过程改进信息。

已定义级过程和已管理级过程之间的关键区别在于标准、过程描述和规程的应用范围不同。以管理级过程而言，标准、过程描述和规程只在该过程的某个特例中使用（在某个特定项目上使用）。就已定义级过程而言，因为标准、过程描述和规程是从本级的标准过程集合剪裁而来并且与组织的过程财富相关，所以，在整个组织里执行的各个已定义过程就比较一致。与已管理级过程的另外一个重要区别是，已定义级过程的描述比较详细，执行比较严格。对过程各项活动的深入了解以及对工作产品所提供的服务的详细度量，是对已定义过程进行管理的基础。

组织的标准过程集合是已定义过程的基础，它是在长期实践中建立并且不断改进的。这些标准过程描述的基本过程元素可望纳入已定义过程中。标准过程还描述基本元素之间的关系。为支持本组织现在和将来使用的标准过程集合而在组织一级进行的制度化也是在长期实践中实现和不断改进的。

5）能力等级 4——量化管理级的特征

量化管理级过程是利用统计和其他量化技术进行控制的已定义级过程。按照管理该过程的准则来建立和利用质量和过程绩效的定量目标，从统计意义上反映质量和绩效目标，并且在整个过程周期里管理这些质量和过程目标。

组织的标准过程以及客户、最终用户、组织和过程实施人员的需要等，是量化目标的基础。执行该过程的人直接参与对该过程的量化管理。

对生成工作成果或提供服务的整个过程集合实施量化管理：对那些在总的过程性能上起重大作用的过程实施量化管理；针对选定的过程绩效详细度量并进行量化分析，确定过程变化的特殊原因，并且在适当的时间对特殊原因的起源进行处理，以避免将来再次发生。

量化管理级过程和已定义级过程的一个关键区别是过程绩效的可预测性。量化管理意味着使用统计技术或其他量化技术来管理某过程的一个或几个关键子过程，从而做到可以预测该过程未来的绩效。

6）能力等级 5——持续优化级的特征

持续优化级过程是一个可以通过调整使之满足当前的和预定业务目标的量化管理级过程。持续优化级过程侧重于通过渐进式的和革新式的技术改进不断改进过程绩效。凡是涉及处理过程变化的共性原因和对组织的过程进行可度量改进的各个过程改进项都得到标识和评价，并且在适当时予以部署实施。对某改进项做出选择的基础是：量化地了解它们在实现组织过程改进目标中的预期贡献与成本和对组织的影响。处于持续优化级的过程，其绩效将不断得到改善。

所选定的对过程的渐进式的和革新式的技术改进，系统地进行组织部署实施，对照量化的过程改进目标，测量和评价已部署实施的过程改进的效果。

持续优化级过程与量化管理级过程的一个关键区别在于，持续优化级过程是通过处理过程变化的共性原因而不断地进行改进。量化管理级过程关心的是处理过程变化的特殊原因和提供对过程结果的统计意义上的可预计性。尽管量化管理级过程可以产生可预计的结果,但这种结果可能与规定的目标有差距。持续优化级过程关心的是处理过程变化的共性原因,并且调整过程以改善过程绩效,从而实现规定过程量化目标。过程变化的共性原因是过程内在的并且影响该过程的总体性能的原因。

4. 标准 CMMI 评估方法 SCAMPI

使用 CMMI 模型评估时,通常采用"标准 CMMI 评估方法"(Standard CMMI Appraisal Method for Process Improvement,SCAMPI)。SCAMPI 定义了一些规则,确保评估定级的一致性。对于与其他企业实现标杆性对比的评估,评估定级必须确保一致性。

SCAMPI 评估方法家族中包括 A 级、B 级和 C 级的评估方法。SCAMPI-A 是最严格的和唯一能评定等级的评估方法。SCAMPI-B 提供了可选部分,但实践描述是一个固定比例的范围和这些实践得到实施。SCAMPI-C 提供了更广泛的选择范围,使用者可以预先定义好评估的范围,在进行过程描述时也是采用一种非常接近的方式。

2.5　本章小结

软件质量标准(简称为"软件标准")是软件机构组织生产的依据,也是企业开拓 IT 市场的"杀手锏"。软件质量标准由国际组织、政府机关、行业协会、企事业单位等机构制定并发布,用来规范软件机构的行为,为高质量软件的开发、维护和管理提供准则和依据。可以从多个维度对软件质量标准进行分类。例如,按适用范围分为国际标准、国家标准、行业标准、地方标准、企业标准;按软件工程知识体系把软件质量标准分为软件产品标准和软件过程标准。本章重点介绍两种常用的软件过程标准——ISO/IEC/IEEE 12207：2017 标准、CMM 及 CMMI 标准。

ISO/IEC/IEEE 12207:2017 标准采用系统工程方法,提出软件产品全生存周期的过程框架,改善各参与方的沟通与合作,提升各方协同工作的效率。该标准也为软件过程的评价及改进提供决策支持。

CMM 和 CMMI 标准是由美国卡内基梅隆大学软件工程研究所提出的软件过程能力评价方法。CMM,即软件能力成熟度模型(也被称为软件 CMM),为软件过程的改进提供了一个框架。CMM 将整个软件改进过程分为 5 个成熟度等级,这 5 个等级定义了一个有序的尺度,用来衡量组织机构的软件过程能力。

在软件 CMM 基础上,SEI 又相继开发出了系统工程 CMM、软件采购 CMM、人力资源管理 CMM、集成产品和过程开发 CMM。考虑到很多企业要同时开展不同类型 CMM 的评估工作,为此研究人员把不同类型 CMM 模型的最佳实践整合起来,形成 CMMI(CMM 模型集成框架)。CMMI 对软件产品构思、教务、维护、运维、管理直至退役的全过程进行系统化评估。CMMI 包括阶段式、连续式两种表示法。

第3章

软件全面质量管理

20 世纪 70 年代中期,美国国防部曾专门研究软件工程做不好的原因,发现 70％的失败项目是因为管理存在瑕疵引起的,而非技术性原因,从而得出一个结论,即管理是影响软件研发项目全局的因素,而技术只影响局部。

软件质量被视为软件开发的重中之重。人们普遍认为质量是"好的东西",但是实际上系统的质量可能是模糊的、尚未定义的属性。所有商品和服务的开发者都关心质量,软件的开发者也不例外。但由于软件的固有特征,尤其是软件的不确定性和复杂性,会带来某些特殊的需求,并且在软件开发期间容易积累缺陷,因此软件的质量管理工作变得更加困难。为了解决软件质量管理问题,本章将重点介绍软件全面质量中的六西格玛(6σ)方法及六西格玛设计方法。

3.1 全面质量管理概述

3.1.1 发展阶段

视频讲解

20 世纪 50 年代末,美国通用电气公司的费根堡姆和质量管理专家朱兰(图 3.1)提出了"全面质量管理"(Total Quality Management,TQM)的概念,认为"全面质量管理是为了能够在最经济的水平上,并考虑到充分满足客户要求的条件下进行生产和提供服务,把企业各部门在研制质量、维持质量和提高质量的活动中构成为一体的一种有效体系"。

20 世纪 60 年代初,美国一些企业根据行为管理科学的理论,在企业的质量管理中开展了依靠员工"自我控制"的"零缺陷运动"(Zero Defects)。全面质量管理逐渐渗透到各个行业,各国也纷纷开展全面质量管理。在全面质量管理运动中,成就最为突出的当属日本。日本从第二次世界大战的战败国一跃而成为世界经济强国,并能对当时美国的经济霸主地位产生严重威胁,以及几十年里日本制造成为高质量的代名词,这一切都应主要归功于全面质量管理。随着全面质量管理的发展,各国纷纷设立国家质量奖,以促进全面质量管理的普及

图 3.1　费根堡姆和朱兰

和提升企业的管理水平及企业竞争力。日本的戴明奖是设立的国家质量奖，它始创于 1951 年。如今，它已成为世界上著名的三大质量奖项之一。另外两个为美国波多里奇国家质量奖（1998 年建立）和欧洲质量奖（1993 年建立）。其他国家的质量奖的设置大都以美国质量奖或者欧洲质量奖为蓝本。各国都希望通过质量奖的实施来实现对全面质量管理发展的促进，最终实现国家经济竞争力的提升。

全面质量管理（Total Quality Management，TQM）就是一个组织以质量为中心，以全员参与为基础，目的在于通过让顾客满意和本组织所有成员及社会受益而达到长期成功的管理途径。全面质量管理蕴涵着如下含义。

（1）强烈关注顾客：从现在和未来的角度看，顾客已成为企业的衣食父母。

“以顾客为中心”的管理模式正逐渐受到企业的高度重视。全面质量管理注重顾客价值，其主导思想就是“顾客的满意和认同是长期赢得市场，创造价值的关键”。因此，全面质量管理要求必须把以顾客为中心的思想贯穿到企业业务流程的管理中，即从市场调查、产品设计、试制、生产、检验、仓储、销售，以及到售后服务的各个环节都应该牢固树立“顾客第一”的思想。企业不但要生产物美价廉的产品，而且要为顾客做好服务工作，最终让顾客放心满意。

（2）精确度量：全面质量管理采用统计度量组织作业中人的每一个关键变量，然后与基准进行比较来发现问题，从而追踪问题的根源，达到消除问题、提高质量的目的。

（3）坚持不断地改进：全面质量管理是一种永远不能满足的承诺，“非常好”还不够，质量总能得到改进。在“没有最好，只有更好”这种观念的指导下，企业持续不断地改进产品或服务的质量与可靠性，以确保企业获取差异化的竞争优势。

（4）向员工授权：全面质量管理吸收生产线上的工人加入改进过程，广泛地采用团队形式作为授权的载体，依靠团队发现和解决问题。

（5）改进组织中每项工作的质量：全面质量管理的基本方法可以概况为四句话，即“一个过程，四个阶段，八个步骤，数理统计方法”。

一个过程，即企业管理是一个过程。企业在不同时间内，应完成不同的工作任务。企业的每项生产经营活动,都有一个产生、形成、实施和验证的过程。

四个阶段,根据管理是一个过程的理论,美国的戴明博士把它运用到质量管理中来,总结出"计划(Plan)—执行(Do)—检查(Check)—行动(Action)"四阶段的循环方式,简称PDCA循环,又称"戴明环",如图3.2所示。

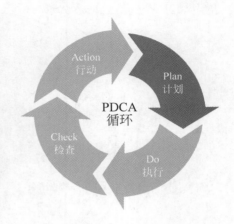

图 3.2 戴明及戴明环

第一个阶段称为计划阶段,又叫 P 阶段(Plan):通过市场调查、用户访问、国家计划指示等,摸清用户对产品质量的要求,确定质量政策、质量目标和质量计划等。

第二个阶段为执行阶段,又称 D 阶段(Do):实施 P 阶段所规定的内容,如根据质量标准进行产品设计、试制、实验,其中包括计划执行前的人员培训。

第三个阶段为检查阶段,又称 C 阶段(Check):在计划执行过程中或执行之后,检查执行情况是否符合计划的预期结果。

第四个阶段为行动阶段,又称 A 阶段(Action):根据检查结果,采取相应的措施。

八个步骤,为了解决和改进质量问题,PDCA 循环中的四个阶段还可以具体划分为八个步骤,如图3.3所示。

(1) 计划阶段:收集资料;分析现状,找出产生质量问题的各种原因或影响因素;找出影响质量的主要因素;针对影响质量的主要因素,提出计划,制定措施。

(2) 执行阶段:执行计划,落实措施。

(3) 检查阶段:检查计划的实施情况。

(4) 行动阶段:实施激励机制;总结经验,提出尚未解决的问题,修订目标,进入下一个循环。

PDCA 循环管理的特点可总结为:

(1) PDCA 循环工作程序的四个阶段,顺序进行,组成一个大圈。

(2) 每个部门、小组都有自己的 PDCA 循环,并都成为企业大循环中的小循环。

(3) 阶梯式上升,循环前进,即不断根据处理情况或利用新信息重新开始循环改进过程。

(4) 任何提高质量和生产率的努力要想成功都离不开员工的参与。

全面质量管理为什么能够在全球获得广泛的应用与发展,这与它自身所实现的功能是

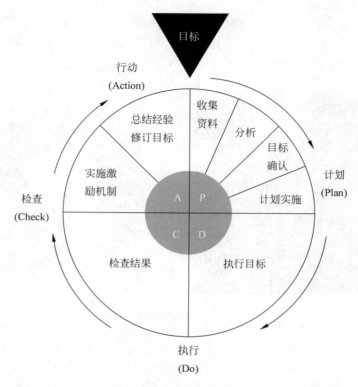

图 3.3　全面质量管理 PDCA 循环〔四个阶段及八个步骤〕

不可分的。总的来说,全面质量管理可以为企业带来如下益处。

（1）缩短总运转周期。

（2）降低质量所需的成本。

（3）缩短库存周转时间。

（4）提高生产率。

（5）追求企业利益和成功。

（6）使顾客完全满意。

（7）最大限度获取利润。

全面质量管理还为企业带来了许多竞争优势:拓宽管理跨度,增进组织纵向交流;减少劳动分工,促进跨职能团队合作;实行防检结合,以预防为主的方针,强调企业活动的可测量性和可审核性;最大限度地向下委派权利和职责,确保对顾客需求的变化做出迅速而持续的反应;优化资源利用,降低各个环节的生产成本;追求质量效益,实施名牌战略,获取长期竞争优势;焦点从技术手段转向组织管理,强调职责的重要性。

著名质量管理专家朱兰博士指出:过去的 20 世纪是生产率的世纪,而 21 世纪是质量的世纪。质量是全民的事业,与人有关、人人有责。必须全民参与质量活动,全社会监督质量活动。必须在质量管理方面做出革命性变革,以追求世界级质量。全面质量管理就是为了达到世界级质量的领导地位所要做的一切事情。

3.1.2　全面质量管理与 ISO 9000

ISO 9000 标准是一个质量管理体系(Quality Management System,QMS)规范,是一个促进货物和服务的交换的全球商业标准。国际标准化组织(ISO)在总结各国质量保证制度经验的基础上,于 1987 年发布 ISO 9000 质量管理和质量保证标准系列。1994 年进行第一次修订,形成 ISO 9000 簇标准。2008 年再进行重大修订,发布 ISO 9000 新标准(2008 版)。其核心思想是研发管理标准化,即"产品是流程的结果"。这一规范在产品研发管理中的运用十分广泛。产品研发流程中的任何一个阶段和环节,都会直接或间接影响产品的最终质量。因此必须对流程进行策划和控制。ISO 9000 的主要工作方法是将整个流程分解为一系列子流程;组织分析、规划、控制和优化子流程。ISO 9000 通过"测量→分析→改进"对流程进行质量控制。严格的质量控制保证了组织能够不断推出高质量的产品。

将全面质量管理与 ISO 9000 对比,得到两者的异同如下。

1. ISO 9000 与 TQM 的相同点

首先,两者的管理理论和统计理论基础一致。两者均认为产品质量形成于产品全过程,都要求质量体系贯穿于质量形成的全过程;在实现方法上,两者都使用了 PDCA 循环运行模式。

其次,两者都要求对质量实施系统化的管理,都强调组织管理层对质量的管理。

再次,两者的最终目的一致,都是为了提高产品质量,满足顾客的需要,都强调任何一个过程都是可以不断改进、不断完善的。

2. ISO 9000 与 TQM 的不同点

首先,目标不一致。TQM 质量计划管理活动的目标是改变现状。其作业只限于一次,目标实现后,管理活动也就结束了,下一次计划管理活动虽然是在上一次计划管理活动的结果的基础上进行的,但绝不是重复上次相同的作业。而 ISO 9000 质量管理活动的目标是维持标准现状。其目标值为定值。其管理活动是重复相同的方法和作业,使实际工作结果与标准值的偏差量尽量减少。

其次,工作中心不同。TQM 是以人为中心,ISO 9000 是以标准为中心。

再次,两者执行标准及检查方式不同。实施 TQM 企业所制定的标准是企业结合其自身特点制定的自我约束的管理体制;其检查方主要是企业内部人员,检查方法是考核和评价(方针目标讲评,QC 小组成果发布等)。ISO 9000 是国际公认的质量管理体系标准,它是供世界各国共同遵守的准则。贯彻该标准强调的是由公正的第三方对质量体系进行认证,并接受认证机构的监督和检查。

TQM 是一个企业"达到长期成功的管理途径",但成功地推行 TQM 必须达到一定的条件。对大多数企业来说,直接引入 TQM 有一定的难度。而 ISO 9000 则是质量管理的基本要求,它只要求企业稳定组织结构,确定质量体系的要素和模式就可以贯彻实施。贯彻 ISO 9000 系列标准和推行 TQM 之间不存在截然不同的界限,把两者结合起来,才是现代企业质量管理深化发展的方向。

企业开展 TQM 必须从基础工作抓起,认真结合企业的实际情况和需要,贯彻实施

ISO 9000 族标准。应该说,"认证"是企业实施标准的自然结果。并且,企业在贯彻 ISO 9000 标准、取得质量认证证书后,一定不要忽视甚至丢弃 TQM。

3.1.3　全面质量管理与统计技术

管理上有这样一句名言:进行度量的工作才会得到有效的执行。反之,因为很容易忽略那些不进行度量的工作,所以不进行度量的工作通常不会得到有效的执行。因此,对于包括全面质量管理在内的任何活动,建立适当的度量与统计都是很重要的。统计技术是 ISO 9000 中的要素之一,包含五大统计技术:显著性检验(假设检验)、实验设计(试验设计)、方差分析与回归分析、控制图、统计抽样。这仅是统计技术中的中等统计技术方法,它在质量管理中的应用只有 60 多年历史,经历了两个阶段:统计质量控制和全面质量管理。

统计质量控制起源于美国:1924 年,美国贝尔电话公司的休哈特博士运用数理统计方法提出了世界上第一张质量控制图,其主要的思想是在生产过程中预防不合格品的产生,变事后检验为事前预防,从而保证了产品质量,降低了生产成本,大大提高了生产率,如图 3.4 所示。1929 年,该公司的道奇与罗米格又提出了改变传统的全数检验的做法,目的在于解决当产品不能或不需要全数检查时,如何采用抽样检查的方法来保证产品的质量,并使检验费减少。

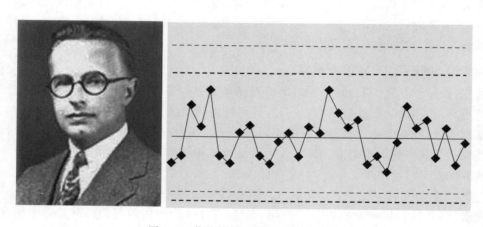

图 3.4　休哈特博士及其质量控制图

全面质量管理的主要理论认为,企业要能够生产满足用户要求的产品,单纯依靠数理统计方法对生产工序进行控制是很不够的,提出质量控制应该从产品设计开始,直到产品到达用户手中,使用户满意为止,它包括市场调查、设计、研制、制造、检验、包装、销售、服务等各个环节,都要加强质量管理。因此,统计技术是全面质量管理的核心,是实现全面质量管理与控制的有效工具。在应用 PDCA 循环四个阶段、八个步骤来解决质量问题时,需要收集和整理大量的书籍资料,并用科学的方法进行系统的分析。最常用的七种统计方法是排列图、因果图、直方图、分层法、相关图、控制图及统计分析表。这套方法是以数理统计为理论基础,不仅科学可靠,而且比较直观。

3.2　六西格玛(6σ)项目管理

3.2.1　六西格玛(6σ)管理简介

视频讲解

六西格玛(6 Sigma,6σ)管理是一种改善企业质量流程管理的技术,建立在测量、实验和统计学基础上的现代质量管理方法,以"零缺陷"的完美商业追求,带动质量成本的大幅度降低,最终实现财务成效的提升与企业竞争力的突破。六西格玛概念于1986年由摩托罗拉公司的工程师比尔·史密斯提出,如图3.5所示。

图3.5　西格玛概念的提出者
比尔·史密斯

此概念属于质量管理范畴,西格玛(Σ,σ)是希腊字母,它是统计学里的一个单位,表示与平均值的标准偏差,旨在生产过程中降低产品及流程的缺陷次数,防止产品变异,提升质量。六西格玛(6σ)质量水平表示在生产或服务过程中有百万次出现缺陷的机会仅出现3.4个缺陷,即达到99.9997％合格率。6σ管理作为全面满足客户需求的关键经营战略,经过多年的发展,逐渐被众多一流公司采用。

20世纪90年代中期开始,六西格玛逐渐从一种全面质量管理方法演变成为一个高度有效的企业流程设计、改善和优化的技术,并广泛应用于企业流程改进。六西格玛提炼了流程管理的精华,形成了一套行之有效的方法,成为能提高企业业绩与竞争力的管理模式。随着实践的经验积累,它不仅用于流程优化方面,而且成为一种管理哲学思想。它不仅是衡量企业业务流程优劣的标准,而且是优化业务流程的方法。

六西格玛包含以下三层含义。

(1) 它是一种质量尺度和追求的目标,定义方向和界限。

(2) 它是一套科学的工具和管理方法,运用DMAIC(改善)或DFSS(Design For Six Sigma)的过程进行流程的设计和改善。

图3.6　六西格玛管理的推动者
杰克·韦尔奇

(3) 它是一种经营管理策略。六西格玛管理是在提高顾客满意程度的同时降低经营成本和周期的过程革新方法,它是通过提高组织核心过程的运行质量,进而提升企业赢利能力的管理方式,也是在新经济环境下企业获得竞争力和持续发展能力的经营策略。

六西格玛管理总结了全面质量管理的成功经验,提炼了其中流程管理技巧的精华和最有效的方法,成为一种提高企业业绩与竞争力的管理模式。杰克·韦尔奇于20世纪90年代在通用电气大力推行六西格玛管理,如图3.6所示。之后戴尔、惠普、西门子、索尼、东芝等众多跨国企业的实践证明该管理法是卓有成效的。国内一些机构大力推广六西格玛管理,引导企业开展六西格玛管理。

　　一般企业的瑕疵率是 3～4 个西格玛,以 4 西格玛而言,相当于每 100 万个机会里,有 6 210 次误差。如果企业达到六西格玛,就几近完美地达成顾客要求,在 100 万个机会里,只有 3.4 个瑕疵,如表 3.1 所示。

表 3.1　每百万次采样的缺陷数与西格玛的对应表

σ 值	正品率/%	每百万次采样的缺陷数	以印刷错误为例	以钟表误差为例
1	30.9	690 000	一本书平均每页 170 个错字	每世纪 31.75 年
2	69.2	308 000	一本书平均每页 25 个错字	每世纪 4.5 年
3	93.3	66 800	一本书平均每页 1.5 个错字	每世纪 3.5 个月
4	99.4	6210	一本书平均每 30 页 1 个错字	每世纪 2.5 天
5	99.98	230	一套百科全书只有 1 个错字	每世纪 30 分钟
6	99.999 66	3.4	一个小型图书馆的藏书中只有 1 个错字	每世纪 6 秒钟

　　六西格玛管理的核心特征是顾客与组织的双赢以及经营风险的降低,其中:

　　6σ＝3.4 失误/百万机会,意味着卓越的管理、强大的竞争力和忠诚的客户。

　　5σ＝230 失误/百万机会,意味着优秀的管理、很强的竞争力和比较忠诚的客户。

　　4σ＝6210 失误/百万机会,意味着较好的管理和运营能力,满意的客户。

　　3σ＝66 800 失误/百万机会,意味着平平常常的管理,缺乏竞争力。

　　2σ＝308 000 失误/百万机会,意味着企业资源每天都有三分之一的浪费。

　　σ＝690 000 失误/百万机会,每天做错三分之二事情的企业无法生存。

　　为了达到 6σ,首先要制定标准,在管理中随时跟踪考核操作与标准的偏差,不断改进,最终达到 6σ。现已形成一套使每个环节不断改进的简单的 DMAIC 流程模式:界定、测量、分析、改进、控制,如图 3.7 所示。

图 3.7　六西格玛 DMAIC

　　界定(Define):确定需要改进的目标及其进度,企业高层领导就是确定企业的策略目标,中层营运目标可能是提高制造部门的生产量,项目层的目标可能是减少次品和提高效率。界定前,需要辨析并绘制出流程。

　　测量(Measure):以灵活有效的衡量标准测量和权衡现存的系统与数据,了解现有的质量水平。

　　分析(Analyze):利用统计学工具对整个系统进行分析,找到影响质量的少数几个关键因素。

　　改进(Improve):运用项目管理和其他管理工具,针对关键因素确立最佳改进方案。

　　控制(Control):监控新的系统流程,采取措施以维持改进的结果,以期整个流程充分发挥功效。

　　六西格玛管理给予了摩托罗拉公司更多的动力去追求当时看上去几乎是不可能实现的

目标。20世纪80年代早期公司的质量目标是每5年改进10倍,实施六西格玛管理后改为每2年改进10倍,创造了4年改进100倍的奇迹。1988年,摩托罗拉公司因成功地应用六西格玛而成为赢得第一届马可姆·波里奇奖(Malcolm Baldrige National Quality Award)的大公司,并于2002年在全球电子、电信行业再获殊荣,摩托罗拉公司因此成为世界性的质量领袖。图3.8为本书主编在摩托罗拉公司任职期间获得的首席执行官CEO质量奖。

图3.8　本书主编获得的摩托罗拉公司 CEO质量奖

六西格玛管理需要一套合理、高效的人员组织结构来保证改进活动得以顺利实现,如图3.9所示。

1. 六西格玛管理委员会

六西格玛管理委员会是企业实施六西格玛管理的最高领导机构。该委员会主要成员由公司领导层成员担任,其主要职责是:设立六西格玛管理初始阶段的各种职位;确定具体的改进项目及改进次序,分配资源;定期评估各项目的进展情况,并对其进行指导;当各项目小组遇到困难或障碍时,帮助他们排忧解难等。

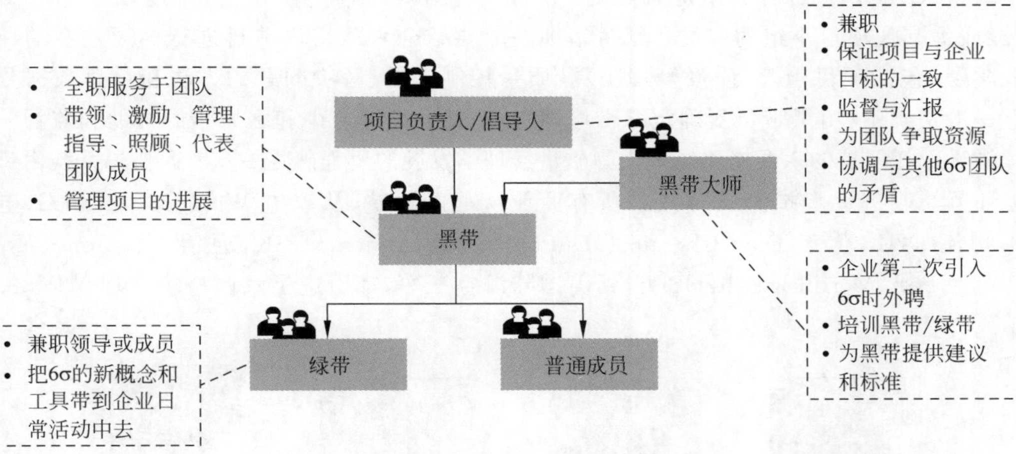

- 全职服务于团队
- 带领、激励、管理、指导、照顾、代表团队成员
- 管理项目的进展

- 兼职
- 保证项目与企业目标的一致
- 监督与汇报
- 为团队争取资源
- 协调与其他6σ团队的矛盾

项目负责人/倡导人

黑带大师

黑带

- 企业第一次引入6σ时外聘
- 培训黑带/绿带
- 为黑带提供建议和标准

- 兼职领导或成员
- 把6σ的新概念和工具带到企业日常活动中去

绿带

普通成员

图3.9　六西格玛管理的人员组织结构图

成功的六西格玛管理有一个共同的特点,就是企业领导者的全力支持。六西格玛管理的成功在于从上到下坚定不移地贯彻。企业领导者必须深入了解六西格玛管理对于企业的利益以及实施项目所要达到的目标,从而使他们对变革充满信心,并在企业内倡导一种旨在不断改进的变革氛围。

2. 执行负责人

六西格玛管理的执行负责人由一位副总裁以上的高层领导担任。这是一个至关重要的职位,要求具有较强的综合协调能力的人才能胜任。其具体职责是:为项目设定目标、方向和范围;协调项目所需资源;处理各项目小组之间的重叠和纠纷,加强项目小组之间的沟通等。

3. 黑带

黑带(Black Belt)来源于军事术语,指那些具有精湛技艺和本领的人。黑带是六西格玛变革的中坚力量。对黑带的认证通常由外部咨询公司配合公司内部有关部门来完成。黑带由企业内部选拔出来,全职实施六西格玛管理,在接受培训取得认证之后,被授予黑带称号,担任项目小组负责人,领导项目小组实施流程变革,同时负责培训绿带。黑带的候选人应该具备大学数学和定量分析方面的知识基础,需要具有较为丰富的工作经验。他们必须完成160小时的理论培训,由黑带大师一对一地进行项目训练和指导。经过培训的黑带应能够熟练地操作计算机,至少掌握一项先进的统计学软件。那些成功实施六西格玛管理的公司,大约只有1%的员工被培训为黑带。

4. 黑带大师

这是六西格玛管理专家的最高级别,其一般是统计方面的专家,负责在六西格玛管理中提供技术指导。他们必须熟悉所有黑带所掌握的知识,深刻理解那些以统计学方法为基础的管理理论和数学计算方法,能够确保黑带在实施应用过程中的正确性。统计学方面的培训必须由黑带大师来主持。黑带大师的人数很少,只有黑带的1/10。

5. 绿带

绿带(Green Belt)的工作是兼职的,他们经过培训后,将负责一些难度较小的项目小组,或成为其他项目小组的成员。绿带培训一般要结合六西格玛项目进行5天左右的课堂专业学习,包括项目管理、质量管理工具、质量控制工具、解决问题的方法和信息数据分析等。一般情况下,由黑带负责确定绿带培训内容,并在培训之中和之后给予协助和监督。

源于摩托罗拉的六西格玛系统成为质量管理学发展的里程碑之一。六西格玛系统由针对制造环节的改进逐步扩大到对几乎所有商业流程的再造,从家电 Whirlpool、GE、LG,电脑 Dell,物流 DHL,化工 Dow Chemical、DuPont,制药 Agilent、GSK,通信 Vodafone、Korea Tel,金融 BoA、Merrill Lynch、HSBC,到美国陆海空三军,都引进了六西格玛管理,如图 3.10 所示。

图 3.10 采用六西格玛管理的部分企业

3.2.2　六西格玛(6σ)管理的特征与优点

作为持续性的质量改进方法,六西格玛管理具有如下特征。

(1) 对顾客需求的高度关注。六西格玛管理以更为广泛的视角,关注影响顾客满意的所有方面。六西格玛管理的绩效评估首先是从顾客开始,其改进的程度用对顾客满意度和价值的影响来衡量。六西格玛质量代表了极高的对顾客要求的符合性和极低的缺陷率。它把顾客的期望作为目标,并且不断超越这种期望。企业从 3σ 开始,然后是 4σ、5σ,最终达到 6σ。

(2) 高度依赖统计数据。统计数据是实施六西格玛管理的重要工具,以数字来说明一切,所有的生产表现、执行能力等,都量化为具体的数据,成果一目了然。决策者及经理人可以从各种统计报表中找出问题在哪里,真实掌握产品不合格情况和顾客抱怨情况等,而改善的成果,如成本节约、利润增加等,也都以统计资料与财务数据为依据。

(3) 重视改善业务流程。传统的质量管理理论和方法往往侧重结果,通过在生产的终端加强检验以及开展售后服务来确保质量。然而,生产过程中已产生的废品对企业来说却已经造成损失,售后维修需要花费企业额外的成本支出。更为糟糕的是,由于容许一定比例的废品已司空见惯,人们逐渐丧失了主动改进的意识。

六西格玛管理将重点放在产生缺陷的根本原因上,认为质量是靠流程的优化,而不是通过严格地对最终产品的检验来实现的。企业应该把资源放在认识、改善和控制原因上,而不是放在质量检查、售后服务等活动上。质量不是企业内某个部门和某个人的事情,而是每个部门及每个人的工作,追求完美成为企业中每一个成员的行为。六西格玛管理有一整套严谨的工具和方法来帮助企业推广实施流程优化工作,识别并排除那些不能给顾客带来价值的成本浪费,消除无附加值活动,缩短生产、经营循环周期。

(4) 突破管理。掌握了六西格玛管理方法,就好像找到了一个重新观察企业的放大镜。人们惊讶地发现,缺陷犹如灰尘,存在于企业的各个角落。这使管理者和员工感到不安。要想变被动为主动,努力为企业做点儿什么。员工会不断地问自己:企业到达了几个 σ? 问题出在哪里? 能做到什么程度? 通过努力提高了吗? 这样,企业就始终处于一种不断改进的过程中。

(5) 勤于学习的企业文化。六西格玛管理扩展了合作的机会,当人们确实认识到流程改进对于提高产品质量的重要性时,就会意识到在工作流程中各个部门、各个环节的相互依赖性,加强部门之间、上下环节之间的合作和配合。由于六西格玛管理所追求的质量改进是一个永无终止的过程,而这种持续的改进必须以员工素质的不断提高为条件,因此,有助于形成勤于学习的企业氛围。事实上,导入六西格玛管理的过程,本身就是一个不断培训和学习的过程,通过组建推行六西格玛管理的骨干队伍,对全员进行分层次的培训,使大家都了解和掌握六西格玛管理的要点,充分发挥员工的积极性和创造性,在实践中不断进取。

实施六西格玛管理的好处是显而易见的,概括而言,主要表现在以下几个方面。

(1) 提升企业管理的能力。六西格玛管理以数据和事实为驱动器。过去,企业对管理的理解和对管理理论的认识更多停留在口头上和书面上,而六西格玛把这一切都转化为实际有效的行动。六西格玛管理法成为追求完美无瑕的管理方式的同义语。

正如韦尔奇在通用电气公司 2000 年年报中所指出的："六西格玛管理所创造的高质量，已经奇迹般地降低了通用电气公司在过去复杂管理流程中的浪费，简化了管理流程，降低了材料成本。六西格玛管理的实施已经成为介绍和承诺高质量创新产品的必要战略和标志之一。"

对国外成功经验的统计显示：如果企业全力实施六西格玛革新，每年可提高一个 σ 水平，直到达到 4.7σ，无需大的资本投入。这期间，利润率的提高十分显著。而当达到 4.8σ 以后，再提高。达到这个水平后需要对过程重新设计，资本投入增加，但此时产品、服务的竞争力提高，市场占有率也相应提高。

（2）节约企业运营成本。对于企业而言，所有的不良品要么被废弃，要么需要重新返工，要么在客户现场需要维修、调换，这些都需要花费企业成本。美国的统计资料表明，一个执行 3σ 管理标准的公司直接与质量问题有关的成本占其销售收入的 $10\%\sim15\%$。从实施 6σ 管理的 1987—1997 年的 10 年间，摩托罗拉公司由于实施六西格玛管理节省下来的成本累计已达 140 亿美元。六西格玛管理的实施，使霍尼韦尔公司 1999 年一年就节约成本 6 亿美元。

（3）增加顾客价值。实施六西格玛管理可以使企业从了解并满足顾客需求到实现最大利润之间的各个环节实现良性循环，公司首先了解、掌握顾客的需求，然后通过采用六西格玛管理原则减少随意性和降低差错率，从而提高顾客满意程度。

通用电气的医疗设备部门在导入六西格玛管理之后创造了一种新的技术，带来了医疗检测技术革命。以往患者做一次全身检查需 3min，改进后却只需要 1min。医院也因此而提高了设备的利用率，降低了检查成本。这样就出现了令公司、医院、患者三方面都满意的结果。

（4）改进服务水平。由于六西格玛管理不但可以用来改善产品质量，而且可以用来改善服务流程，因此，对顾客服务的水平也得以大大提高。

通用电气照明部门的一个六西格玛管理小组成功地改善了同其最大客户沃尔玛的支付关系，使得票据错误和双方争执减少了 98%，既加快了支付速度，又融洽了双方互利互惠的合作关系。

（5）构建企业文化。在传统管理方式下，人们经常感到不知所措，不知道自己的目标，工作处于一种被动状态。通过实施六西格玛管理，每个人知道自己应该做成什么样，应该怎么做，整个企业洋溢着热情和效率。员工十分重视质量以及顾客的要求，并力求做到最好，通过参加培训，掌握标准化、规范化的问题解决方法，工作效率获得明显提高。在强大的管理支持下，员工能够专心致力于工作，减少并消除工作中消防员救火式的活动。

六西格玛已经被公认为是实现高质量和营运优越的高效工具。六西格玛方法体系分为 DMAIC（定义、测量、分析、改进和控制）和 DFSS（六西格玛流程设计）两种。DMAIC 常被用于对企业现有流程的梳理和改善，而 DFSS 则主要用于企业新产品和服务流程的设计，以及旧流程的再造等工作。在 DMAIC 和 DFSS 中的每个阶段，六西格玛都有一整套系统科学和经过企业成功实践的工具和方法。正是通过这些科学、有效的量化工具和方法来分析企业业务流程中存在的关键因素，并通过对最关键因素的改进，从而达到突破性获得产品质量与客户满意度提高的效果。通过有效循环改进的方式，逐一将业务流程中的关键因素进行改善,从而不断地提高企业的产品质量和服务质量。

3.2.3　六西格玛管理与零缺陷管理

零缺陷(Zero Defects)的概念是由被誉为"全球质量管理大师""零缺陷之父"和"伟大的管理思想家"的菲利浦·克劳士比(Philip B. Crosby)在 20 世纪 60 年代初提出的,并由此在美国推行零缺陷运动,如图 3.11 所示。后来,零缺陷的思想传至日本,在日本制造业中得到了全面推广,使日本制造业的产品质量得到迅速提高,并且领先于世界水平,继而进一步扩大到工商业所有领域。

零缺陷管理和六西格玛管理的最终目标都是实现结果交付的无缺陷。前者强调的是人们的工作如何"一次做对"、兑现承诺;后者则强调产品或服务如何使过程趋于目标值并减少波动,无限接近于零,追求无缺陷。

这里的"零缺陷"不仅与制造过程相联系,而且与服务过程乃至组织所有过程相联系。企业要想达到零缺陷,必须在操作有效性和战略策划以及达到的结果中取得突破性的发展,任何三者孤立于另一方都不会取得圆满的成功。也就是说,光有目标没有行动是不够的,企业的管理者在确定战略目标后,还必须选择如何实施它们,这就是说,零缺陷管理告诉企业什么是正确的事情和要达到的结果,六西格玛就是一种告诉企业怎样才能将事情做正确的有效执行工具。

图 3.11　"零缺陷之父"菲利浦·克劳士比

零缺陷管理和六西格玛管理之间的不同点在于:零缺陷强调第一次把事情做对的缺陷预防策略,强调的是"说到做到"的做事态度,是每一个人都必须遵循的基本的工作准则;六西格玛管理则强调运用统计的方法到管理之中解决产生缺陷的问题、提升产品或服务质量。六西格玛是依靠高素质员工解决疑难问题、持续改进追求产品"零"缺陷的有效途径,它主要是一种战略执行层面的管理方法,更加注重路径和工具的应用,注重具体的实施和改善;而零缺陷则是一种系统层面的运营管理方法,更多的是依靠组织中的每一个人,尤其是一线的员工改进自己的工作,预防问题的产生。克劳士比的"零缺陷"理论为六西格玛管理指明了工作方向、夯实了基础。

3.3　DFSS 流程及主要设计工具

质量管理大师约瑟夫·朱兰(Joseph M. Juran)说过:在制造阶段所产生的任何缺陷在产品设计阶段都可以直接控制。所以质量保证的措施首先要集中在设计过程上,目的在于一开始就避免存在某些缺陷。如果设计能力不足,所有的改进与控制都无从谈起。研究表明,由设计所引起的质量问题至少占 80%,即至少 80%的质量问题源于劣质的设计,由此可见设计质量的重要性。

3.3.1 DFSS 简介

六西格玛作为当今最先进的质量管理理念和方法之一，在帮助通用电气取得骄人的成绩之后，所受的关注达到了一个新的顶峰。但是人们发现，依靠传统的 DMAIC 改进流程最多只能将质量管理水平提升到大约 5σ 的水平。如果想继续改进质量水平，企业就必须在产品设计的时候全面考虑客户的需求、原材料的特性、生产工艺的要求、生产人员的素质等各个方面的要素和条件，从而使产品设计达到 6σ 水平，于是 DFSS（六西格玛设计）便应运而生，如图 3.12 所示。

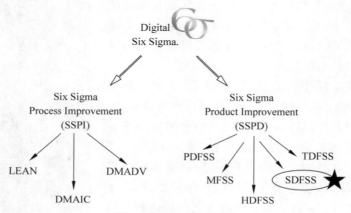

图 3.12   六西格玛结构

六西格玛设计（Design For Six Sigma）基本上是一种信息驱动的六西格玛系统方法，通常应用于产品的早期开发过程，通过强调缩短设计、研发周期和降低新产品开发成本，实现高效能的产品开发过程，准确地反映客户的要求。该系统方法的核心是，在产品的早期开发阶段应用完善的统计工具，从而以大量数据证明预测设计的可实现性和优越性。在产品的早期开发阶段就预测产品或服务在客户处的绩效表现是实现更高客户满意度、更高利润和更大市场占有率的关键。

DFSS 是独立于传统六西格玛 DMAIC 的又一个方法论，以顾客需求为导向，以质量功能展开为纽带，深入分析和展开顾客需求，综合应用系统设计、参数设计、容差设计、实验设计以及普氏矩阵、失效模式与影响分析（Failure Mode and Effects Analysis，FMEA）等设计分析技术，大跨度地提高产品的固有质量，从而更好地满足顾客的需求。

区分 DMAIC 和 DFSS 的方法是通过确定 6σ 行为发生在产品生命周期的什么阶段以及其着重点：一方面，DAMIC 侧重于主动找出问题的起因和源头，从根本上解决问题，强调对现有流程的改进，但该方法并不注重产品或流程的初始设计，即针对产品和流程的缺陷采取纠正措施，通过不断改进，使流程趋于"完美"。但是，通过 DMAIC 对流程的改进是有限的，即使发挥 DMAIC 方法的最大潜力，产品的质量也不会超过设计的固有质量。相应地，DMAIC 重视的是改进，对新产品几乎毫无用处，因为新产品需要改进的缺陷还没有出现。

3.3.2　DFSS 内涵及其重要性

六西格玛设计是按照合理的流程、运用科学的方法准确理解和把握顾客需求,对新产品、新流程进行健壮设计,使产品、流程在低成本下实现六西格玛质量水平。同时使产品、流程本身具有抵抗各种干扰的能力,即使使用环境恶劣,产品仍能满足顾客的需求。

六西格玛设计是在提高产品质量和可靠性的同时降低成本和缩短研制周期的有效方法,具有很高的实用价值。通过六西格玛设计的产品、流程的质量水平甚至可达到七西格玛水平。六西格玛设计是六西格玛管理的最高境界。实施六西格玛设计能给企业带来如下的收益。

(1) 产品/服务满足顾客需求,提高本公司产品在市场上的占有率,销售量的增加带来利润的增加。

(2) 六西格玛的健壮设计使产品实现了低成本下的高质量,使产品具有了很高的抗干扰能力。

(3) 研发产品的周期大大缩短,使产品能及时投放市场,为企业带来新的效益增长点。

(4) 六西格玛设计可以帮助企业突破"五西格玛墙"甚至达到七西格玛的质量水平。

3.3.3　DFSS 步骤及其主要方法论

作为实现高质量和营运优越的高效工具,六西格玛设计是一种信息驱动的六西格玛系统方法。强调缩短设计、研发周期和降低新产品开发成本,实现高效能的产品开发过程,准确地反映客户的要求。其步骤如下。

(1) 确立一个有价值的六西格玛设计项目:为将来的活动提供一个坚定、清晰的方向。

(2) 聆听顾客的声音:项目确立以后,关键的工作是聆听顾客的声音。

(3) 开发概念:立足于既创新又有实现基础,建立各种备选方案。

(4) 设计最优化:从收集资料过渡到使用已有信息做决定,采取行动推陈出新。

(5) 验证最优化的设计:把质量融入设计,而不是反复实验。所以,设计必须在验证之前,而不是用验证修正设计。

(6) 记录经验:这是六西格玛设计的最后一步,把六西格玛设计中应用的每个工具和方法、每个函数和规则记录下来。

TRIZ 是六西格玛设计的方法论之一,原义是"Theory of Inventive Problem Solving",是一种系统化的发明工程方法论。它是帮助研发人员通过有系统有规则的方法来解决创新过程中种种问题的方法论。TRIZ 理论认为,大量发明和创新面临的基本问题和矛盾(在 TRIZ 中成为系统冲突和物理矛盾)是相同的,只是技术领域不同而已,它总结了 40 条创造性问题的解决原则,与各种系统冲突模式分别对应,直接指导创造者对新设计方案的开发。

六西格玛设计(DFSS)另外一个重要的方法论——实验设计(Design of Experiment, DOE):计划安排一批实验,并严格按计划在设定的条件下进行这些实验,获得新数据,然后对之进行分析,获得所需要的信息,进而获得最佳的改进途径。实验设计如今已经形成较为完整的理论体系,实验设计方案大致可分为三个层次,第一层次的实验设计是最基本的实验设计方案,包括部分因子设计、全因子设计和响应曲面设计(RSM)等。第二层次的实验设计包括田口设计(稳健参数设计)和混料设计。随着现代工业的发展,这两个层次的实验设计方案已经不能满足要求更高的和个性化的实验设计方案,于是第三层次的实验设计方案便由此诞生,包括非线性设计、空间填充设计(均匀设计)、扩充设计、容差设计、定制实验设计等。这些实验设计方法中,尤为值得一提的是定制实验设计的方法。传统的实验设计方案都是相对固定的,当实际的问题和实验设计方案的模型发生偏差时,实验者往往不得不对自身所研究的问题进行修正,使它能与这些传统的实验设计方法相匹配,但定制实验设计刚好相反,它可以让实验者对实验设计方法的模型进行合理的修正,使它能够适合需要解决的问题。定制实验设计方法可以说是实验设计领域的一场革命。它可以让实验者对响应变量(Y)的个数及权重,实验因子的约束条件,实验模型中需要考虑的效应,甚至实验的次数都进行个性化的定制。

六西格玛设计(DFSS)的第三个重要的方法论是质量功能展开(Quality Function Deployment,QFD)方法,它是一个帮助实施者将客户的要求转换为产品具体特性的工具,从七个维度进行展开,分别是客户的需求和重要度、工程措施、关系矩阵、工程措施的指标和重要度、相关矩阵、市场竞争能力评估和技术竞争能力评估。

六西格玛设计的成功需要上述三种方法的综合应用,任何单一的方法都不能让企业收获六西格玛设计的丰硕果实。这些理论本身也在不断发展和完善中,相信会给全世界的企业带来惊喜和收获。

3.3.4　DFSS实际应用案例

项目总会遇到影响业务成功的关键问题,所以一个有效的系统解决方案对项目成功至关重要。DFSS确定客户的需求,并推动这些需求体现在产品方案中。DFSS方法提供测量和预测软件产品质量的工具,并且建立软件系统可靠性模型。

在公共安全的手持终端设备软件开发中,应用DFSS来满足客户需求。通常开机是手持终端设备用户常做的一个操作,会直接影响用户满意度和客户忠诚度,所以手持终端设备开机时间被定为提高产品性能和使客户满意的关键因素之一。由于新款手持终端设备增加更多的功能,开机时间需要优化。

手持终端设备开机性能优化方案应用DFSS方法,其中包括:需求、关键因素确定、关键因素分析、关键因素仿真、关键因素优化和证明阶段。

1. 需求阶段

在市场团队确定系统需求之后,开发、需求和质量团队的工程师列出影响手持终端设备性能的因素。这是听取客户意见后列出一些重要的项目,如表3.2所示。

表 3.2　客户意见的重要性

客　户　意　见	重　要　性
最小化开机时间	10
支持 1000 个信道	8
最小化参数读写时间	7
客户控制的联系人数量	6
在 1000 个信道中搜索特定信息	5

从表 3.2 可得出结论,手持终端设备开机时间的优化是最重要的。根据 NUD(新颖/独特/难度)标准,优化手持终端设备开机时间归为较困难的因素。

2. 关键因素确定阶段

基于客户的意见,开发、需求和质量团队将用户需求转换为一系列可量化的目标值,定义质量族。由于开机时间将影响用户满意度,它被定为对用户重要的因素。

3. 关键因素分析阶段

在确定开机时间是关键因素之后,邀请跨职能团队一起分析影响开机时间的因素。首先列出哪些操作组成开机时间,然后计算每个步骤的时间,得出哪些操作影响最大,找出 5 个重要的因素,分别为联系人、短消息、信道、通话和小区,如图 3.13 所示。

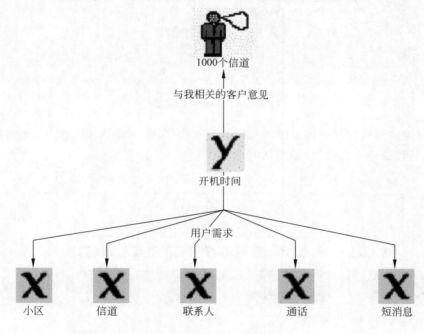

图 3.13　关键因素分析

4. 关键因素仿真阶段

在关键因素仿真之前,需要先建立手持终端设备开机时间和 5 个重要的因素之间的转移函数。

首先,应用设计体验方法(DOE)来得到转移函数的系数,输入 5 个不同参数(其中 Zone_num 指小区数量,Chan_num 指信道数量,Ucl_num 指联系人数量,Mdc_num 指通话数量,Msg_num 指短消息数量)的值,得到开机时间,从而算出转移函数的系数得到转移函数。

```
Transfer Function:
Power Up Time = 3538.3 + 6.34 * Zone_num + 3.21 * Chan_num + 3.31 * Ucl_num + 2.82 * Mdc_num +
    11 * Msg_num - 0.05 * zone_num * Mdc_num - 0.007 * Chan_num * Ucl_num
```

基于上面的转移函数,用 Monte Carlo 方法仿真手持终端设备开机时间。图 3.14 显示如果开始时间上限为 5s 时手持终端设备的性能。

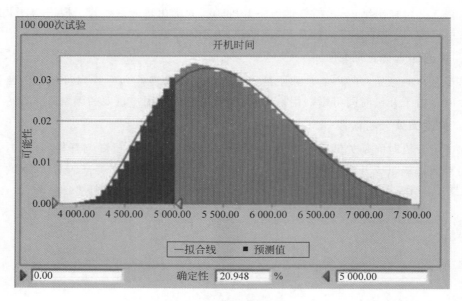

图 3.14　关键因素仿真

还可以得到开机时间对每个因素变化的灵敏程度，依次是联系人数量、短消息数量、信道数量、通话数量和小区数量，如图 3.15 所示。

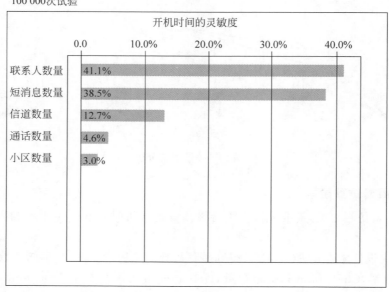

图 3.15　关键因素变化的灵敏程度

5. 关键因素优化和证明阶段

为优化开机时间，需要最小化转移函数中的常数和参数。可以从这几个方面进行优化：减少某些硬件的自检，尽可能少地加载联系人、短消息、信道、通话和小区。

在解决方案确定之后,开发团队评估其可行性。召开头脑风暴会议找出并尽量减少这些方法的副作用。然后基于这些方法优化开机步骤。

开发完成后,需要验证优化的结果。如果仿真指出优化能 100％满足需求,即开机时间小于 5s,则达到目标。应用设计体验方法(DOE)得到转移函数的系数,输入 5 个不同参数的值,得到开机时间,从而算出转移函数的系数得到转移函数。

```
Transfer Function:
Power Up Time(s) = 3406.16 + 0.275 * Zone_num + 0.358 * Chan_num + 0.153 * UCL_num + 0.153
    * MDC_num + 0.492 * Msg_num − 0.000166 * Zone_num * Chan_num
```

从新的转移函数得出新的常数和系数远小于之前的转移函数的值。基于上述转移函数,Monte Carlo 方法仿真手持终端设备开机时间,如图 3.16 所示。该显示经过优化后开机时间 100％小于 5s,手持终端设备的性能完全达到需求。

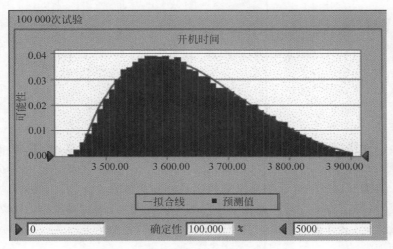

图 3.16　开机时间仿真

从新的开机时间对每个因素变化的灵敏程度图中可以看出联系人数量、短消息数量对开机时间的影响大大下降,这也和优化方案一致,如图 3.17 所示。

在软件开发中,DFSS 可将软件经典建模技术和统计、预测模型和仿真技术紧密联系起来。还要特别强调的是,DFSS 需要项目利益相关者提供关键指标和优化方案的相关信息。

软件企业为了保持竞争地位和长期的赢利能力,必须能够持续地为市场提供成功的产品和服务。但是,并不是所有的产品或者概念都可以成功地商品化,根据美国 PDMA(产品开发管理机构)对新产品的研究统计,11 个创意中只有 3 个可以进入开发,最后只有 1 个能够成功地商品化。导致产品商品化失败的原因有很多,主要可以归结为三个方面:客户需求的理解、市场趋势的判别以及不具有结构化的产品开发流程。

综上所述,六西格玛设计提供了 VOC 路径,帮助企业产品开发团队有效地获取到客户的真实需求;六西格玛设计集成了各种最有效的概念开发工具,包括 TRIZ,帮助产品开发专家洞察到产品系统、子系统、模块等技术的演变方向,从而确保产品方向和趋势的正确性;六西格玛设计为产品或服务的开发提供了一套结构化的严谨的流程。这套流程和方法具有两个核心价值:第一,保证产品开发团队的无缝合作,消除沟通障碍,提高效率;第二,六西

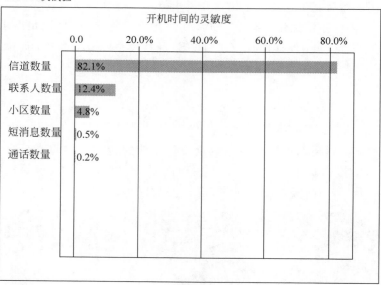

图 3.17 关键因素变化的灵敏程度

格玛设计是由一套通用的产品开发路径和一系列工具集成的有机系统,工具和方法之间的连接是有逻辑的和有序的,一个工具的输出,通常是另一个工具的输入。迄今为止,还没有一个方法和工具能够提供如此完整而有效的产品开发系统。

当然,六西格玛实施中也需要避免一些问题的出现,如机械的模仿缺乏建立六西格玛持续改进的质量文化、没有对六西格玛的专业培训和咨询、基础管理相对薄弱、缺乏科学合理的项目实施规划等。

今后 DFSS 的主要发展方向是:继续支持 DFSS 的软件工具平台的开发,建立六西格玛设计的管理体系,将顾客需求转换为可量化的设计特性和关键过程,概念设计中的解耦合设计,稳健性设计技术的深入研究。

3.4 本章小结

全面质量管理是指在全面社会的推动下,企业中所有部门、所有组织、所有人员都以产品质量为核心,把专业技术、管理技术及数理统计技术集合在一起,建立起一套科学、严密、高效的质量保证体系,控制生产过程中影响质量的因素,优质高效地提供满足用户需要的产品。

在此基础上,介绍了六西格玛管理和零缺陷,并介绍了六西格玛设计流程和主要设计工具。六西格玛管理是一种统计评估法,核心是追求零缺陷生产,防范产品责任风险,降低成本,提高生产率和市场占有率,提高顾客满意度和忠诚度。六西格玛管理既着眼于产品、服务质量,又关注过程的改进。最后,介绍了 DMAIC 管理、DFSS 管理等方法。

第4章

软件质量保证

软件质量保证是一组有计划、系统化的活动集合,这些活动对软件过程进行监控和评价,确保软件过程符合既定的标准,为生产出的软件产品满足涉众需求提供信心。

4.1 软件质量保证面临的挑战

由于软件是逻辑产品,其开发维护过程没有明显的制造痕迹,软件过程难以度量和可视化;软件产品的应用已经渗透到社会生产生活的方方面面,人们对软件质量的期望和要求越来越高。这就对软件质量保证提供了更高的要求。

（1）涉众需求、项目合同、软件开发维护环境、项目计划与预算、软件供应链及软件标准、规程和工作条例都是软件质量保证工作时必须综合考虑的要素,甚至涉及各要素的权衡和博弈。

（2）软件质量保证要直面动态、多变的软件开发维护情境,包括市场变化、需求变更、项目团队变化、软件开发维护环境变化,还要注重软件质量保证过程与项目合同过程、需求协商过程、软件开发过程、软件维护过程、软件支持过程的协同。

4.2 深入理解软件质量保证的上下文

4.2.1 软件开发维护环境

软件开发维护环境对软件质量保证的方法选择、过程定义、工具采用都具有重要影响,其主要特征如下。

1. 遵守合同约定

合同是项目软件开发维护的基础。合同详细描述了利益相关者对软件项目的期望,指明了软件产品应符合的标准、满足的需求,并给出软件项目的计划、预算等约束条件。

2. 合作与协调

软件项目越大,参与其中的组织机构数量越多。跨机构的软件项目,在 IT 行业中非常普遍。在这种情况下,跨机构的合作与协调变得尤为重要。

软件项目过程中,项目合作与协调涉及同一机构中的其他项目组、第三方机构的研发团队、供货商与分包商的团队。第三方机构参与项目的情形下,通常使用软件项目合同将软件项目相关涉众关联起来,并在合同中明确项目各方的权利和义务。

3. 同其他软件系统的接口

当今,软件系统依存于特定软硬件环境,常常与第三方系统存在或多或少的交互。例如,与电商系统存在交互关系的第三方系统众多,包括支付系统、会员管理系统、物料系统等。

4.2.2　软件需求、软件制品和软件质量保证的关系

软件需求由软件相关涉众进行评价,根源于涉众需求。相关涉众包括用户、客户、软件开发维护人员。在软件生存周期过程中,需求工程以涉众需求为出发点,经过需求获取、需求分析与建模,逐步将涉众需求转换成为过程需求和产品需求。产品需求(包括功能需求和非功能需求),其实现与软件(项目)过程的定义与实施密切相关。

软件项目过程中,软件质量保证通过分析、建议、验证与确认等技术手段对软件制品与涉众需求、项目过程计划的符合情况进行检验,保障软件产品质量、软件过程质量符合预期,从而为高质量产品的产出创设条件。

4.3　软件质量保证的定义

软件质量保证(Software Quality Assurance,SQA)是指建立一套有计划、有系统的方法,来向管理层保证拟定的标准、步骤、实践和方法能够正确地被所有项目所采用。目的是使软件过程对于管理人员来说是可见的。它通过对软件产品和活动进行评审和审计来验证软件是否合乎标准。软件质量保证组在项目开始时就一起参与建立计划、标准和过程,目标是使软件项目满足组织机构的要求。

软件质量保证是一个需要从顶层管理角度给予充分关注的战略问题。它通过对产品全生命周期建立有意义的、适当的过程,并确保这些过程得到遵循,从而确保软件质量。

软件质量保证是一种有计划的、系统化的行动模式,一种为使人们信任项目或者使产品符合已有技术需求而必需的行动。它是用于评价开发或者制造产品的过程的一组活动,与质量控制有区别。

4.4　软件质量保证组织

SQA 组织结构的选择非常重要,决定着人员的分配、角色的职能定义等。在 SQA 发展初期,通常没有专职的 SQA 人员,几乎所有的 SQA 人员都是由开发人员或其他人员兼任,

SQA 人员的工作职能也非常有限,往往只是从事一些相对简单的文档审核等 SQA 任务。随着 SQA 的发展,专职 SQA 人员成为必需。这时遇到的第一个问题是:如何创建一个高效的 SQA 组织?

常用的 SQA 组织模型主要分为 3 种:独立的 SQA 部门、独立的 SQA 小组和独立的 SQA 工程师。

4.4.1　独立的 SQA 部门

独立的 SQA 部门,就是在整个组织结构中建立一个独立的职能部门专门负责 SQA 工作。该部门与其他职能部门平级。所有的 SQA 工程师都隶属于 SQA 部门。在行政上,SQA 工程师向 SQA 经理汇报。

这种组织结构的优点如下。

(1) 保证 SQA 工程师的独立性与客观性。

SQA 工程师在行政上隶属于独立部门,有利于 SQA 工程师做出独立、自主、客观的判断。

(2) 有利于资源共享。

SQA 部门相对独立,SQA 资源被所有软件项目共享。SQA 经理根据软件项目对 SQA 资源的需求进行统筹分配。这样既避免了资源冲突,又有利于资源的充分应用。

该结构的缺陷如下。

(1) SQA 部门难以深入到软件项目细节。

SQA 部门、软件项目组各自独立运行,难以深入软件项目细节。SQA 工程师对项目的跟踪和监管,往往流于形式,难于发现软件项目中潜在的深层次问题。

(2) 问题不能及时解决。

SQA 工程师发现问题后,通过部门间协调来解决发现的问题。这常常使得发现的问题不能及时解决。

4.4.2　独立的 SQA 工程师

组织机构采用项目模式开展工作,各个项目组中都设有独立的 SQA 工程师岗位。此时,SQA 工程师作为项目组成员,向项目经理汇报工作。

该结构的优点为:①SQA 工程师能够深入项目,较容易发现实质性问题;②SQA 工程师还通过项目组内协调机制,促使发现的问题得到及时解决。

但由于各个项目相互独立,SQA 工程师因隶属不同的项目组,彼此间缺乏沟通,不利于 SQA 工程师经验分享和工作沟通。此外,由于 SQA 工程师身在项目组内部,独立性、客观性地开展 SQA 工作方面存在欠缺。

4.4.3　独立的 SQA 小组

在组织机构内,建立独立的 SQA 小组。SQA 小组虽然不是独立的行政部门,但拥有足够的独立性。SQA 小组成员为来自各个项目组的 SQA 工程师。因 SQA 工程师同时隶属于项目组，工作上向项目经理汇报。SQA 小组内，SQA 工程师相互沟通，协调开展 SQA 工作，便于部门间经验分享和 SQA 能力提升。

4.5　软件质量保证活动

4.5.1　软件评审

软件评审是软件质量保证的一种重要手段，也是软件静态测试的重要部分。软件评审对象包括在制品和最终软件产品，覆盖软件相关的程序、文档和数据等软件制品类型。

软件评审小组以 4～6 人为宜，成员角色包括主持人、宣读员、作者、记录员、评审员等。

（1）主持人。

主持人负责评审会议的筹备、开展和会后的软件问题跟踪监管。会前，主持人分发评审材料给每一个与会人员，提前通知与会人员进行软件制品阅读并做好发现问题的记录；评审会过程中，主持人把握会议方向，保证评审会的工作效率；在评审会后，负责对问题的分类和问题修改后的复核。

（2）宣读员。

除了代码评审外，一般有宣读员来解读待评审材料。宣读员的任务是在评审会上通过朗读和分段来引导评审小组遍历被审材料。

（3）作者。

被评审材料的作者负责在评审会上讲解设计思路和实现细节，回答评审员提问。会后，作者还要修复评审会上发现的问题。

（4）记录员。

记录员如实记录评审会议中发现的问题，编写评审问题报告。

（5）评审员。

评审小组中的每一位成员，无论是主持人、作者、宣读员还是记录员，都是评审员。评审员在会前准备阶段和会上检查被审查材料，找出其中的缺陷。通常，评审员团队中不仅包括程序员，还要有测试人员、项目经理、产品经理等人员。

软件评审的形式有多种，如管理评审、技术评审等。

（1）管理评审。

由管理部门及其委托机构对软件获取、供应、开发、运行、维护等工作进行的系统化的评价，以便监督进展、发现并处置风险、合理分配任务、有效分派资源、评价管理效能。

（2）技术评审。

由技术人员对软件产品、软件过程进行评审，评估软件组件、最终产品是否满足质量标准，评估软件过程的有效性。

4.5.2　验证与确认

验证与确认（Verification and Validation，V&V）是检查软件系统是否符合规范并且满足其预期目的的过程,也被称为软件质量控制,是保障软件质量的一种重要方法。软件验证与确认是贯穿于整个软件开发生命周期的一系列测试与评估活动,是软件质量管理体系的关键组成部分。有许多测试方法可实现软件的验证与确认,例如黑盒测试、白盒测试。独立软件验证与确认在安全性、可靠性和高质量上有着更高的保障。验证与确认是两个独立的过程,在不同的层面上保障了产品的质量。研究软件验证与确认,有助于规范保障软件质量的方法,开发出更可靠的软件产品。

验证可以将软件验证理解为检验软件是否已正确地实现了产品规格书所定义的系统功能和特性。例如,对每个软件都有一定的需求,最终产品经过验证应该能满足产品规格书的一些要求。

软件验证是为了提供证据来表明软件相关产品与所有生命周期活动(需求分析、设计、编程、测试等周期)的要求(正确性、完整性、一致性、准确性等要求)相一致。此外,软件验证也是一个基准,它为判断每一个阶段的生命周期活动是否已经完成,以及能否启动下一个生命周期活动建立了一个新的基准。一个阶段完成后需要通过验证的过程,然后才能进入下一阶段。这样可以保证软件开发的每一个阶段都是正确的。

4.5.3　纠正和预防措施

纠正和预防措施(Corrective And Preventive Action,CAPA)最初由欧盟 GMP 提出,适用于药业,用于处理药品生产质量保证体系中的不符合问题。由于 CAPA 体系的通用性,逐渐推广到其他行业,成为质量管理领域的普遍共识和最佳实践。纠正措施是指为消除已发现的不合格、不希望的情形所采取的措施。预防措施是指为消除潜在的不合格、不期望情况所采取的措施。

1. CAPA 过程

纠正和预防措施的目的不是处理或直接修改已经发现的缺陷,而是分析并消除那些缺陷在整个软件部门产生的原因,是一个缺陷预防的过程。纠正措施是一个常规使用的反馈过程,包括质量不合格信息的收集、非正常原因的识别、改进的习惯行为和流程的建立与吸收、对流程执行的控制与结果的测量等。而预防措施则主要包括潜在质量问题信息的收集、偏离质量标准的识别等。纠正措施是为了防止同样问题的再发生;而预防措施是为了防止潜在缺陷的同类或相似问题再发生。

CAPA 的主要信息来自质量记录、报告、内部质量审计、项目风险评审、软件风险管理记录等。CAPA 过程活动包括:收集相关信息、对收集到的信息进行分析、建立解决方案或改进方法、执行新的方案或方法、持续跟踪。

2. 信息收集和分析

为了质量改进性和预防性过程的正常运行,必须建立起与大量产品质量信息相关的文档流,然后进行分析,具体如下。

(1) 筛选信息并找出潜在的改进可能性。评审从各种渠道得来的信息或文档,识别出纠正和预防过程的潜在条件,包括与不同单位收到同一类型文档的比较或同一案例不同类文档的比较。

（2）对潜在改进进行分析，分析的主要内容如下。

由识别出的缺陷产生的损害预期类型和等级定义。缺陷的原因，典型的原因一般是不符合工作条例或规程，技术知识水平不够，相对时间或预算压力估计不足和对新开发工具缺乏经验。对各种存在于整个组织范围内的潜在缺陷的概率进行估计。

（3）依照分析结果给出内容上或流程上的反馈。

例如，某软件公司接到市劳动保障局通知，因为国家法规调整，其开发维护的公积金收支软件必须做重大更改，方可继续使用。经公司常务高层会议研究决定，准备开发该软件2.0版，增加客户要求的新功能的同时，考虑向其他市县销售，必须做到可以定制界面。为了提高该版软件的质量，质量经理和开发部门高层按 CAPA 过程实施。

3. 解决方案及其执行

为了避免同一类型的质量问题一再出现和提高生产效率，需要找到问题的根本原因和解决办法，通常会在以下方向做出努力。

（1）更新相关流程，包括开发与维护的规定和其他通用流程。

（2）习惯做法的改变，包括相关工作条例的更新。

（3）使用新的开发工具，使某些问题不容易发生。

（4）培训和再培训或更新人员。

（5）更改上报频率或上报任务。

以上方法从一个或几个方面组合，便产生了所需要的方案。对于上述例子，经过评估，找到了解决方案，包括内部培训计划、市场部招聘具有开发资历的职员计划，制定了部分研发人员与市场部人员互换角色的流程等。为了预防此类问题再次发生，该公司还定期会晤客户，跟踪软件使用的流程，使软件的应用状态得到彻底的改变。

纠正和预防措施解决方案的执行主要在于正确的指导和适度的培训，但更重要的是团队和个人的充分合作，合作是执行 CAPA 的基础。成功的执行需要选定的人员对提出的解决办法充满信心。

4. CAPA 过程跟踪

CAPA 过程跟踪主要有以下几个任务。

1）整理 CAPA 记录流并跟踪

这些记录流使得反馈能够揭示没有报告以及低质量报告而导致的信息不准确或信息遗漏，而跟踪主要是通过分析长期活动信息而实现。

2）执行的跟踪

执行的跟踪主要是 CAPA 过程执行（指定的措施）的跟踪，如培训活动、新开发工具、新流程改变等，将适当的反馈结果交付给负责 CAPA 的实体。

3）结果的跟踪

结果的跟踪能够准确地评估 CAPA 措施已经达到预期结果的什么程度。一般会把结果的反馈交付给改进方法的开发人员。

由此可见，正常的跟踪活动有利于及时了解信息和启动合适的反馈流，是纠正性和预防性活动链中的重要部分。

4.6 软件质量保证过程

4.6.1 SQA 过程的实施

1. SQA 过程的建立及实施

软件质量保证必须有计划地开展,为此要先建立 SQA 过程。SQA 过程独立于软件项目过程,两者相互影响。SQA 过程为软件项目过程提供在制品及软件产品度量信息,有助于降低项目成本、保障按期完成项目任务和风险控制。SQA 过程不是一蹴而就的,要根据软件度量反馈和项目过程产出情况对 SQA 过程进行实时调整并付诸实施。

SQA 过程定义的详细内容包括:建立 SQA 机构,明确人员及角色;要开展的 SQA 活动有哪些;SQA 活动如何实施;SQA 过程的度量与追踪。

SQA 过程在建立与实施时,要开展的具体活动如下。

(1) 明确 SQA 相关角色和人员职责,形成 SQA 方针,并且把 SQA 方针纳入机构质量指南中。SQA 方针对整个组织机构具有影响力,独立于特定软件项目的 SQA 过程。

(2) 建立 SQA 组织,明确人员角色和具体任务分工。

(3) 编制 SQA 计划,并根据 SQA 过程实施情况对 SQA 计划进行及时更新。

SQA 过程的建立与实施,产生:

(1) SQA 机构,包括 SQA 角色和人员。

(2) 组织级 SQA 过程和项目级 SQA 过程。

(3) SQA 过程评价机制,用来对 SQA 活动、SQA 记录的质量进行评价。

(4) SQA 人员的具体职责等。

2. SQA 过程与软件项目的协同

为了实现软件项目目标,必须把 SQA 过程和其他过程协同进行。相关过程包括组织级的生命周期模型管理过程、质量管理过程和项目使能级的合同过程、软件项目过程、软件复用过程等。统筹规划 SQA 活动和软件项目活动,识别出不必要或冗余的 SQA 活动,并更新 SQA 计划。

3. 编制 SQA 计划

SQA 计划是软件质量保证的纲领性文件(图 4.1),内容包括:

(1) 采用的质量保证、方法、规程和工具。

(2) 合同评审过程。

(3) 质量保证活动及其排程。

(4) SQA 记录的编制、存档和管理的过程定义。

(5) SQA 过程的支持活动,包括验证与确认、评审、审核、问题解决等。

SQA 计划在编制与管理时,要开展的工作如下。

(1) 相关涉众一起共同决定 SQA 相关标准及适应的标准条款。

(2) 根据机构需求、软件项目情况、涉众要求、人力资源、工具设备等情况识别出所需的 SQA 活动。

```
计划文档模板(ISO/IEC/IEEE 15289:2011)
1　目的与范围
2　术语及缩略词
3　参考文献
4　SQA 计划概述
　　4.1　组织机构
　　4.2　软件产品风险
　　4.3　工具
　　4.4　标准、最佳时间和约定
　　4.5　成本、资源和排程
5　SQA 活动与任务
　　5.1　产品质量保证
　　　　5.1.1　评估 SQA 计划的匹配度
　　　　5.1.2　评估产品质量的达成度
　　　　5.1.3　评估软件产品的可验收性
　　　　5.1.4　评估产品生命周期支持的匹配度
　　　　5.1.5　评估员工技能及知识
6　过程质量保证
　　6.1　合同评审
　　6.2　质量度量
　　6.3　偏差和豁免
　　6.4　任务返工
　　6.5　SQA 活动的相关风险
7　SQA 记录
　　7.1　SQA 记录的编制、分析、收集、存档、维护管理和分发
　　7.2　SQA 记录的有效性
```

图 4.1　SQA 计划模板

（3）进行风险分析，识别出项目风险，并针对性地拟定 SQA 措施。

（4）选用合适的度量手段，对软件质量、项目过程、SQA 活动效能进行评价。

（5）编制组织级 SQA 计划和项目使能级 SQA 计划，保持两类 SQA 计划的一致性。

（6）在项目开展的同时，对 SQA 计划进行评审。如果发现 SQA 计划和实际进展存在偏差，实时更新 SQA 计划。

4. 执行 SQA 计划

执行 SQA 计划中的活动。SQA 计划执行时，通过软件度量手段获得产品质量、过程质量的反馈信息。如果发现 SQA 计划和实际进展存在偏差，则记录偏差，继而进入问题解决环节，并更新 SQA 计划。

5. 管理 SQA 过程记录及文档

详细记录 SQA 计划的执行情况，做好记录存档和管理，把 SQA 记录内容通过商定的渠道分发给相关涉众。SQA 记录的生成与管理，要综合考虑记录的可信性、安全性和隐私需求保护。

6. 评估 SQA 的独立性和目标达成度

建立 SQA 机构，明确人员角色和任务分工，为 SQA 团队分配足够的资源。评估 SQA

机构、SQA 相关人员的独立性和授权情况,确保 SQA 团队拥有充分的独立性从而客观地开展工作。

4.6.2 产品质量保证

1. 明确产品质量保证任务和过程

产品保证是 SQA 的重要内容,贯穿于软件项目始终,属于项目使能级 SQA 工作。软件产品由程序、文档和数据组成,软件文档类型包括但不限于开发文档、运维文档、安全手册、系统管理文档。如果软件产品涉及项目分包、对外发包、软件组件采购时,还要定义针对第三方的产品保证过程。产品质量保证的目的是确保研发得到的软件产品符合项目合同要求。如果产品质量保证过程中发现产品质量偏差或违反需求,及时采取措施。

产品质量保证工作内容包括评估产品计划、软件产品和合同及客户需求的切合度,还要评估产品生命周期支持的充分性。产品质量保证的基础是产品度量,通过产品度量来量化标识软件产品质量高低。

2. 评价产品计划与合同、标准及规程的符合度

评估产品计划与项目合同、软件标准、相关法律法规的符合程度。如果存在偏差,及时更新产品计划。

3. 评价在制品及软件产品满足软件需求的程度

根据项目合同,识别出客户要求的软件产品及文档,建立软件需求和软件在制品之间的追溯关系。在软件项目过程中,评估软件产品及在制品与已明确的软件需求的复合程度。

4. 评价软件产品的可验收性

软件产品正式发布前,采集产品度量数据,对研发得到的软件产品进行系统化评估,评估软件产品的可验收性。软件产品可验收性评估要以项目合同、软件文档(特别是需求文档)、质量标准为基础。产品的可验收性评估手段包括评审、审核、软件测试。

5. 评估产品生命周期支持情况

在项目合同中详细定义软件承担机构、相关第三方的各自职责,评估软件项目承担单位、相关第三方机构对产品生命周期支持情况。具体任务包括:

(1) 根据项目合同,识别出客户支持服务等级。

(2) 编制客户支持计划,评判客户支持计划和项目合同的客户支持条款的匹配程度。

(3) 由客户支持计划派生出 SQA 需求,把新识别的 SQA 活动填报到 SQA 计划之中并付诸实施。

(4) 对客户支持活动进行监督。如果发现存在偏差,则更新并实施新的客户支持计划。

6. 产品度量

产品度量的目的是尽可能地量化描述在制品及最终软件产品的质量。通过产品度量评估在制品及最终软件产品满足软件需求、质量标准、规程及工作条例的程度。

产品度量工作内容包括:

(1) 明确产品度量指标和度量过程。

（2）评估产品度量指标及过程和软件项目相关标准、规程的匹配程度。必要时,选用新的产品质量度量方法及过程。

（3）进行产品度量,记录产品度量结果。

（4）分析产品度量结果,识别出产品质量方面存在的不足或偏差。如果发现产品质量存在不足,提出产品质量改进措施并督促研发团队予以实施。

（5）对产品质量改进活动的产出品进行评估,以评价产品改进措施的效能。

（6）分析产品度量过程和 SQA 计划、软件项目计划中产品度量需求的匹配度。必要时,更新产品度量方法及度量过程。

4.6.3　过程质量保证

过程质量保证的目的是确保用来开发、维护、管理的软件过程是充分的、高效的。充分且高效的软件过程能够派生出高质量软件。高质量软件不仅要满足用户需求,还切合软件机构的长远目标。

过程质量保证,以过程度量为基础,评估软件项目过程、开发维护及管理环境、项目相关第三方的软件过程的效能。过程质量保证时,还要评估员工技能和知识,以确保员工拥有充足的知识和技能从而保障软件项目各项工作有效开展。

1. 评估软件过程定义与项目计划的一致性

以软件项目需求和项目合同为基础,对项目过程进行详细的定义和描述。然后,评估项目过程定义是否满足合同要求和项目风险管理要求。

在软件项目过程中,审核软件开发活动的开展是否符合预定义的项目计划。如果发现项目进展出现偏差,及时采取措施,以保障项目如期完成。

2. 评估项目环境的适应性

评估软件项目的开发环境、测试环境、类库选用等软件环境与项目合同的适应情况。通过项目环境的适应性评估,实时更新软件开发维护及管理环境,为项目计划的执行提供高效的环境支持。

3. 对第三方的软件过程进行适应性评价

软件项目过程中,常常涉及项目分包、承包以及软件组件、COST 软件采购相关第三方机构参与。此时,要对第三方机构的软件过程进行适应性评估,评价第三机构的软件过程能否满足项目计划、第三方机构相关合同的要求。

4. 过程度量

过程度量的目的是评价软件过程的定义及开展是否符合项目计划排程、软件标准及相关规程。过程度量时,要开展的活动包括:

（1）根据机构及项目要求,识别出软件项目过程要对标的标准与规程。

（2）评估过程度量活动的开展情况是否按照项目计划进行。

（3）评估过程度量活动和质量标准、规程的适配情况。

（4）对过程度量活动和过程度量需求的适配情况进行评估。

（5）对过程度量计划进行评审,确保过程度量计划符合 SQA 计划。

过程度量的产出品包括：

（1）识别出适合项目需求和软件标准的过程度量指标、方法。

（2）符合项目计划、软件标准的过程度量活动。

（3）过程度量活动的详细排程。

（4）如果发现过程度量指标、活动、任务排程和 SQA 计划存在偏差，及时对它们进行调整。

（5）确保软件项目相关第三方都开展了过程度量活动，保障项目承担单位和第三方机构的软件过程相互间协同。

5．评估员工的知识与技能

为了确保项目过程如期进行，要对员工的知识与技能进行评价。评估员工知识与技能时，要开展的活动包括：

（1）根据项目要求，对现有员工的知识与技能进行评估，识别出员工技能、知识的欠缺。

（2）针对员工知识技能提升计划进行评价，确保员工知识技能提升计划是切实可行的且有效的。

（3）在项目进展过程中，识别出项目所需的新技能、新知识，并及时更新员工培训计划。

（4）对员工培训认证记录进行评价。

4.7　本章小结

软件质量保证是一组有计划、系统化的活动集合，这些活动对软件过程进行监控和评价，确保软件过程符合既定的标准、生产出的软件产品满足涉众需求。

软件质量保证工作的开展，就要建立软件质量保证组织，有序推进软件质量保证各项工作。软件质量保证组织的架构模式包括独立的质量保证部门、独立的质量保证工程师、独立的质量保证小组三种。

软件质量保证活动具体包括软件评审、验证与确认、纠正和预防措施。

本章重点讲解软件质量保证的组织架构、质量保证活动、实施过程，为软件机构开发维护好高质量软件创设条件。

第5章

软件测试基础

1983 年，IEEE 提出的软件工程标准术语中对软件测试定义如下："使用人工和自动手段来运行或测试某个系统的过程，其目的在于检验它是否满足规定的需求或是弄清预期结果与实际结果之间的差别"。软件测试是一个包含许多不同活动的过程，包括测试计划和监控、测试分析、测试设计、测试实施、测试执行、报告测试进度和结果，以及评估测试对象的质量等活动。

本章将系统介绍软件测试的基础知识，包括软件测试的目的、原则和软件测试过程，为学习本书后续内容做准备。

视频讲解

5.1 目的和原则

软件测试希望以最少的时间和人力，系统地找出软件中潜在的各种错误和缺陷。如果成功地实施了测试，就能够发现软件中的错误。测试能够证明软件的功能和性能与需求说明相符合。实施测试收集到的测试结果数据为可靠性分析提供了依据。

软件测试并不仅仅是为了找出错误，通过分析错误产生的原因和错误的分布特征，可以帮助项目管理者发现当前所采用的软件过程的缺陷，以便改进。同时，通过分析也有助于设计出有针对性的检测方法，改善测试的有效性。

5.1.1 软件测试的目的

基于不同的立场，存在着两种完全不同的测试目的。从用户的角度出发，普遍希望通过软件测试暴露软件中隐藏的错误和缺陷，以考虑是否可接受该产品。从软件开发者的角度出发，则希望测试成为表明软件产品中不存在错误的过程，验证该软件已正确地实现了用户的要求，确立人们对软件质量的信心。

Grenford J. Myers 曾对软件测试的目的提出以下观点。

- 测试是为了发现程序中的错误而执行程序的过程。
- 好的测试方案是极可能发现迄今为止尚未发现的错误的测试方案。
- 成功的测试是发现了至今为止尚未发现的错误的测试。
- 测试并不仅仅是为了找出错误。通过分析错误产生的原因和错误的发生趋势,可以帮助项目管理者发现当前软件开发过程中的缺陷,以便及时改进。
- 测试分析能帮助测试人员设计出有针对性的测试方法,改善测试的效率和有效性。
- 没有发现错误的测试也是有价值的,完整的测试是评定软件质量的一种方法。
- 根据测试目的的不同,还有回归测试、压力测试、性能测试等,分别为了检验修改或优化过程是否引发新的问题、软件所能达到的处理能力和是否达到预期的处理能力等。

软件测试并不等于程序测试。软件测试应贯穿于软件定义与开发的整个期间。需求分析、概要设计、详细设计以及程序编码等各阶段所得到的文档,包括需求规格说明、概要设计说明、详细设计说明以及源程序,都应成为软件测试的对象。

对于给定的任何项目,其测试目标可以包括以下内容:评估工作产品,例如需求、用户故事、设计和代码等;验证是否实现了所有指定的需求;确认测试对象是否完成,并按照用户和其他干系人期望的那样工作;建立对被测对象质量级别的信心;预防缺陷;发现失效和缺陷;降低软件质量不足所带来的风险,例如运行软件时,发现了之前未发现的失效;遵守合同、法律或法规要求或标准和(或)验证测试对象是否符合这些要求或标准。

根据被测组件或系统的环境、测试级别和软件开发生命周期模型的不同,测试目标会有所变化。例如,在组件测试时,目标是尽可能多地发现失效,以便尽早识别和修复潜在的缺陷,而另一个目标可能是增加组件测试时的代码覆盖率;在验收测试时,目标是确认系统能够按照预期工作并且满足用户需求,而另一个目标可能是为干系人提供关于在给定时间发布系统的风险信息。

总之,达到已定义测试目标有助于整个软件开发和维护的成功。对组件和系统及其相关文档进行严格的测试,有助于降低软件运行过程中出现失效的风险。当发现缺陷并加以修复时,有助于提高组件或系统的质量。此外,进行软件测试是为了满足合同或法律法规或行业具体标准的要求。

测试的目的不仅仅是为了发现软件缺陷与错误,也是对软件质量进行度量和评估,以提高软件的质量。因此,需要遵守软件测试的原则。

5.1.2　软件测试的原则

软件测试的原则是指帮助测试团队有效地利用他们的时间和精力来发现测试项目的隐藏 Bug 的指导方针。

原则 1:测试说明缺陷的存在,而不能说明缺陷不存在。

测试只能证明软件中存在缺陷,但并不能证明软件中不存在缺陷。软件测试是为了降低存在缺陷的可能性,即便是没有找到缺陷,也不能证明软件是完美的。

原则 2：穷尽测试是不可能的。

现在软件的规模越来越大，复杂度越来越高，想做到完全性的测试是不可能的。软件测试应适时终止。此外，应避免冗余测试。在测试阶段，测试人员可以根据风险和优先级来进行集中和高强度的测试，从而保证软件的质量。

原则 3：测试的尽早介入可以节省时间和成本。

为了尽早发现缺陷，应该在软件开发生命周期中尽早启动静态和动态测试活动。测试的尽早介入有时被称为测试的左移。在软件开发生命周期的早期进行测试有助于减少或消除代价高昂的变更。

尽早开展测试准备工作使测试人员能够在早期了解到测试的难度，预测测试的风险，有利于制订出完善的计划和方案，提高软件测试及开发的效率，规避测试中存在的风险。尽早开展测试工作，有利于测试人员尽早发现软件中的缺陷，大大降低错误修复的成本。测试工作进行得越早，越有利于提高软件的质量，这是预防性测试的基本原则。

原则 4：缺陷的群集效应。

软件测试中存在 Pareto 原则：80%的缺陷发现在 20%的模块中。缺陷集群性表明，小部分模块包含大部分的缺陷。一个功能模块发现的缺陷越多，那么存在的未被发现的缺陷也越多，因此发现的缺陷与未发现的缺陷成正比。

原则 5：杀虫剂悖论。

反复使用相同的杀虫剂会导致害虫对杀虫剂产生免疫而无法杀死害虫。软件测试也一样，如果一直使用相同的测试方法或手段，可能无法发现新的缺陷。为了解决这个问题，测试用例应当定期修订和评审，增加新的或不同的测试用例以帮助发现更多的缺陷。但是，在某些情况下，杀虫剂悖论也有好处，例如在自动化回归测试中，发现的回归缺陷数量相对较少。

原则 6：测试活动依赖于测试内容和情境。

软件测试的活动开展依赖于所测试的内容。根据业务的不同分为不同的行业，如游戏行业、电商行业、金融行业。不同的行业，测试活动的开展都有所不同，如测试技术、测试工具的选择、测试流程都不尽相同。不同的测试情境，测试活动不同，如在敏捷模式项目中进行的测试活动不同于在瀑布模型项目中进行的测试。

原则 7：不存在缺陷的谬论。

软件测试不仅是找出缺陷，同时也需要确认软件是否满足需求。如果对错误的需求进行了彻底的测试，有可能 99%没有 bug 的软件也是不能使用的。如果开发出来的产品不满足用户的需求，即便找到和修复了缺陷作用也不大。

软件测试是一项极富创造性、极具智力挑战性的工作。为了尽可能发现软件中的错误，提高软件产品的质量，在软件测试的实践过程中还有很多其他需要遵守的测试原则。

- 测试应基于用户需求，所有的测试标准应建立在满足客户需求的基础上。从用户角度看，最严重的错误是那些导致程序无法满足需求的错误。应依照用户的需求配置环境并且依照用户的使用习惯进行测试并评价结果。
- 做好软件测试计划是做好软件测试工作的关键。软件测试是有组织、有计划、有步骤的活动,因此测试必须要有组织有计划,并且要严格执行测试计划,避免测试的随意性。

- 测试前必须明确定义好产品的质量标准。只有建立了质量标准,才能根据测试的结果,对产品的质量进行分析和评估。
- 测试设计决定了测试的有效性和效率。测试工具只能提高测试效率而非万能。根据测试的目的,采用相应的方法去设计测试用例,从而提高测试的效率,更多地发现错误,提高程序的可靠性。
- 测试用例应由测试输入数据和对应的预期输出结果这两部分组成。除了检查程序是否做了应该做的事外,还要看程序是否做了不该做的事;另外,测试用例的编写不仅应当根据有效和预料的输入情况,也需要根据无效和未预料的输入情况。
- 妥善保存测试计划、测试用例、出错统计和最终分析报告,为维护提供方便。
- 程序员应避免检查自己的程序。由于心理因素的影响或者程序员本身错误地理解了需求或者规范导致程序中存在错误,应避免程序员或者编写软件的组织测试自己的软件。一般要求由专门的测试人员进行测试,并且还要求用户参与,特别是验收测试阶段,用户是主要的参与者。

5.2　测试过程

视频讲解

　　影响组织测试过程的环境因素是多方面的,没有统一的软件测试过程,但是有一些常见的测试活动,这些测试活动就组成了一个测试过程。影响测试过程的因素,测试过程中涉及的测试活动,如何实施这些测试活动以及何时开始这些测试活动,都将在本章中进行讨论。

　　影响测试过程的因素,通常包括以下几个方面:使用的软件开发生命周期模型及项目方法;考虑的测试级别和测试类型;产品风险和项目风险;业务领域;运行限制,例如预算和资源、时间、复杂度、合同和法规要求等;组织方针和实践;所需的内部和外部标准。

　　测试过程主要由测试计划和监控、测试分析、测试设计、测试实施、测试执行、测试评估和报告、测试结束等主要的活动组组成。每个活动组都是由多个活动构成,每个活动组中的每个活动都可能由多个单独的任务组成,这些任务可能因项目或发布而不同。表5.1呈现了从测试小组成立到测试成果归档全测试过程中每个阶段的输入、主要工作人员及成果输出。每个测试过程的活动和工作产品,将在下面的内容中加以详细说明。

表 5.1　测试过程

输　　入	测试阶段(活动)	输　　出	主要工作人员
需求规格说明书	测试计划	系统测试计划	测试组长
需求规格说明书 项目原型 系统测试计划	测试分析 测试设计	系统测试用例	测试工程师
测试用例 开发版本	测试实施	阶段测试报告 缺陷报告	测试实施工程师
需求规格说明书 缺陷报表	测试执行 (缺陷跟踪)	缺陷报告 缺陷状态跟踪报告	测试工程师 测试实施工程师

续表

输　　入	测试阶段（活动）	输　　出	主要工作人员
测试计划 阶段测试报告	测试评估和报告	阶段测试报告 系统测试报告	测试组长 测试经理
测试计划 系统测试报告	测试工作总结（结束）	测试工作总结	测试经理

　　虽然这些活动组中的许多活动在逻辑上看起来是顺序的，但它们通常是迭代实现的。即使在顺序开发中，活动的阶梯式逻辑顺序也会涉及重叠、组合、并发或省略，所以必须根据系统和项目的情境来对测试活动进行适当裁剪。

　　软件测试过程与软件开发流程类似，也包括计划、设计、开发、执行和评估 5 个阶段，图 5.1 展示了软件项目实施过程中软件开发生命周期和软件测试生命周期的主要活动。软件项目一启动，软件测试也就开始了。由于软件的复杂性和抽象性，在软件开发生命周期各阶段都可能产生错误，所以不应把软件测试仅仅看作是软件开发的一个独立阶段，而应当把它贯穿到软件开发的各个阶段中。

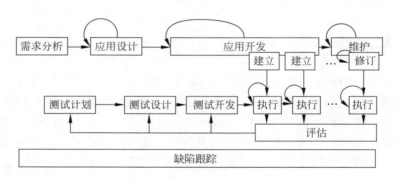

图 5.1　软件开发生命周期和测试生命周期的主要活动

　　在需求分析和应用设计阶段就应开始进行测试工作，编写相应的测试计划及测试设计文档；应用开发阶段进行相应的测试开发活动，如编写测试脚本、开发自动化测试工具等；在开发各个阶段执行包括组件测试、集成测试、系统测试和验收测试等各个级别的测试任务，评估软件产品是否实现开发目标；当软件项目进入维护阶段，测试活动仍需在改正性维护、适应性维护、完善性维护和预防性维护等活动中持续进行。同时，对于缺陷的跟踪，要贯穿于整个开发生命周期和测试生命周期。坚持在开发各阶段进行技术评审和验证，这样才能尽早发现和预防错误，杜绝某些缺陷和错误，提高软件质量。

　　软件测试和软件开发一样，都遵循软件工程原理，遵循管理学原理。测试专家通过实践总结出很多很好的测试模型，软件测试模型将在 6.1 节介绍。这些模型将测试活动进行了抽象，明确了测试与开发之间的关系，是测试管理的重要参考依据。

5.2.1　测试计划和监控

　　测试计划包括的活动有定义测试目标，在环境因素限制下指定适当的测试技术和方法，并制定满足截止期限的测试进度表。根据测试监控活动的反馈,可以重新审议测试计划。制订测试计划的目的是收集和组织测试计划信息,并且创建测试计划。制订计划受组织的测试方针和测试策略、使用的开发生命周期和方法、测试范围、目标、风险、约束、关键性、可测试性和资源可用性的影响。随着项目和测试计划的进展,测试计划中包含的内容便越来越多,越来越详细。测试计划是一项持续的活动,贯穿于整个产品的生命周期。前期的测试计划通常以需求规格说明书和测试计划作为输入。

测试计划工作流程如图 5.2 所示。根据需求工件集收集和组织测试需求信息,确定测试需求;制定测试策略,针对测试需求定义测试类型、测试方法以及需要的测试工具等;建立测试通过准则,根据项目实际情况为每一个层次的测试建立通过准则;确定资源和进度,确定测试需要的软硬件资源、人力资源以及测试进度;评审测试计划,根据同行评审规范对测试计划进行同行评审。

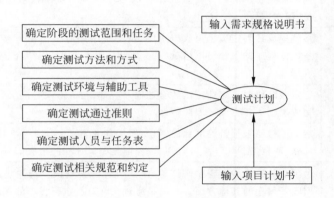

图 5.2 测试计划工作流程

测试监控包括使用测试计划中定义的测试监控度量,对实际进度与测试计划进行持续的比较,还包括采取必要的措施来满足测试计划的目标。例如,当已识别的风险发生时,重新确定测试优先级。又如,由于测试环境或其他资源的可用性或不可用性而更改测试进度表。

测试计划的工作产品通常包括一个或多个测试计划,测试计划包括关于测试依据与其他测试工作产品之间可追溯性的相关信息。测试监控的工作产品通常包括各种类型的测试报告,包括测试进度报告和测试总结报告。

测试计划作为软件项目计划的子计划,在项目启动初期是必须规划的,是测试工作得以顺利开展的基础。在越来越多公司的软件开发中,软件质量日益受到重视,测试过程也从一个相对独立的阶段越来越紧密地嵌套在软件整个生命周期中。

具体地,一份测试计划应体现以下内容,详见表 5.2。

表 5.2 测试计划内容

测 试 内 容	说 明
目标	必须明确定义每个测试阶段的目标
通过准则	设计准则来判断每个测试阶段的完成标准

续表

测 试 内 容	说　　明
进度	每个阶段都需要日程安排，指出何时设计、编写、执行测试用例
职责	每个阶段必须有负责识别设计、编写、执行和验证测试用例的人员，以及修订被发现的错误的人员。在大型项目中，可能会引起有些测试结果是否是错误的争论，所以还需要识别仲裁人
测试用例库和标准	在一个大型项目中，必须要有系统的关于识别、编写、存储测试用例的方法
工具	识别缺陷所需的测试工具，包括谁去开发或去获取工具，工具将如何被使用、何时使用等
计算机时间	这是关于每个测试阶段所需的计算机时间的总量的计划，包括编译应用程序的服务器、安装测试的桌面机、Web应用的Web服务器、网络设备等
硬件配置	如果需要特殊的硬件配置或设备，需要一个计划来描述这种需求，它们如何满足、何时需要
集成	系统集成计划定义了集成的次序，定义程序如何结合在一起。一个包含大量子系统或程序的系统可以增量（从上到下或从下到上）地结合起来。构造块是程序或子系统
跟踪过程	制定跟踪机制来跟踪测试的全过程，包括倾向于错误的模块的定位、计划、资源、完成准则等各方面进展的估计
调试过程	定义了机制来报告检测到的错误，跟踪纠正的进展，将纠正好的添加到系统中。计划、职责、工具、计算机时间、资源都是调试计划的组成部分
回归测试	做了功能改进或对程序修订后，需要执行回归测试。目的是确定改变是否已经回归了程序的其他方面。一般是通过允许重新执行程序的测试用例的子集来确认。回归测试的重要性在于变更和纠错倾向于产生更多的错误，所以一份回归测试的计划是有必要的

在工程实践中，一份好的测试计划可以使测试工作和整个开发工作融合起来，资源和变更也成为可控制的风险。测试计划中的测试阶段的划分尤为重要。对于采用"瀑布型"开发方式的项目，各个阶段的主要活动很清晰，易于操作。然而，在制订测试计划时，往往把测试单纯地简化为系统测试，或者把各种类型的测试设计（如测试用例编写和测试数据准备）全部放入生命周期的"测试阶段"。这样，一方面浪费了开发阶段可以并行的项目日程，另一方面造成测试不足。

合理的测试阶段的建议划分方法，如表5.3所示。横向代表开发的几个典型阶段，包括需求分析、设计、编码、组件测试、集成测试、系统测试和验收测试阶段；纵向代表测试级别，从下至上依次为组件测试、集成测试、系统测试及验收测试。相应阶段可以同步进行相应的测试计划编制，而测试设计也可以结合开发过程而实现并行，测试执行则可以在开发之后实施。组件测试和集成测试往往由开发人员承担，因此这部分的阶段划分可能会安排在开发计划而不是测试计划中。例如，验收测试阶段，验收测试的测试计划在需求分析阶段即开始制订，而在设计、编码直到系统测试阶段，都可以并行进行测试设计，而当项目进入验收测试阶段，才开始执行验收测试任务。

表 5.3　测试阶段划分

测试	阶　　段						
	需求分析	设计	编码	组件测试	集成测试	系统测试	验收测试
验收测试	计划	设计					执行
系统测试	计划	设计				执行	
集成测试		计划	设计		执行		
组件测试			计划/设计	执行			

5.2.2　测试分析

在测试分析过程中,根据可测量的覆盖标准来确定"测试什么"。测试分析主要包括以下活动。

(1) 分析相应测试级别的测试依据。在软件工程生命周期的各个阶段,将输出多项工作产品。例如,需求规格说明,如业务需求、功能需求、系统需求、用例或类似的工作产品,其中指定了所需的功能和非功能的单元或系统行为;设计和实现信息,如系统或软件架构图或文档、设计规格说明、调用流、模型图(如 UML 或实体关系图 ERD)、接口规格说明或类似的工作产品,其中指定了单元或系统的结构;单元或系统本身的实现,包括代码、数据库元数据、查询和接口;风险分析报告,其考虑到了单元或系统的功能、非功能及结构问题。以上工作产品都是进行测试分析的重要依据。

(2) 评估测试依据和测试项,以识别各种类型的缺陷。例如,在需求规格说明中可能存在以下缺陷:功能描述语言的歧义或不准确,功能的遗漏,性能指标要求的不一致等,根据测试级别将识别出的缺陷列入测试项。

(3) 识别被测特性和特性集。

(4) 根据对测试依据的分析,并考虑到功能、非功能和结构特征、其他业务和技术因素以及风险级别,界定每个特征的测试条件并确定其优先次序。

(5) 在测试依据的每个元素与相关测试条件之间获取双向可追溯性。

进行有效的测试分析,往往采用以下三种方法。

(1) 质量模型分析法。针对每个功能使用软件质量模型进行分析,分析应测特性,确认各功能的测试点以及测试。

(2) 功能交互分析法。针对不同的功能确认各功能之间的交互操作,分析各功能交互时的测试特性,测试注意点,确认测试项。

(3) 用户场景分析法。针对所有功能,站在用户的角度考虑用户会怎么操作和使用这个功能,分析确认测试点以及测试项。

在测试分析过程中,使用黑盒测试技术、白盒测试技术及基于经验的测试技术,可以减少遗漏重要测试条件的可能性,并且能更精确和准确地定义测试条件。

测试分析工作产品包括已定义的和按优先级排序的测试条件,理想情况下每一个测试条件都可以双向追溯到它所覆盖的测试依据的特定元素。

5.2.3　测试设计

测试分析回答了"测试什么"的问题,而测试设计回答"如何测试"的问题。测试设计为每一个测试需求确定测试用例集,并且确定执行测试用例的测试过程。设计测试用例,对每一个测试需求确定其所需的测试用例,对每一个测试用例确定其输入及预期结果;确定测试用例的测试环境配置、需要的驱动界面或稳定桩;编写测试用例文档。开发测试过程,根据界面原型为每一个测试用例定义详细的测试步骤,为每一个测试步骤定义详细的测试结果验证方法;为测试用例准备输入数据;编写测试过程文档;在实施测试时对测试过程进行更改。设计驱动程序或稳定桩,设计组件测试和集成测试需要的驱动程序和稳定桩。

测试设计包括以下主要活动。

(1) 设计测试用例和测试用例集,并确定其优先级。

(2) 识别所需的测试数据,以支持测试条件和测试用例。

(3) 设计测试环境并识别所需的基础设施和工具。

(4) 撷取测试依据、测试条件、测试用例和测试规程之间的双向追溯性。

图 5.3 显示了测试设计的准备工作和过程。项目启动初期进行了系统划分及风险分析,测试计划阶段也对项目可能风险进行了进一步的识别和分析,明确了测试策略,为选择恰当的测试设计技术做好准备工作;项目需求分析阶段明确了项目的设计需求,制订了测试计划,并进行测试分析输出了测试条件和依据;最后,以测试依据为输入,运用选定的测试设计技术,完成测试设计。测试设计生成测试用例和测试用例集,以覆盖测试分析中定义的测试条件。在测试设计时,将测试条件细化成概要测试用例、概要测试用例集和其他测试件。

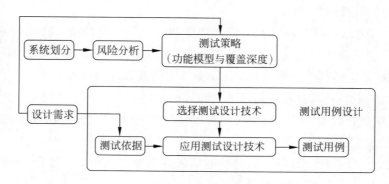

图 5.3　测试设计的准备工作和过程

测试设计是整个软件测试过程中的一个重要活动,其输出质量(无论是文档化的工作产品,还是存在于测试人员头脑中的想法)将会直接影响后续测试活动的效率和有效性,进而影响软件产品的最终质量。优质的测试设计可有效地减少测试用例数目,避免测试用例之间的冗余,满足客户对产品的不同质量要求,应付紧迫的测试时间和有限的测试资源,适应需求的不完善和变更,快速获得产品的质量信息等。

测试设计的主要活动是测试用例的设计，应用恰当的测试设计技术才能输出全面且无冗余的测试用例。测试设计技术包括静态测试技术和动态测试技术，将分别在第 7 章和第 8 章详细介绍。

5.2.4　测试实施

测试设计回答了"如何测试"的问题，而测试实施则要回答"我们现在是否已经有了运行测试所需的一切条件"。测试设计和测试实施任务通常是结合在一起的。在测试实施期间，创建和（或）完成测试执行所需的测试件，包括将测试用例排序为测试规程。测试实施包括以下主要活动。

（1）开发并确定测试规程的优先级，如有可能，同时创建自动化测试脚本。

（2）根据测试规程和自动测试脚本（如果已创建）来创建测试套件。

（3）在测试执行进度表中，以促进有效测试执行的方式安排测试套件。

（4）构建测试环境，包括可能的测试工具、服务虚拟化、模拟器和其他基础设施项目等，并验证一切所需条件都已正确设置。

（5）准备测试数据并确保在测试环境中正确地加载。

（6）确认并更新测试依据、测试条件、测试用例、测试规程和测试套件之间的双向可追溯性。

测试实施工作产品包括测试规程以及这些测试规程的顺序、测试套件和测试执行进度表等。

5.2.5　测试执行

在测试执行期间，测试套件按照测试执行进度表运行。测试执行包括以下主要活动。

（1）记录测试项或测试对象、测试工具及测试件的 ID 和版本。

（2）手工或者使用测试执行工具执行测试。

（3）将实际结果与预期结果进行比较。

（4）分析异常现象，以确定它们可能发生的原因。例如，出现失效可能是由于代码中的缺陷，但也可能出现误报。

（5）根据实际观察到的失效报告缺陷。

（6）记录测试执行的结果。例如，通过、失败、阻塞等结果。

（7）作为对异常现象采取行动的结果，或作为计划要测试的一部分，重复测试活动。例如，执行修正后的测试、确认测试和（或）回归测试。

（8）确认并更新测试依据、测试条件、测试用例、测试规程和测试结果之间的双向可追溯性。

测试执行工作产品包括记录各单个测试用例或测试规程状态的文档，缺陷报告，测试过程中包含测试项、测试对象、测试工具及测试件的文档。

5.2.6　测试评估和报告

测试评估是结合量化的测试覆盖域及缺陷跟踪报告,对应用软件的质量和开发团队的工作进度及工作效率进行综合评价。创建测试总结报告,并将信息传达给干系人。例如,由需求产生的测试缺陷,设计人员将根据测试评估报告的数据修正设计;若测试缺陷由实现产生,开发人员将根据本测试评估报告的数据修正代码。

测试评估和报告的工作产品包括测试评估报告和测试总结报告等文档。测试评估报告通常从软件能力、缺陷情况和建议三方面对软件进行评价。将软件的测试结果与功能需求做比较,评价软件能力达到需求规格说明书规定的能力要求的情况;对软件测试结果中的缺陷加以总结,汇总操作中发现较大问题的功能,准备下一步的开发和测试计划;通过测试,对软件测试欠缺的方面加以总结,比如本次测试虽然完成了大部分的功能测试,但由于操作方式多变,所以建议使用更多测试样例来测试该软件的可靠性。

5.2.7　测试结束活动

测试结束活动从已完成的测试活动中收集数据,以强化经验、测试件以及任何其他相关信息。测试结束活动出现在项目里程碑点,例如,当软件系统发布时、当测试项目完成或取消时、当敏捷项目的迭代完成时、当测试级别完成时或当维护版本完成时。

测试结束包括以下主要活动。

(1) 检查是否所有的缺陷报告已关闭;测试执行结束时仍未解决的缺陷,是否已创建需求变更或产品待办事项。

(2) 最后确定并归档测试环境、测试数据、测试基础设施及其他相关测试件,以便以后重复使用。

(3) 将测试件移交给维护部门、其他项目团队和(或)其他可以从使用测试件中获益的干系人。

(4) 从已完成的测试活动中,分析所获得的经验教训来确定以后迭代、版本和项目所需的变更。

(5) 使用收集到的信息来改进测试过程的成熟度。

测试结束的工作产品包括改进后续项目或迭代的行动项、变更请求或产品待办事项以及最终的测试件。

5.3　案例:测试工作流程

视频讲解

软件测试的质量从根本上是由软件测试流程决定的。预防缺陷在软件生命周期的早期,需要有专人对测试流程各环节负责。本节是一个测试团队的日常工作规范示例,主要侧重测试工作流程的控制,明确软件工程的各阶段测试团队应完成的工作。

测试团队共同协同完成测试工作,在人力资源有限的情况下,一个团队成员可能会同时承担多个角色。测试团队中的角色划分及其主要责任,详见表5.4。

表 5.4 测试团队角色划分及其主要责任

角 色	主 要 责 任
测试经理	组建测试组
	协调测试组内部的沟通,代表测试组与其他角色组进行沟通; 统筹安排测试人员,管理各项目测试进度,并对测试提供支持; 制定和改进测试规范,考核测试组人员; 组织测试人员交流培训; 测试报告汇总分析
测试组长	编写测试计划; 管理测试进度和报告遇到的问题; 测试报告分析; 辅导测试工程师和测试实施工程师
自动化测试工程师	编写测试用例,指导测试工程师和测试实施工程师; 开发测试工具,编写和执行自动化测试脚本
测试工程师	编写测试用例; 完成测试阶段报告; 协助完成系统测试报告
测试实施工程师	实施测试用例,执行测试; Bug 申报,缺陷跟踪
软件维护工程师	编写产品手册、用户使用说明; 负责对用户进行使用培训,反馈用户使用情况

测试工作流程及规范,如图 5.4 所示。图中显示了从测试组成立到测试工作总结的完整测试工作过程,包括需求理解、测试计划、测试用例设计、测试执行、缺陷跟踪、测试报告、测试工作总结及归档。图中展示了对应阶段的输入依据、输出工作产品及主要责任人,为测试过程的实施提供了规范。

接下来对测试计划阶段、测试分析与设计阶段、测试实施和执行阶段、测试评估和报告阶段及测试结束等核心阶段的具体过程进行详细介绍。

1. 测试计划阶段

在项目组成立的同时,测试组也将成立。成立测试团队时,测试经理负责为测试组任命一名测试组长,同时确定测试组的构成人选。

在制订测试计划之前,项目经理、测试组长和开发组长会依据初始需求开发原型召开需求理解会议。会上,测试人员从流程逻辑、边界定义等角度理解需求,并提出建议,帮助确认软件需求的边界;统一项目组的软件目标和测试的工作重点。当开发组和测试组对需求的理解基本一致时,会议结束。

需求分析文档确立后,测试组需要编写测试计划文档,为后续的测试工作提供直接的指导。编写测试计划的输入条件、工作内容、退出标准和责任人,如表 5.5 所示。

2. 测试分析与设计阶段

在实际的测试中,测试用例将是重要的实施标准。测试用例设计的具体任务和责任人如表 5.6 所示。

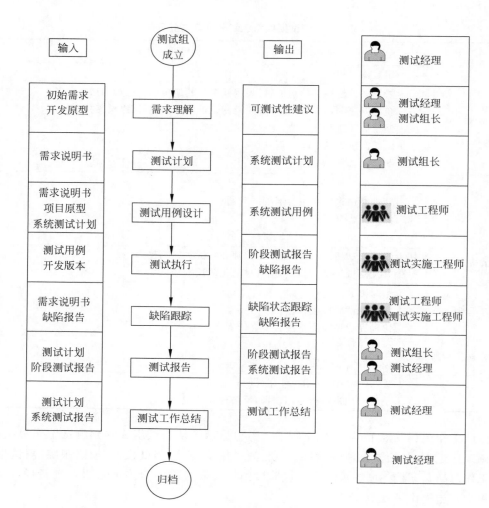

图 5.4　测试工作流程及规范

表 5.5　编写测试计划过程

过程要点	详 细 说 明
输入条件	项目需求分析文档确立,原型完成
工作内容	根据项目的需求文档,按照测试计划文档模板编写测试计划。测试计划中应该至少包括以下关键内容。 • 测试需求:需要测试组测试的范围,估算出测试所花费的人力资源和各个测试需求的测试优先级。 • 测试方案:整体测试的测试方法和每个测试需求的测试方法。 • 测试资源:本次测试所需要用到的人力、硬件、软件的资源。 • 测试组角色:明确测试组内各个成员的角色和相关责任。 • 里程碑:明确标准项目过程中测试组应该关注的里程碑。 • 可交付工件:在测试组的工作中必须向项目组提交的产物,包括测试计划、测试报告等。 测试计划编写完毕后,必须交由项目组中各个角色组联合评审

续表

过程要点	详 细 说 明
退出标准	《测试计划》由项目组评审通过。 在项目开发过程中,要适时地对测试计划进行跟踪和必要的改进,在项目结束时还要最后评估一下测试计划的质量
责任人	测试组长

表 5.6 测试用例设计过程

过程要点	详 细 说 明
输入条件	测试需求明确,测试计划明确
工作内容	根据测试需求和测试计划定义的测试范围编写全部的测试用例
退出标准	测试用例需要覆盖所有的测试需求,提交项目组评审
责任人	测试工程师

测试用例草稿完成后,项目组组长和专家组主持召开测试用例评审会议,对《测试用例》进行评审。评审内容包括:用例覆盖所有需求定义的范围;用例预期结果与需求预期效果匹配程度;用例测试的重点与测试计划匹配程度;根据会议结果,测试组修改和补充《测试用例》。《测试用例》通过评审,与开发同时发布测试用例版本。

3. 测试实施和执行阶段

开发和测试都发布了对应的版本后,由开发组提出,项目经理确认,测试申请转测试经理,测试组长和测试实施工程师作为主要负责人正式实施测试。具体如表 5.7 所示。

表 5.7 实施测试用例过程

过程要点	详 细 说 明
输入条件	测试经理提前得到测试申请,确认测试计划和可用的测试用例
工作内容	测试组长明确测试计划,管理测试进度,报告缺陷和遇到的问题; 测试实施工程师根据测试计划和测试用例,实施相应的测试用例,并将记录实施用例的结果
退出标准	测试用例中的所有任务被执行,结果被记录,所有发现的 Bug 被报告
责任人	测试组长,测试实施工程师

在每个测试周期完成之后(包括回归测试周期),测试组长需要总结此次的测试结果,编写测试报告。提交测试阶段报告的过程,详见表 5.8。

表 5.8 提交测试阶段报告过程

过程要点	详 细 说 明
输入条件	测试组完成了预定周期的测试任务
工作内容	根据此轮测试的结果,编写测试阶段汇总报告,主要包含以下内容。 • 测试报告的版本,测试的人员和时间。 • 测试所覆盖的缺陷:测试组在这轮测试中所有处理的缺陷,包括实施工程师验证的缺陷。 • 测试新发现的缺陷数量。 • 经过此轮测试,所有活动缺陷的数量及其状态分类。 • 亟待解决的问题:写明当前项目组中面临的优先级最高的问题

续表

过程要点	详 细 说 明
退出标准	在每轮测试结束之后应尽快将符合标准的阶段测试报告发给全项目组
责任人	测试组长

在每轮测试结束之后，由开发组发布修改后的最新版本，提出测试申请，测试组开始回归测试。回归测试的过程如 5.9 所示。

表 5.9　回归测试过程

过程要点	详 细 说 明
输入条件	新需求完成了功能实现，测试组确认测试申请
工作内容	测试组将按照测试计划中对于回归测试的策略对产品进行回归测试；回归测试的用例属于测试用例的一部分或者是全部； 对于新功能的实现，要求先补充新的测试用例，再进行测试
退出标准	回归测试全部通过；新需求用例测试全部执行
责任人	测试工程师，测试实施工程师

4. 测试评估和报告阶段

测试工作即将结束时，测试组就要开始着手准备进行评估和报告的工作。在回归测试结束后，测试组长要编写测试总结报告，对测试进行总结，并且提交给全体项目组，为产品的后续工作提供重要的信息支持。编写测试总结报告的过程，详见表 5.10。

表 5.10　编写测试总结报告

过程要点	详 细 说 明
输入条件	回归测试完成，或测试达到项目组要求的程度
工作内容	测试组长根据测试的结果，按照测试总结报告的文档模板编写测试总结报告，报告必须包含以下重要内容。 • 测试资源概述：多少人、多长时间。 • 测试结果摘要：分别描述各个测试需求的测试结果，产品实现了哪些功能点，哪些还没有实现。 • 测试需求覆盖率：原先列举的测试需求的测试覆盖率。 • 缺陷分析：按照缺陷的属性分类进行分析。 • 测试评估：从总体对项目质量进行评估。 • 测试组建议：从测试组的角度为项目组提出工作建议
退出标准	测试组长完成了符合标准的测试报告，发送给全项目组
责任人	测试组长

5. 测试结束

测试验收工作是在以上工作全部结束后，对测试的过程、效果进行验收，宣布测试结束。测试验收的过程，如表 5.11 所示。

表 5.11 测试验收过程

过程要点	详 细 说 明
输入条件	测试组完成了所有的测试实施工作,测试组长提交了测试总结报告
工作内容	由验收组成员,对本测试进行验收,验收内容如下。 测试效果验收:测试是否达到预期目的。 测试文档验收:测试过程文档是否齐全、可信、符合标准。 测试评估:从总体对测试的质量进行评估。 测试建议:对本次测试工作指出不足,需要在以后工作中改进的地方。 宣布测试结束:测试验收组成员签字宣布本次测试结束
退出标准	签发测试验收报告
责任人	项目经理

测试总结工作是在以上的工作全部结束以后,它的目的是评估本次测试工作,总结经验,使下一次的工作做得更好。测试总结报告提交测试经理后,测试经理根据项目的测试总结报告,按照测试总结的文档模板编写测试总结,测试经理最后将测试总结发送给全测试组。

在结束测试后,对测试过程中涉及的各种标准文档进行归类、存档,完成测试归档。测试归档由测试经理负责,归类、存档测试过程涉及的文档主要包括《测试计划》《测试用例》《测试报告》《测试验收》和《测试总结》。全部文档归类完毕,版本号封存。

5.4 本章小结

测试是软件项目开发过程中的重要组成部分,其主要职责是多方面的:在项目的前期、需求文档确立基线前对需求文档进行走查,从用户体验和测试的角度提出可测试性建议;编写合理的测试计划,并与项目整体计划有机结合;确定项目的测试重点,安排人员、设备、时间;编写覆盖率高的测试用例,包括功能测试、压力测试、性能测试、兼容性测试等;针对测试需求进行相关测试技术的研究,包括开发技术、自动化测试技术等;认真仔细地实施测试工作,并及时提交测试报告供项目组参考;进行缺陷跟踪与分析。

软件测试是一项极富创造性、极具智力挑战性的工作,为了尽可能发现软件中的错误,提高软件产品的质量,在软件测试的实践过程中还有很多需要遵守的测试原则。这些软件测试的原则能够帮助测试团队有效地利用时间和精力来发现测试项目的隐藏 Bug。

影响组织测试过程的环境因素是多方面的,没有统一的软件测试过程,但是有一些常见的测试活动,这些测试活动就组成了一个测试过程。测试过程主要由测试计划和监控、测试分析、测试设计、测试实施、测试执行、测试评估和报告、测试结束等主要的活动组组成。每个活动组都是由多个活动构成,每个活动组中的每个活动都可能由多个单独的任务组成,这些任务可能因项目或发布而不同。

第6章

软件生命周期中的测试

视频讲解

软件开发生命周期模型描述了软件开发项目中每个阶段要开展的活动类型，以及这些活动是如何在逻辑上和时间上相互关联的。有许多不同的软件开发生命周期模型，每个模型都要求使用不同的测试方法。

为了能够进行适当的测试活动，熟悉常见的软件开发生命周期模型是测试人员的重要职责。常见的软件开发生命周期模型包括顺序开发模型及迭代和增量开发模型两类。

顺序开发模型将软件开发过程描述为线性的、顺序的活动流。它是指开发过程中的任何阶段都应该在完成前一阶段的基础上进行。顺序开发模型交付的软件包含完整的功能集。瀑布模型就是常见的顺序开发模型，在该模型中，需求分析、设计编码和测试等开发活动是一个接一个完成的。

迭代和增量开发模型是通过若干阶段的开发完成整个软件，每个阶段完成之后，都有一个新版本发布。迭代模型基于 IBM 公司的 RUP（Rational Unified Process，统一软件开发过程），以架构为核心、用例为驱动，角色职责划分不同，在同一时刻项目内部的需求、设计、编码、测试活动都在发生。增量模型一般是指具有底层框架和平台的项目，在该稳定的框架和平台上，开发和增加具体的业务功能。迭代适合需求不明确、架构风险大的项目，增量适合需求比较明确，架构比较稳定，而且增量功能的实现基本不影响架构。在实际应用中，增量、迭代经常一起使用，比如迭代时加入新的功能进行开发。在开发自己的软件时，需要根据软件项目的实际情况，进行不同的增量、迭代组合，以充分利用资源，降低项目风险。

无论选择哪种软件开发生命周期模型，测试活动都应遵从测试尽早介入的原则，在生命周期的早期阶段开始。在任何软件开发生命周期模型中，进行良好的测试工作都应做到：

- 每个开发互动会有对应的测试活动。
- 每个测试级别会有对应的特定的测试目标。
- 相应的开发活动期间，对特定的测试级别进行测试分析和设计。
- 测试人员参与讨论，易明确和改善需求和设计，并在初稿完成时立即参与工作产品的评审工作。

6.1　软件测试模型

软件测试和软件开发一样,都遵循软件工程原理,遵循管理学原理。测试专家通过实践总结出了很多很好的测试模型。这些模型将测试活动进行了抽象,明确了测试与开发之间的关系,可以更好地指导软件测试的全部过程、活动和任务,是测试管理的重要参考依据。

软件测试生命周期是指软件从进入测试到退出测试的过程中,所要经历的引入程序错误、通过测试发现错误和清除程序错误的几个阶段。

当前最常见的软件测试模型有 V 模型、W 模型、H 模型、X 模型和前置测试模型,下面进行详细介绍。

视频讲解

6.1.1　V 模型

V 模型最早是由 Paul Rook 在 20 世纪 80 年代后期提出的。V 模型基于瀑布模型,描述了基本的开发过程和测试行为。软件测试的 V 模型以"编码"为黄金分割线,将整个过程分为开发和测试,并且开发和测试之间是串行的关系。

V 模型的价值在于它非常明确地标明了测试过程中存在的不同级别,并且清楚地描述了这些测试阶段和开发过程各阶段的对应关系。如图 6.1 所示,组件测试阶段依据组件测试计划执行测试用例,检测程序内部结构是否正确;集成测试阶段依据集成测试计划检测程序是否满足概要设计的要求,重点测试不同模块的接口;系统测试检测系统的功能、性能及软件运行的软硬件环境是否达到系统设计要求;验收测试确认软件的实现是否满足用户需求。总体来说,V 模型实现了开发过程与测试过程的集成,符合测试尽早介入的原则;每个开发阶段,有对应的测试级别以支持测试的尽早介入;每个测试级别的测试执行是顺序进行的,有时候也会出现重叠。

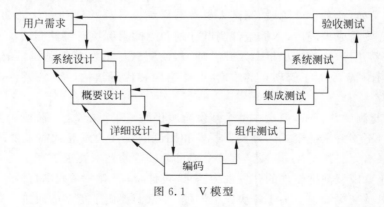

图 6.1　V 模型

V 模型清楚地标识了开发和测试的各个阶段,每个阶段分工明确,便于整体项目的把控。V 模型有一个缺点,就是将测试放在整个开发的最后阶段,没有让测试尽早介入开发,没有在需求阶段就引入测试,忽视了测试活动对需求分析、系统设计等开发活动的验证和确认功能。

6.1.2　W 模型

软件测试的 W 模型由 Evolutif 公司提出，W 模型是 V 模型的发展。W 模型是由两个 V 模型组成的，一个是开发阶段，一个是测试阶段。在 W 模型中开发和测试是并行的关系。如图 6.2 所示，图中的"V & V"代表验证（Verification）和确认（Validation）。

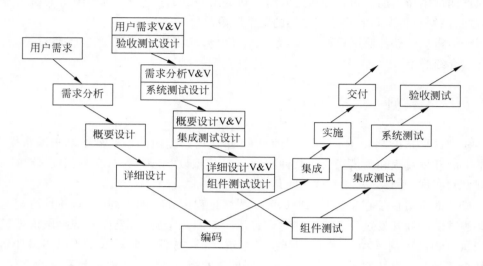

图 6.2　W 模型

W 模型强调测试伴随整个软件开发周期，测试的对象不仅仅是程序，需求、功能和设计同样要测试。例如，需求分析阶段，测试人员参与需求的验证和确认活动，并进行系统测试的设计，开发组输出软件需求规格说明书，测试组输出的系统测试计划书成为系统测试阶段的依据文档。又如，详细设计阶段，测试人员参与详细设计的验证和确认活动，进行组件测试的设计，在开发完成编码后，依据组件测试计划和测试用例执行组件测试。

测试与开发并行，让测试尽早介入开发环节，使测试尽早发现问题尽早解决。同时，开发阶段的测试有利于及时了解项目的难度、设计结构和代码结构，及早识别测试风险，及早制定应对措施。

虽然开发与测试并行了，但是在整个开发阶段仍然是串行的，上一阶段未完全完成无法进入下一阶段，不支持敏捷模式的开发。开发和测试的线性关系导致需求变更的不便。如果没有文档，根本无法执行 W 模型。对整个项目组成员的技术要求更高。

W 模型和 V 模型都把软件的开发视为需求、设计、编码等一系列串行的活动，无法支持迭代、自发性以及变更调整。为了解决以上问题，专家们提出了更多的改进模型。

6.1.3　H 模型

视频讲解

H 模型中，软件测试过程活动完全独立，贯穿于整个产品的生命周期，与其他流程并发地进行，某个测试点准备就绪时，就可以从测试准备阶段进行到测试执行阶段。软件测试可以尽早地进行,并且可以根据被测对象的不同而分层次进行。

图 6.3 演示了在整个生命周期中某个层次上的一次测试"微循环"。图中标注的其他流程可以是任意的开发流程(如设计流程或者编码流程)。也就是说,只要测试条件成熟了,测试准备活动完成了,测试执行活动就可以进行了。例如,整个项目进行到编码阶段,测试人员准备好了组件测试计划和测试用例,开发人员完成了一个模块的编码(即测试就绪点具备),此时,可以启动测试流程对此模块执行测试。

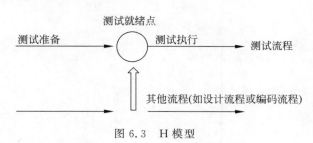

图 6.3　H 模型

H 模型揭示了软件测试除测试执行外,还有很多工作。测试完全独立,贯穿于整个生命周期,且与其他流程并发进行;软件测试活动可以尽早准备、尽早执行,具有很强的灵活性;测试可以根据被测对象的不同而分层次、分阶段、分次序地执行,同时也是可以被迭代的。

H 模型对管理、技能及整个项目组的人员要求都很高。管理方面,由于模型很灵活,必须定义清晰的规则和管理制度,否则测试过程将非常难以管理和控制。技能方面,H 模型要求能够很好地定义每个迭代的规模,不能太大也不能太小。测试就绪点分析是困难的,因为很多时候,并不知道测试准备到什么时候是合适的,就绪点在哪里,就绪点的标准是什么,这就对后续的测试执行的启动带来很大困难。对于整个项目组的人员要求非常高,在很好的规范制度下,大家都能高效地工作,否则容易混乱。

6.1.4　X 模型

X 模型的基本思想是由 Marick 提出的,Robin F. Goldsmith 引用了 Marick 的一些想法并经过重新组织形成了 X 模型。

如图 6.4 所示,X 模型的左边描述的是针对单独程序片段进行的相互分离的编码和测试,此后将进行频繁的交接,通过集成,最终成为可执行的程序,然后再对这些可执行程序进行测试。X 模型左边是组件测试和单元模型之间的集成测试,右边是功能的集成测试,通过不断的集成最后成为一个系统,如果整个系统测试没有问题就可以封版发布。已通过集成测试的成品可以进行封装并提交给用户,也可以作为更大规模和范围内集成的一部分。多条并行的曲线表示变更可以在各个部分发生。

由图 6.4 可见,X 模型还引入了探索性测试,即不进行事先计划的特殊类型的测试,这样可以帮助有经验的测试工程师发现测试计划之外更多的软件错误,避免把大量时间花费在编写测试文档上,导致真正用于测试的时间减少。

X 测试模型有一个很大的优点,就是它呈现了一种动态测试的过程,测试处于一个不断迭代的过程中,这更符合企业实际情况,而其他模型更像一个静态的测试过程。

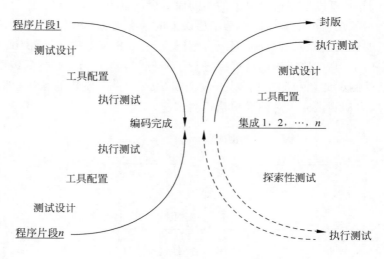

图 6.4　X 模型

6.1.5　前置测试模型

前置测试模型由 Robin F. Goldsmith 等提出，是一个将测试和开发紧密结合的模型。该模型提供了轻松的方式，可以使项目加快速度。下面结合前置测试模型图 6.5 详细分析模型的特点。

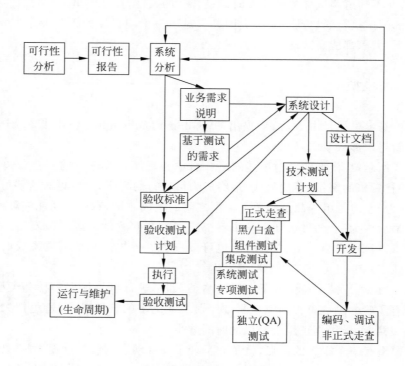

图 6.5　前置测试模型

1．开发和测试相结合

前置测试模型将开发和测试的生命周期整合在一起,标识了项目生命周期从开始到结束之间的关键行为。例如,图中在开发生命周期的验收阶段,依据系统分析结果和基本测试的需求来制定验收标准后,制订验收测试计划,而后执行验收,进行验收测试,之后进入开发生命周期的运行与维护阶段。

2．对每一个交付内容进行测试

每一个交付的开发结果都必须通过一定的方式进行测试。源程序代码并不是唯一需要测试的内容。图中的椭圆线标识了其他一些要测试的对象,包括可行性报告、业务需求说明以及系统设计文档等。这与V模型中开发和测试的对应关系是相一致的,并且在其基础上有所扩展,变得更为明确。

3．在设计阶段进行计划和测试设计

设计阶段是做测试计划和测试设计的最好时机,图中在系统设计阶段输出设计文档,依据系统设计结果和设计文档制订技术测试计划。如果仅仅在即将开始执行测试之前才完成测试计划和设计,那么,测试只是验证了程序的正确性,而不是验证整个系统应该实现的内容。

4．测试和开发结合在一起

前置测试将测试执行和开发结合在一起,并在开发阶段以"编码—测试—编码—测试"的方式体现。也就是说,程序片段一旦编写完成,就会立即进行测试。图中,开发编码某功能、调试并进行非正式走查后,依据测试计划执行正式走查、组件测试、集成测试及系统测试等一系列测试活动。以此开发、测试完成其他程序片段。

5．验收测试和技术测试保持相互独立

验收测试应该独立于技术测试,这样可以提供双重的保险,以保证设计及程序编码能够符合最终用户的需求。验收测试既可以在实施阶段的第一步执行,也可以在开发阶段的最后一步执行。

软件测试模型对指导测试工作的进行具有重要的意义,但任何模型都不是完美的。在实际的工作中,要灵活地运用各种模型的优点。例如,可以在W模型的框架下,运用H模型的思想进行独立的测试,并同时将测试与开发紧密结合,寻找恰当的就绪点开始测试并反复迭代测试,最终保证按期完成预定目标。

6.1.6　小结

软件测试模型对指导测试工作的进行具有重要的意义,但任何模型都不是完美的。在实际工作中,要灵活地运用各种模型的优点。当前最常见的软件测试模型有V模型、W模型、H模型、X模型和前置测试模型。

V模型非常明确地标明了测试过程中存在的不同级别,并且清楚地描述了测试阶段和开发过程各阶段的对应关系。W模型是V模型的发展,W模型强调测试伴随整个软件开发周期,测试的对象不仅仅是程序,需求、功能和设计同样要测试。W模型和V模型都把软件的开发视为需求、设计、编码等一系列串行的活动,无法支持迭代、自发性以及变更调整。

H 模型中,软件测试过程活动完全独立,贯穿于整个产品的周期,与其他流程并发地进行,某个测试点准备就绪时,就可以从测试准备阶段进行到测试执行阶段。X 测试模型呈现了一种动态测试的过程,测试处于一个不断迭代的过程中,这更符合企业实际情况。前置测试模型是一个将测试和开发紧密结合的模型。

6.2 测试级别

测试级别是一组共同组织和管理的测试活动。每个测试级别都是测试过程的一个实例,在特定的开发级别上由测试过程(5.2 节)中描述的活动组成,从单元到完整的系统,又或是其他适用的综合系统。测试级别与软件开发生命周期内的其他活动相关。本书中使用的测试级别有组件测试、集成测试、系统测试和验收测试。

测试执行按以下步骤进行,即组件测试、集成测试、系统测试及验收测试(图 6.6)。

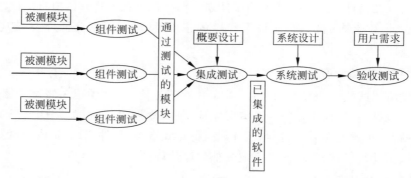

图 6.6 测试执行过程

下面将针对每种测试级别的具体目标、测试依据、测试对象、典型的缺陷以及特定的方法和职责等属性进行详细讨论。

视频讲解

6.2.1 组件测试

组件测试(Unit Testing)是指对软件中的最小可测试组件或基本组成组件进行检查和验证。组件测试通常是独立于系统其他部分的测试,具体取决于软件开发生命周期模型和系统。组件测试可以包括功能(如计算的正确性)、非功能特性(如查找内存泄漏)和结构特性(如判定测试)的测试。

组件测试的目标为降低风险,验证组件的功能和非功能行为是否符合设计和规定,发现组件中的缺陷,防止缺陷遗漏到更高的测试级别。组件测试中可用作测试依据的典型工作产品包括详细设计、代码、数据模型及单元规格说明。

组件测试的典型测试对象包括组件或模块、代码和数据结构、类及数据库模块。传统的认识是将组件定义为一个具体的函数或一个类的方法,但是这样做存在很多问题。例如,有的函数结构非常短或代码很短,将导致工作量太大且不一定存在严重缺陷,从而降低测试效率;而将一个类方法作为组件来测试,破坏面向对象的封装性,无法有效利用继承的优势。

组件测试发现的典型缺陷包括功能不正确(如不符合设计规格说明中的描述)、数据流问题、代码和逻辑不正确。组件测试发现的缺陷通常在发现后立即修复,通常没有进行正式的缺陷管理。

组件测试通常由编写代码的开发人员开展,组件测试是需要访问到被测软件的代码。开发人员可以将组件开发与发现和修复缺陷交替进行。

组件测试常常是和代码编写工作同时进行,在完成了程序编写、复查和语法正确性验证后,就应进行组件测试用例设计。在组件测试时,如果模块不是独立的程序,需要设置一些辅助测试模块。辅助测试模块有两种:驱动模块和桩模块。

1. 驱动模块

驱动模块用来模拟被测试模块的上一级模块,相当于被测模块的主程序。它接收数据,将相关数据传送给被测模块,启动被测模块,并打印出相应的结果。

在多数实际应用中,驱动模块的设计可根据其定义得到:

(1) 接收测试的输入数据,即将输入数据写在测试程序中,或通过外部调用的方式从数据文件中依次读入数据。

(2) 将数据传递给被测单元,从而启动被测单元。实现方式是调用被测单元,同时利用参数传递将输入数据传给被测单元。

(3) 打印和输出相关结果,判断测试是通过还是失败。即利用结果的比较来判断,在允许的误差条件下,一致的结果表明测试通过,否则视为测试失败。执行结果可以直接输出到屏幕。

(4) 将判断的最终结果作为测试用例的执行结果,并将该结果写入测试日志文件。本步骤是可选的,但建议执行此步骤,即把测试用例的执行结果输出到测试结果日志文件,便于后续的数据保存和分析。日志文件中应能区分被测对象、测试用例的基本信息、测试执行结果是否通过以及失败用例的具体错误信息等内容。

2. 桩模块

桩模块用来模拟被测模块工作过程中所调用的模块。它们一般只进行很少的数据处理。桩模块的设计则可依照以下思路进行。

(1) 完成原单元的基本功能,即针对特定的输入可以输出正确的结果。注意这里所谓的完成功能其实并非真正在模块内部去执行某些复杂的逻辑判断或计算过程,而是简单的批量打印而已,只是将固定的某些执行结果简单输出而已。

(2) 能够被正确调用,即符合正确的输入条件,包括个数、参数类型、参数顺序等与被模拟单元完全一致。

(3) 有返回值。若有返回值,则应针对特定输入返回与被模拟单元完全一致的结果。

(4) 不包含原单元的所有细节。原单元的输入情况可能是无限多的,所谓模拟意味着仅挑选其中典型的输入,给出已知的输出结果。

驱动模块和桩模块都是额外的开销,虽然在组件测试中必须编写,但并不需要作为最终的产品提供给用户。被测模块、驱动模块和桩模块共同构成了一个如图 6.7 所示的组件测试的测试环境。

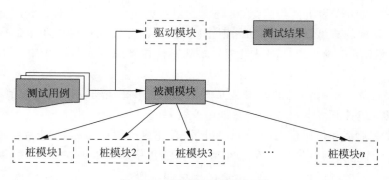

图 6.7 组件测试的测试环境

6.2.2 集成测试

集成测试是在组件测试的基础上,将所有已通过组件测试的模块按照概要设计的要求组装成子系统或系统,进行集成测试,目的是确保各单元模块组合在一起后能够按既定意图协作运行。

集成测试侧重于组件或系统之间的交互。集成测试的目标包括:减少风险;验证接口的功能和非功能行为是否符合设计和规定;建立对接口质量的信心,通过保证接口质量,来确保即使产品有变更也不会破坏已有的接口、组件或系统;发现缺陷,缺陷可能存在于接口本身,也可能存在于组件或系统内部;防止缺陷遗漏到更高的测试级别。

本书中描述了两种不同级别的集成测试,可以对不同大小的测试对象进行测试。

(1) 组件集成测试,侧重于集成组件之间的交互和接口。在组件测试之后执行组件集成测试,通常组件集成测试是自动化的。在迭代和增量开发中,组件集成测试通常是持续集成过程的一部分。

(2) 系统集成测试,侧重于系统、软件包和微服务之间的交互和接口。系统集成测试还可以涵盖与外部组织(如 Web 服务)的交互和接口。在这种情况下,开发组织无法控制外部接口,这可能会给测试带来各种挑战(例如,外部组织代码中阻碍测试的缺陷、安排测试环境等)。系统集成测试可以在系统测试之后进行,也可以和正在进行的系统测试活动并行进行(不论是顺序开发还是迭代和增量开发)。

集成测试中可用作测试依据的典型工作产品包括软件和系统设计文档、序列图、接口和通信协议规范、用例、组件或系统级别的架构、工作流和外部接口定义等。集成测试的典型测试对象包括子系统、数据库、基础结构、接口、API 和微服务等。

组件集成测试中典型缺陷包括:数据不正确、数据丢失或数据编码不正确;接口调用的顺序或时序不正确;接口不匹配;组件间通信失效;组件间未处理或处理不当的通信失效;关于组件间传递的数据含义、数据单位或数据边界的假设不正确。

系统集成测试中典型缺陷包括:系统间的消息结构不一致;数据不正确、数据丢失或数据编码不正确;接口不匹配;系统间的通信失效;系统间未处理或处理不当的通信失效;关于系统间传递的数据定义、数据单元或数据边界的假设不正确;未遵守强制性安全规定。

组件集成测试和系统集成测试应该集中在集成本身。例如,如果将模块 A 与模块 B 集成,则应侧重于模块之间的通信,而不是单个模块的功能,因为在组件测试期间已经覆盖了单个模块的功能。如果将系统 X 与系统 Y 集成,测试应该侧重于系统之间的通信,而不是单个系统的功能,因为在系统测试中已经覆盖了单个系统的功能。功能测试、非功能测试和结构测试类型都适用于组件集成测试和系统集成测试。

组件集成测试通常由开发人员负责,系统集成测试通常由测试员负责。理想情况下,开展系统集成测试的测试员应该理解系统架构,并且能够影响到集成计划的制定。

如果在组件或系统构建之前就已经计划了集成测试和集成策略,则组件或系统可以按照最有效测试所需的顺序构建。系统集成策略可以基于系统架构、功能任务、事务处理序列或系统或组件的一些其他方面来制定。集成通常应该以每次增加少量的组件或系统的增量式进行,而不是采用一次性集成所有的组件或系统的"大爆炸"式集成。集成的范围越大,将缺陷定位到指定的组件或系统就越困难,这可能会增加风险并增加排错的时间。

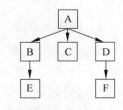

图 6.8　被测程序结构

集成测试策略分为非增量式测试和增量式测试两种。以如图 6.8 所示的程序结构为被测程序,由 A、B、C、D、E 和 F 六个模块组成。下面详细介绍不同集成测试策略的集成测试过程。

1. 非增量式测试

视频讲解

非增量式测试是采用一步到位的方法来构建测试的。对所有模块进行个别的组件测试后,按照程序结构图将各模块连接起来,把连接后的程序当作一个整体进行测试。

当一次集成的模块较多时,非增量式测试容易出现混乱。因为测试时可能发现了许多故障,为每一个故障定位和纠正是非常困难的,并且在修正一个故障的同时,可能又引入了新的故障,新旧故障混杂,很难判定出错的具体原因和位置。

图 6.9 演示了被测目标程序由组件测试到非增量式的集成测试的过程。图 6.8 是被测程序结构,根据每个模块在程序中的位置结构,分别进行组件测试。如图 6.9(a)所示,B 和D 两个模块位于中间层次,需要配置驱动模块和桩模块,分别为 d1 和 d3,s1 和 s2;C、E 和

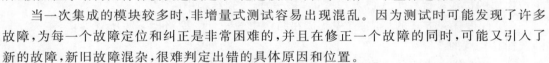

(a) 组件测试示意图

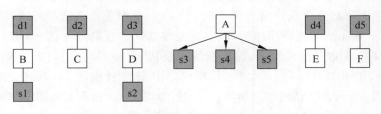

(b) 集成测试的非增量方式

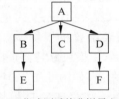

图 6.9　集成测试

F 三个模块位于最底层，需要配置驱动模块，分别为 d2、d4 和 d5；A 模块位于最顶层，不被任何模块调用，依据程序结构配置桩模块 s3、s4 和 s5，模拟 A 模块调用的 B、C 和 D 三个模块。完成组件测试后，最后依据程序结构连接起来，进行集成测试，如图 6.9(b)所示。

根据上例所示的非增量式的集成测试过程，可以看出这种测试策略可并行调试所有模块，充分利用人力、资源，加快进度。同时也存在一些缺点：不能对各模块间的接口进行充分测试，易漏掉潜在接口错误；不能很好地对全局数据结构进行测试；集成模块过多会出现大量错误，难以定位修改，往往需经多次测试才能运行成功；软件可靠性难以得到很好的保证。这种测试策略适用于只需修改或增加少数几个模块的前期产品稳定的项目。

视频讲解

2．增量式测试

增量式测试的集成是逐步实现的。逐次将未曾集成测试的模块和已经集成测试的模块（或子系统）结合成程序包，再将这些模块集成为较大系统，在集成的过程中边连接边测试，以发现连接过程中产生的问题。

按照不同的实施次序，增量式集成测试又可以分为三种不同的方法：自顶向下增量式测试、自底向上增量式测试和混合增量式测试。

1）自顶向下增量式测试

自顶向下增量式测试表示逐步集成和逐步测试是按照结构图自上而下进行的，即模块集成的顺序是首先集成主控模块（主程序），然后依照控制层次结构向下进行集成。从属于主控模块的按深度优先方式或者广度优先方式集成到结构中去。

（1）深度优先方式的集成，首先集成在结构中的一个主控路径下的所有模块，主控路径的选择是任意的。

（2）广度优先方式的集成，首先沿着水平方向，把每一层中所有直接隶属于上一层的模块集成起来，直到底层。

集成测试的整个过程由 3 个步骤完成：第 1 步，主控模块作为测试驱动器；第 2 步，根据集成的方式（深度或广度），下层的桩模块一次一次地被替换为真正的模块（在每个模块被集成时，都必须进行组件测试）；第 3 步，重复第 2 步，直到整个系统被测试完成。

对如图 6.8 所示的被测程序结构，以广度优先方式进行集成测试，如图 6.10 所示。首先，对顶层的模块 A 进行组件测试，需要配置桩模块 s1、s2 和 s3，模拟 A 模块调用的 B、C 和 D 三个模块，如图 6.10(a)所示。然后，用模块 B 替换桩模块 s1，并且为 B 配置桩模块 s4，如图 6.10(b)所示；用 C 模块替换桩模块 s2，如图 6.10(c)所示；用 D 模块替换桩模块 s3，并且为 D 模块配置桩模块 s5，如图 6.10(d)所示。最后，去掉桩模块 s4 和 s5，把 E 模块和 F 模块连上，对完整的程序结构进行测试，如图 6.10(e)和图 6.10(f)所示。

对如图 6.8 所示的被测程序结构，以深度优先方式进行集成测试，如图 6.11 所示。首先，对顶层的模块 A 进行组件测试，需要配置桩模块 s1、s2 和 s3，模拟 A 模块调用的 B、C 和 D 三个模块，如图 6.11(a)所示。然后，用模块 B 替换桩模块 s1，并且为 B 配置桩模块 s4，如图 6.11(b)所示；用 E 模块替换桩模块 s4，如图 6.11(c)所示；用 C 模块替换桩模块 s2，如图 6.11(d)所示；用 D 模块替换桩模块 s3，并且为 D 模块配置桩模块 s5，如图 6.11(e)所示。最后，去掉桩模块 s5，把模块 F 模块连上，对完整的程序结构进行测试，如图 6.11(f)所示。

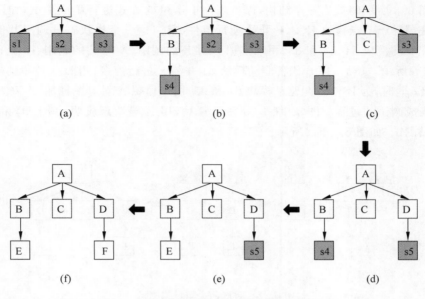

图 6.10　按照广度优先方式进行集成测试

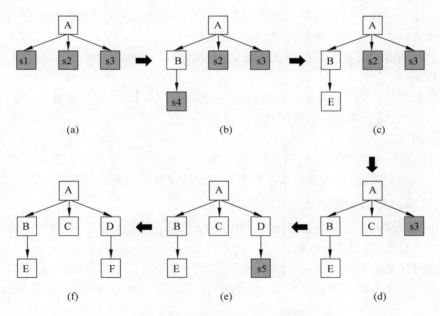

图 6.11　按照深度优先方式进行集成测试

2）自底向上增量式测试

自底向上增量式测试表示逐步集成和逐步测试的工作是按结构图自下而上进行的，即从程序模块结构的最底层模块开始集成和测试。

由于是从最底层开始集成，对于一个给定层次的模块，它的子模块（包括子模块的所有下属模块）已经集成并测试完成，所以不再需要使用桩模块进行辅助测试。在模块的测试过程中需要从子模块得到的信息可以直接运行子模块得到。

对如图 6.8 所示的被测程序结构，以自底向上增量的方式进行集成测试，如图 6.12 所示。从最底层叶子节点模块 E、C、F 开始进行组件测试，这三个模块不再调用其他模块，因此只需要配驱动模块 d1、d2 和 d3，用来模拟 B 对 E 的调用、A 对 C 的调用、D 对 F 的调用，如图 6.12(a)所示。然后，用 B 代替驱动模块 d1 并与 E 进行连接，用 D 代替驱动模块 d2 与 F 进行连接；同时，为 B 和 D 配驱动模块 d4 和 d5，用来模拟 A 对 B 的调用，A 对 D 的调用；这个部分集成测试的过程如图 6.12(b)所示。最后，用 A 模块替代驱动 d2、d4 和 d5，完成完整的集成测试，如图 6.12(c)所示。

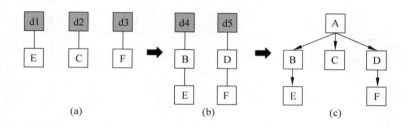

图 6.12　自底向上增量式测试

3）混合增量式测试

混合增量式测试是把自顶向下测试和自底向上测试这两种方式结合起来进行集成和测试的。这样可以兼具两者的优点，而摒弃其缺点。

常见的两种混合增量式测试方式为衍变的自顶向下的增量式测试和自底向上-自顶向下的增量式测试。

（1）衍变的自顶向下的增量式测试，基本思想是强化对输入/输出模块和引入新算法模块的测试，并自底向上集成为功能相对完整且相对独立的子系统，然后由主模块开始自顶向下进行增量式测试。

（2）自底向上-自顶向下的增量式测试，首先对含读操作的子系统自底向上直至根节点模块进行集成和测试，然后对含写操作的子系统做自顶向下的集成与测试。

3. 不同集成测试方法的比较

非增量式测试的方法是先分散测试，然后集中起来再一次完成集成测试。假如在模块的接口处存在错误，只会在最后的集成测试时才会一下子全暴露出来。

增量式测试是逐步集成和逐步测试的方法，把可能出现的差错分散暴露出来，便于找出问题并修改。而且一些模块在逐步集成的测试中，得到了多次的考验，因此，可能会取得较好的测试效果。

增量式测试要比非增量式测试具有一定的优越性。

自顶向下增量式测试的主要优点在于它可以自然地做到逐步求精，一开始就能让测试者看到系统的框架。主要缺点是需要提供桩模块，并且在输入/输出模块接入系统以前，在桩模块中表示测试数据有一定困难。

自底向上增量式测试的优点在于，由于驱动模块模拟了所有调用参数，即使数据流并未构成有向的非环状图，生成测试数据也没有困难。主要缺点在于，直到最后一个模块被加进去之后才能看到整个程序(系统)的框架。

6.2.3　系统测试

系统测试侧重于整个系统或产品的行为和功能,通常会考虑系统可开展的端到端任务和开展这些任务时所展现的非功能行为。系统测试的目标包括:减少风险;验证系统的功能和非功能行为是否按照设计和指定的要求进行;确认已完成系统并且系统按预期工作;建立对整个系统质量的信心;发现缺陷;防止缺陷遗漏到更高的测试级别。

系统测试中,可以作为测试依据的典型工作产品包括:系统和软件需求规格说明(功能和非功能的)、风险分析报告、用例、史诗和用户故事、系统行为模型、状态图、系统和用户手册。系统测试的典型测试对象包括应用程序、硬件/软件系统、操作系统、被测系统(SUT)、系统配置和配置数据。

系统测试的典型缺陷包括:计算不正确;不正确的或非预期的系统功能或非功能行为;系统内的控制流和(或)数据流不正确;不能正确完整地开展端到端功能任务;系统在生产环境中不能正常工作;系统不能按照系统和用户手册中的说明进行工作。

系统测试应侧重整个系统的端到端行为,包括功能性的和非功能性的需求。系统测试通常由独立的测试员进行测试。

6.2.4　验收测试

视频讲解

验收测试是在软件开发结束后,用户对软件产品投入实际应用以前,进行质量检验活动。要回答开发的软件产品是否符合预期的各项要求以及用户能否接受的问题。与系统测试类似,验收测试通常侧重于整个系统或产品的行为和功能。验收测试的目标包括建立对整个系统质量的信心,确认系统是否完整且系统将按预期工作,验证系统的功能和非功能行为符合规范。

验收测试可以提供信息,用以评估系统是否可以部署并交付给客户(最终用户)使用。虽然在验收测试期间可能会发现缺陷,但发现缺陷通常不是其目标。

1. 测试依据

验收测试中,可以作为测试依据的典型工作产品包括业务流程、用户或业务要求、法规、法律合同和标准、用例、系统需求、系统或用户文档、安装规程及风险分析报告。

此外,在运行验收测试中,作为衍生测试用例的测试依据,可以使用以下一个或多个工作产品:备份和恢复规程、灾难恢复规程、非功能需求、操作文档、部署和安装说明、性能目标、数据库包及安全标准或法规。

2. 测试对象

验收测试的典型测试对象包括:被测系统、系统配置和配置数据、完整集成系统的业务流程、恢复系统和热站点(用于业务连续性和灾难恢复测试)、操作和维护流程、表格、报告及现有和转换的生产数据。

3. 典型的缺陷

验收测试的典型缺陷包括：系统工作流程不符合业务或用户要求；业务规则未正确实现；系统不满足合同或法规要求；非功能失效,例如安全漏洞、高负载下的性能效率不足或在被支持平台上的不正确操作。

4. 特定的方法和职责

验收测试通常是由客户、业务用户、产品所有者或系统操作员负责,也可能涉及其他干系人。验收测试通常作为顺序开发生命周期中的最后一个测试级别,但也可能在其他时间发生,例如,安装或集成商业现货(COTS)软件产品时,可能会对其进行验收测试；在系统测试之前可能会对新功能进行验收测试。

在迭代开发中,项目团队可以在每次迭代期间和迭代结束时进行各种形式的验收测试,例如,根据其验收标准验证新功能,以及确认新功能是否满足用户需求。此外,可能在每次迭代的最后,可能在每次迭代完成后或在一系列迭代之后,开展 Alpha 测试和 Beta 测试。也可能在每次迭代的最后,或者每次迭代完成或一系列迭代之后执行用户验收测试、运行验收测试、法规验收测试和合同验收测试。

5. 验收测试形式

验收测试的常见形式包括用户验收测试、运行验收测试、合同和法规验收测试、Alpha 和 Beta 测试。具体如下。

1) 用户验收测试

用户对系统的验收测试,通常侧重于验证系统是否适合在真实用户的环境或模型运行的环境中运行。其主要目标是建立信心,让用户能够以最低的难度、成本和风险使用这个系统去满足他们的要求、满足需求和开展业务流程。

2) 运行验收测试

操作或系统管理人员对系统的验收测试,通常是在(模拟的)生产环境中进行的。测试侧重于运行方面,如测试备份和恢复、安装、卸载和升级、灾难恢复、用户管理、维护任务、数据加载和移植任务、检查安全漏洞及性能测试等。

运行验收测试的主要目标是建立信心,操作员或系统管理员可以确保系统在运行环境中为用户正常工作,即使在异常的或困难的条件下依然可以正常工作。

3) 合同和法规验收测试

合同验收测试根据合同中的生产定制软件的验收标准开展。验收标准应在双方的合同达成一致时确定。通常由用户或独立的测试员进行合同验收测试。

法规验收测试根据必须遵守的法规开展,例如政府、法律或安全法规。通常由用户或独立的测试员进行法规验收测试,有时需要监管机构见证或审计。

合同和法规验收测试的主要目标是建立信心,说明合同或法规要求已得到满足。

6. 验收测试技术

Alpha 测试是在开发组织所在场地进行的测试,由潜在或现有客户和(或)操作人员或独立测试团队执行。Beta 测试是由潜在或现有的客户和(或)操作人员在他们本地执行。在完成 Alpha 测试后,可以执行 Beta 测试,或之前没有执行过任何 Alpha 测试的情况下执行 Beta 测试。

Alpha 和 Beta 测试的一个目标是在为潜在或现有客户和(或)操作人员之间建立信心,即他们可以在正常的日常条件下,在操作环境中以最低的难度、成本和风险使用该系统实现目标。另外一个目标是发现与将要使用该系统的条件和环境有关的缺陷,尤其是在开发团队难以复制这些条件和环境的时候。

视频讲解

6.2.5 案例:四个测试级别的测试

本节针对组件测试、集成测试、系统测试和验收测试四个测试级别,分析测试所具体考虑的内容,并给出详细的测试表模板,供测试人员参考。

1. 组件测试

首先按照系统、子系统和模块进行划分,但最终的组件必须是功能模块或面向对象过程中的若干个类。组件测试是对功能模块进行正确性检验的测试工作,也是后续测试的基础。组件测试的目的在于发现各模块内部可能存在的各种差错,因此需要从程序的内部结构出发设计测试用例,着重考虑以下五个方面。

(1) 模块接口。对所测模块的数据流进行测试。

(2) 局部数据结构。检查不正确或不一致的数据类型说明、使用尚未赋值或尚未初始化的变量、错误的初始值或默认值。

(3) 路径。虽然不可能做到穷举测试,但要设计测试用例查找由于不正确的计算(包括算法错、表达式的符号表示不正确、运算精度不够等)、不正确的比较或不正常的控制流(包括不同数据类型量的相互比较、不适当地修改了循环变量、错误的或不可能的循环终止条件等)而导致的错误。

(4) 错误处理。检查模块有没有对预见错误的条件,设计比较完善的错误处理功能,保证其逻辑上的正确性。

(5) 边界。注意设计数据流、控制流中刚好等于、大于或小于确定的比较值的用例。

2. 集成测试

集成测试也叫组装测试或联合测试。通常,在组件测试的基础上需要将所有的模块按照设计要求组装成系统,这时需要考虑的问题如下。

(1) 在把各个模块连接起来的时候,穿越模块接口的数据是否会丢失?

(2) 一个模块的功能是否会对另一个模块的功能产生不利的影响?

(3) 各个子功能组合起来,能否达到预期要求的父功能?

(4) 全局数据结构是否有问题?

(5) 单元模块的误差累积起来,是否会放大,进而达到不能接受的程度?

在组装时可参考采用一次性组装方式或增量式组装方式。

3. 系统测试

系统测试的目的在于验证软件的功能和性能及其他特性是否与用户的要求一致,主要从以下几个方面进行测试。

(1) 功能测试。验证系统功能是否符合其需求规格说明书,核实系统功能是否完整,没有冗余和遗漏的功能。功能测试的详细介绍见表 6.1。

表 6.1　功能测试表

项　目	内　容
测试范围	验证数据精确度、数据类型、业务功能等相关方面的正确性
测试目标	核实所有功能均已正常实现，即是否与需求一致
技术	采用黑盒测试、白盒等测试方法
工具与方法	手工测试、自动化测试
开始标准	开发阶段对应的功能完成并且测试用例设计完成
完成标准	测试用例通过并且最高级缺陷全部解决
特殊事项	无

（2）用户界面测试。测试用户界面是否具有导航性、美观性、行业或公司的规范性，是否满足设计中要求的执行功能。详细介绍见表 6.2。

表 6.2　用户界面测试表

项　目	内　容
测试范围	（1）导航、链接、Cookie，界面结构包括菜单、背景、颜色、字体、按钮名称、TITLE、提示信息的一致性等； （2）友好性、可操作性（易用性）
测试目标	核实各个窗口风格（包括颜色、字体、提示信息、图标、TITLE 等）都与需求保持一致，或符合可接受标准，能够保证用户界面的友好性、易操作性，而且符合用户操作习惯
技术	Web 测试通用方法
工具与方法	手工测试、自动化测试
开始标准	界面开发完成
完成标准	用户界面符合可接受标准，能够保证用户界面的友好性、易操作性，而且符合用户操作习惯
测试重点与优先级	无
特殊事项	无

（3）性能测试。测试相应时间、事务处理效率和其他时间敏感的问题。性能测试介绍见表 6.3。

表 6.3　性能测试表

项　目	内　容
测试范围	多用户长时间在线操作时性能方面的测试
测试目标	核实系统在大流量的数据与多用户操作时软件性能的稳定性，不会造成系统崩溃或相关的异常现象
技术	黑盒、白盒测试
工具与方法	手工测试、自动化测试
开始标准	自动化测试脚本设计完成并通过评审，且项目组移交系统测试
完成标准	系统满足用户需求中所要求的性能要求
测试重点与优先级	无
特殊事项	无

（4）兼容性测试。测试软件在不同平台上使用的兼容性。兼容性测试详见表6.4。

表6.4　兼容性测试表

项　目	内　容
测试范围	（1）使用不同版本的不同浏览器、分辨率、操作系统分别进行测试； （2）不同操作系统、浏览器、分辨率和各种运行软件等各种条件的组合测试
测试目标	核实系统在不同的软件和硬件配置中运行稳定
技术	黑盒测试
工具与方法	手工测试、自动化测试
开始标准	项目组移交系统测试
完成标准	在各种不同版本不同类型浏览器、操作系统或者其组合下均能正常实现其功能（此测试根据开发提供依据决定测试范围）
测试重点与优先级	无
特殊事项	无

（5）安全性测试。测试软件系统对非法侵入的防范能力。安全性测试详见表6.5。

表6.5　安全性测试表

项　目	内　容
测试范围	（1）用户、管理员的密码安全； （2）权限； （3）非法攻击
测试目标	（1）用户、管理员的密码管理； （2）应用程序级别的安全性：核实用户只能操作其所拥有权限能操作的功能； （3）系统级别的安全性：核实只有具备系统访问权限的用户才能访问系统
技术	代码包或者非法攻击工具
工具与方法	手工测试、自动化测试
开始标准	功能测试完成
完成标准	执行各种非法操作无安全漏洞且系统使用正常
测试重点与优先级	无
特殊事项	无

（6）配置测试。测试在不同网络、服务器、工作站的不同软硬件配置条件下，软件系统的质量。详细的配置测试详见表6.6。

表6.6　配置测试表

项　目	内　容
测试范围	不同网络、服务器、工作站，不同软硬件配置条件
测试目标	核实系统在不同的软硬件配置条件下系统的质量是否达到标准
技术	黑盒测试
工具与方法	手工测试、自动化测试
开始标准	系统开发完成后
完成标准	达到相关要求
测试重点与优先级	测试优先级以测试需求的优先级为参照
特殊事项	软硬件设备问题

（7）回归测试的详细介绍见表 6.7。

表 6.7　回归测试表

项　目	内　容
测试范围	所有功能、用户界面、兼容性、安全性等测试类型
测试目标	核实执行所有测试类型后功能、性能等均达到用户需求所要求的标准
技术	黑盒测试
工具与方法	手工测试和自动化测试
开始标准	每当被测试的软件或其环境改变时在每个合适的测试阶段上进行回归测试
完成标准	95％的测试用例执行通过并通过系统测试
测试重点与优先级	测试优先级以测试需求的优先级为参照
特殊事项	软硬件设备问题

4. 验收测试

用户新增或修改内容，以表格的形式逐条记录验收测试的测试项、测试方法、预计结果、实际结果及结论。对用户反馈问题进行确认并记录。

视频讲解

6.3　测试类型

测试类型是一组基于特定测试目标的测试活动，旨在测试软件系统或系统的一部分特定特性。这些目标包括：

- 评估功能质量特性。例如，完整性、正确性和适当性。
- 评估非功能质量特性。例如，可靠性、性能效率、安全性、兼容性和易用性。
- 评估单元或系统的结构或架构是否正确、完整并符合规定。
- 评估变更的影响。例如，确认缺陷已得到修复（确认测试）以及寻找因软件或环境变化而导致的不可预料的行为变化（回归测试）。

以上测试目标都基于软件产品的质量特性。ISO 标准（ISO/IEC 25010）指出，软件产品的质量特性包括功能性、安全性、互用性、可靠性、可用性、运行效率、可维护性和可移植性。ISO/IEC 25010 软件质量模型如图 1.2 所示。

本节介绍功能测试、性能测试、结构测试及与变更相关的测试在测试级别、采用技术、完整性、测试设计和执行等方面的知识；了解自动化测试的实施条件、适用场合、实施过程及选型原则。

6.3.1　功能测试

系统的功能测试包括评估系统应该具备的功能的测试。功能指的是系统应该"做什么"。功能需求通常在工作产品中描述，例如，业务需求说明、用户故事、用例或功能说明等文档记录中。

尽管每个测试级别的关注点不一样，但所有测试级别都应该执行功能测试。这里以银行应用程序为例，功能测试在所有测试级别中的应用如下。

- 对于组件测试,根据组件如何计算利息来进行测试设计。
- 对于组件集成测试,测试设计是基于如何将在用户界面捕获的账户信息传递到业务逻辑中。
- 对于系统测试,测试设计是基于账户持有人如何在他们的支票账户上申请信用额度。
- 对于系统集成测试,测试设计是基于系统如何使用外部微服务来检查账户持有人的信用评分。
- 对于验收测试,测试设计是基于银行如何处理批准或拒绝信贷申请。

功能测试考虑软件的行为,因此可以通过使用黑盒测试技术(参见第 8 章)获取组件或系统功能的测试条件和测试用例。

功能测试的完整性可以通过功能覆盖来衡量。功能覆盖是指通过测试执行了某种类型的功能元素的范围,并以所覆盖元素类型的百分比形式表示。例如,使用测试和功能需求之间的可追溯性,可以计算出通过测试的需求的百分比,潜在地识别出覆盖的缺口。

功能测试设计和执行可能涉及特殊技能或知识,例如软件解决的特定业务问题(如石油和天然气行业的地质建模软件)或软件服务的特定作用(如提供交互式娱乐的计算机游戏软件)的知识。

6.3.2　性能测试

性能测试是用来评估系统和软件的特性,如易用性、运行效率或安全性。性能测试是测试系统运行的"表现如何"。性能测试用来测试软件在系统集成中的运行性能,特别是针对实时系统和嵌入式系统,仅提供符合功能需求但不符合性能需求的软件是不能被接受的。

性能测试可以并应该在所有的测试级别上开展,并且应尽早开展,但只有当整个系统的所有成分都集成在一起后,才能检查一个系统的真正性能。例如,在银行应用程序中,性能测试在所有测试级别中的应用如下。

- 对于组件测试,性能测试的设计是为了评估开展复杂的总利息计算所需的 CPU 周期数。
- 对于组件集成测试,安全性测试的设计是针对从用户界面传到业务逻辑的数据所产生的缓冲区溢出漏洞。
- 对于系统测试,可移植性测试的设计是为了检查表示层是否在所有支持的浏览器和移动设备上工作。
- 对于系统集成测试,可靠性测试的设计是为了在信用评分微服务无法响应时,评估系统的健壮性。
- 对于验收测试,易用性测试的设计是为了评估银行信贷处理界面对残疾人的无障碍性。

性能测试可以使用黑盒技术(参见第 8 章)生成性能测试的测试条件和测试用例。例如,边界值分析可用于定义性能测试的压力条件。

性能测试的完整性可以通过非功能覆盖来衡量。性能覆盖是指通过测试执行某种类型的性能元素所达到的程度,并且以所覆盖的元素类型的百分比形式表示。例如,根据移动应用程序的测试和支持的设备之间的可跟踪性,可以计算出通过兼容性测试的设备所占百分比，发现潜在的覆盖缺口。

设计和执行性能测试可能会涉及特殊技能或知识，例如，设计或技术的固有弱点（如与特定编程语言相关的安全漏洞）或特定用户基础（如医疗设施管理系统的用户角色）的知识。

性能测试的范围很广，可分为常规的性能测试、压力测试、负载测试、可靠性测试、大数据量测试等。下面分别介绍。

1. 常规性能测试

常规性能测试是指软件在正常的软硬件环境下运行，不向其施加任何压力的性能测试。这里所说的正常环境一般指用户实际使用的普通环境，并模拟生产运行的业务压力。

2. 压力测试

压力测试是指持续不断地给被测系统增加压力，直到被测系统被压垮。

3. 负载测试

负载测试与压力测试十分相似，通常是让被测系统在其能忍受的压力极限范围内（或临界状态下）连续运行，来测试系统的稳定性。其目的是找到系统的处理极限，为系统调优提供依据。

负载测试与压力测试的区别在于负载测试侧重于压力持续的时间，而压力测试则更加强调施加压力的大小。

4. 可靠性测试

可靠性测试是在给被测系统加载一定业务压力的情况下，使系统运行一段时间，以此来测试系统是否稳定。

可靠性测试是从验证的角度出发，检验系统的可靠性是否达到预期的目标，同时给出当前系统可能的可靠性增长情况。

对可靠性测试来说，最关键的测试数据包括失效间隔时间、失效修复时间、失效数量、失效级别等。根据获得的测试数据，应用可靠性模型，可以得到系统的失效率及可靠性增长趋势。

可靠性指标有时很难测试，通常采用平均无故障时间或系统投入运行后出现的故障不能大于多少数量这些指标来对可靠性进行评估。

5. 大数据量测试

大数据量测试可分为两种：针对某些系统存储、传输、统计、查询等业务进行大数据量的独立数据量测试；与压力测试、负载测试、可靠性测试等并发测试相结合的极限状态下的综合数据量测试。

6.3.3　自动化测试

自动化测试是把以人为驱动的测试行为转换为机器执行的一种过程。通常，在设计了测试用例并通过评审之后，由测试人员根据测试用例中描述的规程一步步执行测试，得到实际结果与期望结果的比较。在此过程中，为了节省人力、时间或硬件资源，提高测试效率，便引入了自动化测试的概念。

实施自动化测试之前需要对软件开发过程进行分析，以观察其是否适合使用自动化测试。通常需要同时满足以下条件。

1. 需求变动不频繁

测试脚本的稳定性决定了自动化测试的维护成本。如果软件需求变动过于频繁,测试人员需要根据变动的需求来更新测试用例以及相关的测试脚本,而脚本的维护本身就是一个代码开发的过程,需要修改、调试,必要的时候还要修改自动化测试的框架,如果所花费的成本不低于利用其节省的测试成本,那么自动化测试便是失败的。

如果项目中的某些模块相对稳定,而某些模块需求变动性很大,便可对相对稳定的模块进行自动化测试,而变动较大的仍是用手工测试。

2. 项目周期足够长

自动化测试需求的确定、自动化测试框架的设计、测试脚本的编写与调试均需要相当长的时间来完成,这样的过程本身就是一个测试软件的开发过程,需要较长的时间来完成。如果项目的周期比较短,没有足够的时间去支持这样一个过程,那么自动化测试便成为笑谈。

3. 自动化测试脚本可重复使用

如果费尽心思开发了一套近乎完美的自动化测试脚本,但是脚本的重复使用率很低,致使其间所耗费的成本大于所创造的经济价值,自动化测试便成为测试人员的练手之作,而并非是真正可产生效益的测试手段了。

另外,在手工测试无法完成、需要投入大量时间与人力时也需要考虑引入自动化测试,如性能测试、配置测试、大数据量输入测试等。

要在合适的场合应用软件自动化测试。例如,重复单一的数据录入或是按键等测试操作造成了不必要的时间浪费和人力浪费,在类似情形的回归测试中,可以采用自动化测试;此外,测试人员对程序的理解和对设计文档的验证通常也要借助于自动化测试工具;采用自动化测试工具有利于测试报告文档的生成和版本的连贯性;自动化工具能够确定测试用例的覆盖路径,确定测试用例集对程序逻辑流程和控制流程的覆盖。

随着测试流程的不断规范以及软件测试技术的进一步细化,软件测试自动化已经渐渐成为一支不可忽视的力量。能否借助于这支外在力量以及如何借助于这支力量来规范企业测试流程、提高特定测试活动的效率,成为测试领域所要讨论的重要话题。

软件测试自动化的研究领域主要集中在软件测试流程的自动化管理以及动态测试的自动化(如组件测试、功能测试以及性能方面)。在这两个领域,与手工测试相比,测试自动化的优势是明显的:首先,自动化测试可以提高测试效率,使测试人员更加专注于新的测试模块的建立和开发,从而提高测试覆盖率;其次,自动化测试更便于测试资产的数字化管理,使得测试资产在整个测试生命周期内可以得到复用,这个特点在功能测试和回归测试中尤为重要;此外,测试流程自动化管理可以使机构的测试活动开展更加过程化,这很符合CMMI过程改进的思想。

自动化测试与软件开发过程从本质上来讲是一样的,无非是利用自动化测试工具(相当于软件开发工具),经过对测试需求的分析(软件过程中的需求分析),设计出自动化测试用例(软件过程中的需求规格),从而搭建自动化测试的框架(软件过程中的概要设计),设计与编写自动化脚本(详细设计与编码),测试脚本的正确性,从而完成该套测试脚本(主要功能为测试的应用软件)。自动化测试需求分析和框架的搭建,具体如下。

（1）自动化测试需求分析。

当测试项目满足了自动化的前提条件，并确定在该项目中需要使用自动化测试时，便开始进行自动化测试需求分析。此过程需要确定自动化测试的范围以及相应的测试用例、测试数据，并形成详细的文档，以便于自动化测试框架的建立。

（2）自动化测试框架的搭建。

自动化测试框架像软件架构一样，定义了在使用该套脚本时需要调用哪些文件和结构、调用的过程以及文件结构如何划分。而根据自动化测试用例，很容易定位出自动化测试框架的典型要素公用的对象、公用的环境、公用的方法和测试数据。

- 公用的对象。不同的测试用例会有一些相同的对象被重复使用，如窗口、按钮、页面等。这些公用的对象可被抽取出来，在编写脚本时随时调用。当这些对象的属性因为需求的变更而改变时，只需要修改该对象属性即可，而无须修改所有相关的测试脚本。
- 公用的环境。各测试用例也会用到相同的测试环境，将该测试环境独立封装，在各个测试用例中灵活调用，也能增强脚本的可维护性。
- 公用的方法。当测试工具没有需要的方法时，而该方法又会被经常使用，便需要自己编写该方法，以方便脚本的调用。
- 测试数据。也许一个测试用例需要执行很多个测试数据，可将测试数据放在一个独立的文件中，由测试脚本执行到该用例时读取数据文件，从而达到数据覆盖的目的。

在该框架中需要将这些典型要素考虑进去，在测试用例中抽取出公用的元素放入已定义的文件，设定好调用的过程。

自动化测试虽然存在优势，并不意味着选择自动化测试方案一定能为企业带来效益回报。任何一种产品化的测试自动化工具，都可能存在与某具体项目不很贴切的地方；另外，在企业内部通常存在许多不同种类的应用平台，应用开发技术也不尽相同，甚至在一个应用中可能就跨越了多种平台，或同一应用的不同版本之间存在技术差异。所以选择软件测试自动化方案必须深刻理解这一选择可能带来的变动、来自诸多方面的风险和成本开销。

6.3.4 结构测试

结构测试基于系统内部结构或实现来生成测试。内部结构可能包括系统内的代码、架构、工作流和（或）数据流。

结构测试可以在所有的测试级别上开展。在组件测试级别，代码覆盖率基于已测试的组件代码的百分比。可以根据代码的不同方面（覆盖项）来度量，例如，组件测试中的可执行语句的百分比，或者测试的判定结果的百分比。这些类型的覆盖统称为代码覆盖。在组件集成测试级别，结构测试可能基于系统的架构，例如组件之间的接口，结构覆盖率可以根据测试所执行的接口的百分比来度量。在银行应用程序中的结构测试如下。

- 对于组件测试，测试的设计是为了对所有进行财务设计的组件实现完全的语句和判定覆盖。
- 对于组件集成测试，测试的设计是为了测试浏览器界面中的每个屏幕如何将数据传递到下一个屏幕和业务逻辑。
- 对于系统测试，测试的设计是为了覆盖信用额度应用期间可能发生的网页序列。

- 对于系统集成测试,测试的设计是为了检查所有可能发送到信用评分微服务的查询类型。
- 对于验收测试,测试的设计是为了覆盖所有支持的财务数据文件结构和银行间转账的价值范围。

结构测试考虑系统内部结构,通过使用白盒技术(参见第 8 章)覆盖系统的内部逻辑结构。

结构测试的完整性可以通过结构覆盖来测量。结构覆盖是指某种类型的结构元素在测试中被使用的程度,并以所覆盖的元素类型的百分比形式来表示。

设计和执行结构测试可能会涉及特殊技能或知识,例如,构建代码的方式(如使用代码覆盖工具)、数据的存储方式(如评估可能的数据库查询)以及如何使用覆盖工具并正确解释其结果。

6.3.5 与变更相关的测试

当系统变更时,无论是修复缺陷,还是新增或修改功能,都应进行测试,以确认变更已修复缺陷或已实现功能,并且没有造成任何不可预见的不良后果。与变更相关的测试包括确认测试和回归测试。

- 确认测试。修复缺陷后,应该在软件的最新版本上重新执行之前因该缺陷而导致失败的测试用例。例如,如果缺陷属于功能缺失,也可以使用新的测试来测试软件。至少必须在新的软件版本上重新执行这些由缺陷引起失效的步骤。确认测试的目的是确认是否已成功修复原来的缺陷。
- 回归测试。部分代码所做的变更,无论是修复代码,还是其他类型的更改,都可能会意外地影响到除更改代码外的其他部分代码的行为,不管是在同一单元内,还是在同一系统的其他单元中,甚至在其他系统中。变更也可能包括环境的变化,例如操作系统或数据库管理系统的新版本。这种意外的副作用被称为回归。回归测试包括运行测试来检测这些意外的副作用。

确认测试和回归测试可以应用在所有的测试级别。在银行应用程序的所有测试级别中,与变更相关的测试的应用如下。

- 对于组件测试,为每个组件构建自动回归测试,并将其归入在持续集成框架内。
- 对于组件集成测试,测试的设计是为了确认当修复的代码已经集成到代码库时,与接口相关的缺陷已得到修复。
- 对于系统测试,如果工作流上的任何屏幕发生更改,则会重新执行指定的工作流的所有测试。
- 对于系统集成测试,每天重新执行与信用评分微服务交互的应用程序的测试,作为该微服务的持续部署的一部分。
- 对于验收测试,在验收测试中修复发现的缺陷后,将重新执行所有先前失败的测试。

特别是在迭代和增量开发生命周期(如敏捷开发)中,新增特性、更改现有特性以及重构代码都会导致频繁更改代码,这也需要与变更相关的测试。随着系统不断发展,确认和回归测试非常重要。

6.4　黑盒测试和白盒测试

　　测试技术的恰当应用，可以帮助测试人员有效识别测试条件、测试用例和测试数据。测试技术的选择是基于多方面因素的，例如，测试目标、可用的工具、时间和预算、软件开发生命周期模型、系统的类型和复杂性等。

　　测试技术各有特点及其适用的场合，有些技术更适用于特定的环境和测试级别，而有些则适用于所有的测试级别。在创建测试用例时，测试人员通常使用测试技术的组合来实现测试工作的最佳结果。

　　常用的测试技术是黑盒测试技术、白盒测试技术和基于经验的测试技术。国际标准（ISO/IEC/IEEE 29119-4）给出了测试技术的详细描述，如图 6.13 所示。当然这里没有列举所有的测试技术，一些测试人员或研究人员使用的技术并没有纳入 ISO/IEC/IEEE 29119-4 中。

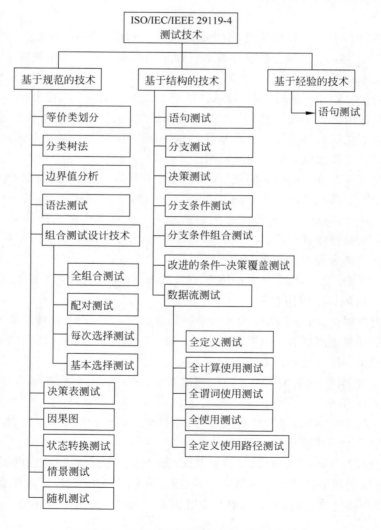

图 6.13　ISO/IEC/IEEE 29119-4 测试技术

ISO/IEC/IEEE 29119-4 使用了基于规范的测试和基于结构的测试,这种测试分类即"黑盒测试"和"白盒测试"。"黑盒"和"白盒"指测试项内部结构的可见性。在黑盒测试中,测试项的内部结构是不可见的;而对于白盒测试,测试项的内部结构是可见的。两种测试方法从完全不同的角度出发,反映了测试思路的两方面情况,适用于不同的测试阶段。

6.4.1 黑盒测试

黑盒测试技术(也称为基于规范的技术)依据需求文档、说明、用例、用户故事或业务流程等测试依据对产品进行分析。重点关注测试对象的输入和输出,而不考虑其内部结构。它是一种从用户观点出发的测试,一般被用来确认软件功能的正确性和可操作性。

黑盒测试的基本观点是任何程序都可以看作是从输入定义域映射到输出值域的函数过程,被测程序被认为是一个打不开的黑盒子,黑盒中的内容(实现过程)完全不知道,只明确要做到什么。黑盒测试主要根据规格说明书设计测试用例,并不涉及程序内部构造和内部特性,只依靠被测程序输入和输出之间的关系或程序的功能设计测试用例。

黑盒测试的特点是黑盒测试与软件的具体实现过程无关,在软件实现的过程发生变化时,测试用例仍然可以使用。黑盒测试用例的设计可以和软件实现同时进行,这样能够压缩总的开发时间。

黑盒测试主要是为了发现以下几类错误。

- 是否有不正确或遗漏了的功能?
- 在接口上,输入能否正确地接受? 能否输出正确的结果?
- 是否有数据结构错误或外部信息访问错误?
- 性能上是否能够满足要求?
- 是否有初始化或终止性错误?

主要的黑盒测试方法有边界值分析法、等价类划分法、因果图法和决策表法等。详细的黑盒测试方法将在第 8 章进行介绍。

6.4.2 白盒测试

白盒测试技术(也称为基于结构的技术)基于对架构、详细设计、内部结构或测试对象代码的分析。与黑盒测试技术不同,白盒测试技术关注测试对象的结构和处理过程,一般用来分析程序的内部结构。

白盒测试将被测程序看作一个打开的盒子,测试者能够看到被测源程序,可以分析被测程序的内部结构,此时测试的焦点集中在根据其内部结构设计测试用例。白盒测试要求对某些程序的结构特性做到一定程度的覆盖,或者说这种测试是"基于覆盖率的测试"。

白盒测试的常用测试方法有代码检查法、静态结构分析法、静态质量度量法、逻辑覆盖法、基本路径测试法、域测试、符号测试、路径覆盖和程序变异等。

白盒测试法的覆盖标准有逻辑覆盖、循环覆盖和基本路径测试。其中,逻辑覆盖包括语句覆盖、判定覆盖、条件覆盖、判定/条件覆盖、条件组合覆盖和路径覆盖。

详细的白盒测试方法将在第 8 章进行介绍。

白盒测试的方法总体上分为静态分析方法和动态分析方法两大类。静态分析是一种不通过执行程序而进行测试的技术。静态分析的关键功能是检查软件的表示和描述是否一致,有无冲突或者歧义(静态测试技术将在第 7 章进行详细分析)。动态分析是当软件系统在模拟的或真实的环境中执行之前、之中和之后,对软件系统行为的分析。动态分析包含程序在受控的环境下使用特定的期望结果进行正式的运行。它显示了一个系统在检查状态下是正确还是不正确。在动态分析技术中,最重要的技术是路径和分支测试。

6.4.3 黑盒测试和白盒测试的比较

黑盒测试以用户的观点,从输入数据与输出数据的对应关系,即根据程序外部特性进行测试,而不考虑内部结构及工作情况。黑盒测试技术注重于软件的信息域(范围),通过划分程序的输入和输出域来确定测试用例。若外部特性本身存在问题或规格说明的规定有误,则应用黑盒测试方法是不能发现问题的。

白盒测试只根据程序的内部结构进行测试。测试用例的设计要保证测试时程序的所有语句至少执行一次,而且要检查所有的逻辑条件。如果程序的结构本身有问题,如程序逻辑有错误或者有遗漏,也是无法发现的。

表 6.8 对黑盒测试和白盒测试技术从测试规划和优、缺点三方面进行比较。

表 6.8　黑盒测试和白盒测试的比较

比较项	黑 盒 测 试	白 盒 测 试
测试规划	功能的测试	结构的测试
优点	能确保从用户的角度出发进行测试	能对程序内部的特定部位进行覆盖测试
缺点	无法测试程序内部特定部位;当规格说明有误时,则不能发现问题。	无法检查程序的外部特性;无法对未实现规格说明的程序内部欠缺部分进行测试

从应用范围来说,建议对稳定运行的大中型系统进行小规模的功能优化或改造过程中使用黑盒测试方法;对复杂度和重要性较低的系统,在时间精力有限的情况下优先选用黑盒测试方法进行测试;建议适当考量测试人员或测试团队专业技术能力以及测试阶段,如在系统功能测试已经完成的前提下,业务方执行的业务验收测试可以使用黑盒测试方法,降低了团队组建成本和测试成本,无须要求业务人员对代码和软件逻辑进行充分学习和掌握。

而对于新建系统或已有系统新增重要模块时使用白盒测试方法;对重点系统进行架构优化、对公共函数或程序进行改造、对后台或接口内容进行调整时选用白盒测试方法;建议关注测试中的集群现象,对于缺陷或问题集中的功能和模块建议及时由黑盒测试方法改为白盒测试方法,在缺陷管理过程中及时进行小范围的测试方法调整,同时保证测试效率和测试充分性。

6.5　本章小结

随着测试过程的管理和发展,测试人员通过大量的实践总结出了很多测试模型。常见的软件测试模型有 V 模型、W 模型、H 模型、X 模型和前置测试模型等。这些模型与开发紧密结合,对测试活动进行了抽象,成为测试过程管理的重要参考依据。

有许多不同的测试级别,可以帮助检查软件测试的行为和性能。测试执行按组件测试、集成测试、系统测试及验收测试四个测试级别进行,每个测试级别都是测试过程的一个实例。测试级别的根本目的是使软件测试系统化,并轻松识别特定级别上的所有可能测试案例。

软件测试类型多样,不同测试类型通过使用不同的测试技术获取测试条件和测试用例。功能测试是评估系统应该具备的功能的测试。性能测试是用来评估系统和软件特性的。性能测试的范围很广,可分为常规性能测试、压力测试、负载测试、可靠性测试、大数据量测试等。功能测试和性能测试都可以通过使用黑盒测试技术获取组件或系统功能的测试条件和测试用例。为了节省人力、时间或硬件资源,提高测试效率,我们引入了自动化测试。自动化测试是把以人为驱动的测试行为转化为机器执行的一种过程。适合使用自动化测试的软件开发过程通常具备需求变动不频繁、项目周期足够长及自动化测试脚本可重复使用等条件。结构测试基于系统内的代码、架构、工作流和(或)数据流来生成测试。结构测试考虑系统内部结构,通过使用白盒测试技术覆盖系统的内部逻辑结构。与变更相关的测试包括确认测试和回归测试。

黑盒测试技术和白盒测试技术具有不同的测试规划、优缺点及应用范围。测试技术的选择是基于多方面因素的。测试技术的恰当应用,可以帮助测试人员有效识别测试条件、测试用例和测试数据。

第7章

软件静态测试技术

视频讲解

　　静态测试是指不运行被测程序本身,仅通过分析或检查源程序的语法、结构、过程、接口等来检查程序的正确性。它可以由人工进行,充分发挥人的逻辑思维优势,也可以借助测试工具进行。静态测试结果可用于进一步的查错,并为测试用例选取提供指导。

　　静态测试具有发现缺陷早、降低返工成本、覆盖重点和发现缺陷的概率高等优点。同时,静态测试的缺点则是耗时长和技术能力要求高。

　　在软件生命周期过程中,几乎所有软件工作产品都可以使用静态测试进行检查。检查项既包括程序源代码等核心软件产品,也包括文档、报告等设计和管理资料,还包括建模、模型等设计产品。

　　静态测试技术包括评审和静态分析技术,同时,可运用适当的静态测试工具。评审可应用于任何软件工作产品,参与者通过阅读设计文档、报告理解产品并找出缺陷。静态分析技术可有效地应用于具有规范结构(如代码或模型)的任何软件工作产品。可运用适当的静态测试工具,甚至可借助工具评估自然语言编写的工作产品,如检查需求文档的拼写、语法和可读性。

7.1　静态测试和测试过程

视频讲解

　　静态测试和动态测试具有相同的目标,提供对软件工作产品质量的评估并尽早识别缺陷。静态和动态测试通过发现不同类型的缺陷相互补充。

　　与动态测试相比,静态测试依赖于软件工作产品的手动检查(即评审),或工具驱动的代码或其他软件工作产品的评估(即静态分析)。这两种类型的静态测试都会评审正在测试的代码或其他软件工作产品,而无须实际执行所测试的代码或软件工作产品。

　　静态测试与动态测试的一个重要区别就是是否需要运行被测程序,静态测试直接发现软件工作产品中的缺陷,而动态测试是在运行软件时识别由缺陷引起的失效。另一个区别是静态测试可用于提高软件工作产品的一致性和内部质量,而动态测试通常侧重于外部可见行为。缺陷可以在软件工作产品中存在很长时间而不会导致失效,缺陷所在的路径可能很少被执行或难以到达,因此设计并执行动态测试去发现这样的缺陷并不容易。静态测试可能付出更少的工作量找到缺陷。

与动态测试相比,通过静态测试可以更早期更经济地发现和修复一些典型的缺陷,包括:不一致、含糊不清、矛盾、遗漏、不准确和冗余等需求缺陷;低效算法或数据库结构、高耦合、低内聚等设计缺陷;未定义值的变量、已声明但从未使用的变量、无法访问的代码、重复的代码等代码缺陷;测试依据的可追溯性或覆盖率的差距或不准确性;与标准的偏差,错误的接口说明,安全漏洞等。此外,大多数维护性缺陷只能通过静态测试才被发现,如不正确的模块化、组件的可重用性差、难以分析和修改的代码而不引入新缺陷。

软件生命周期过程中,几乎所有软件工作产品都可以使用静态测试进行检查,检查项包括:项目启动时的合同、项目计划、进度表和预算等报告;业务需求说明、功能需求说明和安全性需求说明等文档产品,也包括分析模型(如可用于基于模型的测试的活动图);设计产品包括架构和软件设计说明等文档,也包括可视化建模设计产品(如软件结构图、流程图等);程序代码和用户界面等软件核心工作产品;测试阶段,测试件、史诗、用户故事和验收准则。静态测试检查的工作产品不仅限于以上提到的检查项。

静态测试技术提供了多种好处,降低开发和测试的成本及时间。在软件开发生命周期的早期应用静态测试,能够在开展动态测试之前尽早地检测缺陷。早期使用静态测试技术发现缺陷然后及时修复缺陷,比使用动态测试在测试对象中发现缺陷然后修复所花费的成本要低得多。特别是软件部署和使用后发现的缺陷,将会带来更新相关软件工作产品以及开展确认和回归测试的巨大额外成本。

静态测试的其他好处包括:通过发现需求中的不一致、含糊不清、矛盾、遗漏、不准确和冗余来防止设计或编码缺陷;由于改进的设计、更易于维护的代码,提高开发效率;在动态测试执行之前,更高效地检测和修复缺陷,识别动态测试不易发现的缺陷;减少在软件开发生命周期后期或上线运营后失效,从而降低了软件在整个生命周期内的总的质量成本;在参与评审过程中改善团队成员之间的沟通质量。

静态分析对于安全关键的计算机系统很重要,如航空、医疗或核控制软件;同时,静态分析在其他环境中也变得重要和常见,如静态分析是安全测试的重要部分;静态分析通常也包含在自动构建和交付系统中,如在敏捷开发的持续交付和持续部署中,静态分析是重要的软件过程。

7.1.1　静态测试的基本内容

静态测试主要包括各阶段的评审、代码检查、静态结构分析、软件静态质量度量等,用于对被测程序进行特性分析。其中,评审通常由人来执行;代码检查、静态结构分析、软件质量度量等既可人工完成,也可用工具来完成,但工具的作用和效果相对更好一些。

1. 评审

评审可以完全是一个手工活动,但也会有工具支持。主要的手工行为是检查工作产品,而后给出意见。软件生命周期各个阶段的任何软件工作产品都能进行评审,包括需求规格、设计规格、代码、测试计划、测试规格、测试用例、测试脚本、用户指南和网页。评审的过程、角色和职责、类型、评审技术等知识将在 7.2 节详细介绍,最后谈谈支持评审的工具及评审成功的因素。

2. 代码检查

代码检查包括桌面检查(Desk Checking)、代码审查(Inspection)、代码走查(Walk Through)和技术评审(Review)四种情况。代码检查主要检查代码和设计的一致性,代码对标准的遵循、可读性,代码的逻辑表达的正确性,代码结构的合理性等方面;可以发现违背程序编写标准的问题,程序中不安全、不明确和模糊的部分,找出程序中不可移植部分、违背程序编程风格的问题,包括变量检查、命名和类型审查、程序逻辑审查、程序语法检查和程序结构检查等内容。

四种代码检查的检查项目和步骤将在 7.3 节详细介绍,以"代码审查"为例讲解代码审查的过程,最后,讨论编码的基本原则和如何进行高效的代码检查,并分享一个公司的代码审查规范。

3. 静态结构分析

静态结构分析通过词法分析、语法分析、控制流分析、数据流分析等技术对程序代码进行扫描,来预测代码执行的结果,验证代码是否满足要求。

在 7.4 节首先介绍静态结构分析的概念、特点及主要技术,着重介绍控制流分析和数据流分析这两种静态结构分析技术的核心思想、定义及应用,最后通过一个综合案例讨论静态分析技术在静态测试中的应用价值、软件优化和质量度量。

4. 软件静态质量度量

评估和提高软件的质量等级,采用基于国际上的标准度量方法(如 Halstead、McCabe 等)的质量模型对软件进行分析,从软件的编程规则、静态特征和动态测试覆盖等多个方面,量化地定义质量模型,并检查、评估软件质量。

在设计和开发阶段,对软件的体系结构和编码进行确认。可以在尽可能的早期阶段检测那些关键部分,寻找潜在的错误,并在禁止更改和维护工作之前做更多的工作。在构造软件的同时,就定义测试策略。可帮助编制符合企业标准的文档,改进不同开发组之间的交流;在测试阶段,可针对软件结构,度量测试覆盖的完整性,评估测试效率,确保满足要求的测试等级。在软件的维护阶段,验证已有的软件是否是质量已得到保证的软件,对于状态不确定的软件,提交软件质量的评估报告。

在 7.5 节介绍软件质量的衡量、软件可维护性的度量;最后以 Testbed 工具为例,说明其对软件质量分析、质量标准验证的支持。

7.1.2　静态测试的过程

理论上,静态测试应从项目立项即开始测试,然后始终贯穿整个项目。但在实际操作中,基本是上一个版本系统测试结束的时候才进入下一个版本的静态测试阶段。这个时候,系统规格书和软件需求说明书都已经完成初稿,因此静态测试开始的原则是越早越好。

1. 熟悉业务流程和背景

静态测试能否成功,有一个很重要的前提条件,就是测试人员要对测试系统的业务流程有一定的认识和基础,这样测试才能更加全面和深入地进行。例如,如果要对新增的业务流程进行测试,建议先在类似的业务系统中熟悉业务基础流程。如果是要对变更类项目进行测试,建议先熟悉原有的系统,以便对变更和修改的内容有更明确清晰的认识。其次,对于静态测试内容的业务背景和总体设计的了解也是非常重要的。例如,通过对业务背景和总体方案的研读,了解系统要实现哪些内容,清晰了解所测试内容的轮廓,透彻地审视系统规格书和软件需求说明书。只有前期准备充分,才会在静态测试过程中取得比较满意的效果。如果涉及比较复杂的情况时,测试人员最好提前跟对应的开发沟通,搞清楚项目的测试要点,或是去求证测试思路是否正确。这样有助于缩短准备时间,更好地进行静态测试。

2. 准备好产品说明书

静态测试前需要先对产品说明书进行高级审查,测试产品说明书的目的不是钻进去找软件缺陷,而是在一个高度上审视并找出根本性的大问题、疏忽和遗漏之处。也许这更像是研究而不是测试,研究产品说明书主要是为了更好地了解软件要做什么。如果能够很好地理解产品说明书背后的原因和操作方式,就可以更好地仔细进行静态测试检查了。因此,测试人员在第一次接到需要审查的产品说明书时,应该把自己代入客户的角色进行思考。代入客户的角色思考和看问题是很重要的,这涉及静态测试的准备工作是否做到位;再加上有一定的业务背景了解,在审视产品说明书时才有可能发现功能上设计不合理的地方。

3. 审查和测试同类软件

审查和测试同类软件中存在的缺陷问题和功能,可以给测试人员一个好的提示和借鉴,让测试人员在静态测试时更加有的放矢。例如,一个软件系统中要设计一个新的功能,而这个功能在同类软件中已经有成形的产品,借鉴现有的经验,就很容易比对出目前的设计是否存在某些缺陷或欠缺。

人员和过程是决定软件静态测试质量的关键因素,因此高质量的人员和良好的过程是必须要重视和控制的。高效进行静态测试的几点建议策略和方法如下。

1) 挑选合适的审查成员

静态测试对参与人员的经验要求非常高,因此静态测试的要点是要挑选合适的审查成员。因为审查人员是否具有丰富的经验和知识,将在缺陷讨论、判断和争议的环节中起到决定性的作用。

2) 审查活动前的准备必须充分

静态测试一般是在编译和动态测试之前进行,这时系统是否能正常运行也是一个未知数。因此,在静态检查前,必须充分准备好需求描述文档、程序设计文档、程序源代码清单、代码编码标准和代码缺陷检查表等。

3) 组织和控制好审查会议过程

静态测试的代码检查阶段需要召开会议形式的审查活动,而活动能否有效地进行和控制就意味着能否高质量地进行静态测试。因此,必须要组织和控制好审查会议的过程,审查过程本身的目的是提出问题,引发讨论和争议,而不是现场解决这些缺陷。否则,缺乏控制的审查会议过程,会很容易本末倒置地变成了现场缺陷修改会议。

7.2 评审

评审是通过深入阅读和理解被检查产品的一种人工分析方式，多用于软件开发周期早期。评审的关注点依赖于已达成一致的评审目标，例如，发现缺陷、增加理解、培训参与者（如测试员和团队新成员），或对讨论和决定达成共识等。

评审有很多优点，包括覆盖率较高，但增加项目的成本和时间；提高有效性，可降低测试和开发的成本；具有可预测性，动态测试很难预测和管理；实现缺陷预防；达到培训目的。

评审类型是多样化的，从非正式到正式的评审。非正式评审的特点是既不遵守既定的过程，也没有正式的文档化输出。正式评审的特点是团队参与、文档化评审结果以及开展评审的文档化过程。评审过程的正式程度与软件开发生命周期模型、开发过程的成熟度、需评审的软件工作产品的复杂性、任何法律或法规要求和（或）审计跟踪等因素有关。

单个工作产品可能会经过多种评审类型的评审。如果使用多种类型的评审，评审顺序可能不同。例如，可能在技术评审之前进行非正式评审，以保证工作产品为技术评审做好准备。上述评审类型可以用作同行评审，即由大致相似组织级别的同事实施。

视频讲解

7.2.1 正式评审过程

一个典型的正式评审过程由计划、评审启动会、独立评审、事件交流和分析、修正和报告、跟踪等主要阶段构成。

1. 计划

定义评审范围，包括评审目的、需评审的文档以及需评估的质量特性。估算评审工作量并制定时间表。确定评审类型，识别评审角色、活动，制定检查表，选择参与评审的人员并分配角色。针对较正式的评审类型制定入口和出口准则，核对出口准则是否已满足。

2. 评审启动会

召开评审启动会，分发评审的工作产品和其他材料，如事件日志表、检查表和相关工作产品。向评审参与者解释评审的范围、目标、过程、角色和工作产品。

3. 独立评审

评审参与者评审全部或部分工作产品，记录可能的缺陷、建议和问题。

4. 事件交流和分析

在评审会议中，评审参与者交流已识别的潜在缺陷，分析潜在缺陷并为这些缺陷分派责任人和状态。根据出口准则评估评审发现，评估和记录质量特性，以确定评审结论。评审结论包括拒绝、需重大变更、接受但可能需要小修改等情况。

5. 修正和报告

为在工作产品评审中发现的缺陷编写缺陷报告；责任人修正缺陷；当工作产品中的发现关联到被评审的工作产品，与相关人员或团队交流缺陷；记录缺陷更新的状态；收集度量数据，核对出口准则是否达到，若达到则接受满足出口准则的工作产品。

6.跟踪

检验缺陷已被处理,收集度量和检查退出标准。

7.2.2　评审角色和职责

在有些评审类型中,一个人可能扮演多个角色,并且每个角色分工也可能因评审类型而异。典型的正式评审主要有以下几种角色。

视频讲解

1.作者

作者为被评审工作产品的创建者或负责修复工作产品评审过程中发现的缺陷。

2.管理者

负责制订评审计划;决定是否需要进行评审;分派人员、预算和时间;监督进行中的成本—效益;当产出不充分时,执行控制决策。

3.评审会主持人

当召开评审会时,主持人保证评审会议的有效进行,需要时在评审的不同观点之间进行协调。主持人通常是评审成功与否的关键人物。

4.评审组长

全面负责评审,决定哪些人员参加评审,并组织何时何地进行评审。

5.评审员

可能是专题相关专家、项目工作人员、对工作产品感兴趣的干系人和(或)具有特定技术或业务背景的人员。在评审中识别工作产品中的潜在缺陷。可能代表测试员、程序员、用户、操作员、业务分析师、易用性专家等不同的视角。

6.记录员

在独立评审活动期间,收集发现的潜在缺陷;当评审会议召开时,记录评审会议中新发现的潜在缺陷、未解决的问题和决策。此外,随着支持评审过程的工具的出现,特别是缺陷、未解决问题和决策记录,通常就不需要记录员。

对于不同工作产品的评审,建议参与评审的人员不同。例如,需求规格说明、测试计划、测试设计规格说明、测试用例规格说明和测试报告是与测试活动密切相关的5个文档。对这5个文档的评审,其建议参与评审的评审员详见表7.1。

表 7.1　某项目中和测试紧密相关的 5 个文档的建议评审员

文 档 名 称	作　　者	评　　审　　员
需求规格说明	系统人员	产品经理、产品架构师、功能架构师、测试经理、测试分析员和测试技术分析员
测试计划	测试经理	功能开发经理、产品架构师、功能架构师和测试分析员
测试设计规格说明	测试分析员	功能架构师、功能开发经理、测试技术分析员和其他测试人员
测试用例规格说明	测试技术分析员	功能开发经理、功能测试人员和测试分析员
测试报告	测试经理	功能开发经理、测试人员和项目经理

下面以"需求规格说明"的评审为例,理解评审员的选定规则。需求分析是软件计划阶段的重要活动,是将用户非形式的需求表述转换为完整的需求定义,从而确定系统必须做什么的过程。产品经理负责前期市场调查、产品研发、产品上市和市场推广直到产品生命周期结束的全过程;产品经理需要确认需求规格说明书是否准确理解用户和项目的功能、性能、可靠性等具体要求;同时,需要通过需求规格说明书理解产品、把握产品特性,为产品上市和推广做准备工作。需求分析活动的成果将会作为下一阶段的输入,即需求规格说明书是产品总体设计(概要设计)的基础,产品架构师、功能架构师在参与评审的过程中加深对产品功能的理解,进而开展设计工作。需求规格说明是确认测试和验收的重要依据,测试相关人员需要据此了解产品的功能要求和性能指标,制定测试计划、采用的测试技术。因此,需求分析阶段的成果"需求规格说明"的评审,涉及整个项目的管理、设计和测试人员。

参与评审的人员使用检查列表从不同的角度审查文档,能使评审更加有效和高效。例如,一个基于用户、维护人员、测试人员或者业务运营视角的检查列表,或者一个典型的需求问题检查列表。

7.2.3　评审类型

评审的主要目的之一是发现缺陷。常见的四种评审类型为非正式评审、走查、技术评审和审查。所有评审类型都可以帮助检测缺陷,所选的评审类型应基于项目需求、可用资源、产品类型和风险、业务领域和公司文化,以及其他选择准则。

1. 非正式评审

非正式评审不基于正式的过程,可通过伙伴检查、结对评审等非正式方式进行,过程中可能产生新的想法、解决方案或快速解决小问题。非正式评审的主要目的是检测潜在缺陷。可能不包含评审会议。这种评审方式在敏捷开发中使用普遍。

2. 走查

在走查类型的评审中,评审会议通常由工作产品的作者主持,会议必须指定记录员,会议前的个人准备及检查表是可选的,可能采用场景、演练或模拟的形式开展会议。会后可能会生成潜在的缺陷日志和评审报告。走查的主要目的是发现缺陷、改进软件产品、考虑替代实施、评估与标准和规范的符合程度。在走查过程中,可交换关于技术或风格变化的想法、可对参与者进行培训。

3. 技术评审

技术评审类型中,评审会议是可选的,最好由经过培训的、非作者的主持人主持,评审员应该是作者的技术同行、相同或其他学科技术专家。需要在评审会议之前进行个人准备。必须指定记录员。使用检查表不是必需的。

技术评审的主要目的是获得共识、发现潜在缺陷,以达到评估质量和建立对工作产品的信心、产生新想法、激励和使作者能够改进未来的工作产品、考虑替代实施等进一步的目的。

4. 审查

审查是一种遵循已定义的过程、基于规则和检查表正式地记录输出的评审过程。审查使用明确定义的角色(参照7.2.2节中规定的角色),评审参与者是作者的同行或与工作产品相关的其他学科专家,作者不能担任评审组长或记录员,各参与人需要在评审会议之前进行个人准备。会上必须指定记录员,评审会议由经过培训的主持人(不是作者)引导,评审使用已规定的入口和出口准则,通常评审会后生成潜在的缺陷记录和评审报告。

审查形式的评审,其主要目的是检测潜在缺陷,评估质量并建立对软件工作产品的信心,通过学习和根本原因分析防止未来出现类似缺陷,进而达到激励和使作者能够改进未来的工作产品和软件开发过程、达成共识的目标。

7.2.4　评审技术

评审中发现的缺陷类型是变化的,取决于被评审的工作产品。在不同工作产品的评审中可以找到不同类型的缺陷,如需求缺陷、设计缺陷、代码缺陷、与标准的偏差、错误的接口说明、安全漏洞、维护性缺陷等。在独立评审活动期间可以应用许多评审技术来发现缺陷。评审技术可用于上述评审类型。评审技术的有效性可能因所使用的评审类型而异。下面介绍不同独立评审技术的应用。

1. 临时评审

临时评审是一种常用的技术,几乎不需要准备。在临时评审中,评审员很少或根本没有得到指导如何执行此任务。评审员经常按顺序阅读工作产品,在遇到问题时识别并记录事件。

此技术高度依赖于评审员的技能,可能导致不同评审员报告许多重复的事件。

2. 基于检查表的评审

基于检查表的评审是一种系统性的技术,评审员基于评审开始时由主持人分发的检查表来发现事件。评审检查表包含一组基于潜在缺陷的问题(这些问题可能来自经验)。检查表应特定于所评审的工作产品类型,并应定期维护以涵盖以前评审中遗漏的事件类型。

基于检查表的技术的主要优点是对典型缺陷类型的系统的覆盖。但应注意不要简单地按照独立评审中的检查表,也要寻找检查表之外的缺陷。

代码评审的检查表,可基于以下 6 个方面进行设计,如表 7.2 所示。

表 7.2　代码评审检查表的 6 个方面

评审项	评审检查表设计的考虑内容
结构	代码是否完整地、正确地实现了设计? 代码是否符合任何相关的编码标准? 代码是否结构合理、风格统一、格式一致? 是否有任何未调用或不需要的程序或不能到达的代码? 代码中是否有任何残留的桩或测试程序? 是否有能被替换成通过调用外部可重用组件或库函数的任何代码? 是否有任何重复的代码块,可以浓缩成单个程序? 存储使用是否有效? 是否使用有意义的符号而不是"幻数"常量或字符串常量? 是否有任何模块过于复杂,且应重组或分割成多个模块?

评审项	评审检查表设计的考虑内容
文档	代码是否以易于维护的注释风格、清楚且充分地文档化？ 是否所有注释与代码是一致的？ 文档是否符合适用标准？
变量	是否所有变量都以有意义的、一致的、清晰的命名来恰当地定义？ 是否有任何多余或未使用的变量？
数值运算	代码是否避免了比较浮点数的异同？ 代码是否系统化地防止含入误差？ 代码是否避免了对有巨大数量级差别的数字进行加法和减法？ 除数是否测试了零或噪声？
循环和分支	所有循环、分支和逻辑结构是否完整、正确和恰当地嵌套？ 是否先测试 IF-ELSE-IF 链中最常见的情况？ 是否涵盖了 IF-ELSE-IF 或 CASE 块中所有的情况，包括 ELSE 或 DEFAULT 语句？ 是否所有 CASE 语句都有默认项？ 循环终止条件是否明显且总是能达到？ 索引或下标是否在循环之前恰当地初始化了？ 循环中的语句是否可以置于循环体外？ 循环中的代码是否避免了索引变量在退出循环后继续操作或使用？
防错性程序设计	所有索引、指针和下标是否参照数组、记录或文件范围进行了测试？ 是否所有导入的数据和输入的变量都测试过有效性和完整性？ 所有输出变量是否都赋值了？ 每个语句中是否都在对正确的数据元素进行操作？ 每个内存分配是否得到释放了？ 外部设备访问是否用了访问超时或错误捕捉？ 在试图访问文件时是否检查文件是否存在？ 所有文件和设备在程序终止后是否保留在正确的状态？

在附录 A 的案例中提供了《代码评审一般检查表》《C++代码评审检查表》和《Java 代码评审检查表》的样例。

3. 场景和演练的评审

在基于场景的评审中，将为评审员提供有关如何通读工作产品的结构化指南。基于场景的方法支持评审员基于工作产品的预期使用，对工作产品开展"演练"。

与简单的检查表条目相比，这些场景为评审员提供了有关如何识别特定缺陷类型的更好指导。与基于检查表的评审一样，为避免错过其他缺陷类型，评审员不应受限于文档化的场景。

4. 基于角色的评审

基于角色的评审技术，评审员可以从独立干系人角色的角度评估工作产品。典型角色包括特定的最终用户类型（有经验、没有经验、老人、小孩等）以及组织中的特定角色（用户管理员、系统管理员、性能测试员等）。

5. 基于视角的评审

基于阅读视角的文档评审技术，类似于基于角色的评审，评审员在独立评审中采用不同的干系人观点。典型的干系人包括最终用户、市场人员、设计人员、测试员或操作员。使用不同的干系人视角可以更加深入地进行独立评审,同时减少所有评审员的事件重复。在基于阅读视角的文档评审中,期望使用检查表。

此外,基于阅读视角的文档评审还要求评审员尝试使用被评审的工作产品来生成会从它推导出来的产品。例如,如果对需求规格开展基于阅读视角的文档评审以查看是否包含所有必要信息,则测试员将会尝试生成草拟的验收测试。

经验研究表明,基于阅读视角的文档评审是评审需求和技术工作产品的最有效常用技术。关键的成功因素是基于风险适当地包括和权衡不同的干系人观点。

7.2.5 支持评审的工具

利用评审工具的电子流程,研发人员可以很方便地进行技术评审,并能够自动采集评审过程数据、生成评审意见等。下面介绍几款优秀的评审工具。

1. Gerrit

Gerrit 是一个 Web 代码评审工具,它基于 Git 版本控制系统。Gerrit 旨在提供一个轻量级框架,用于在代码入库之前对每个提交进行审阅。Gerrit 会记录每一次提交的代码修改,但只有它们被审阅和接收后才能合入成为项目的一部分。

Gerrit 通过允许任何授权用户将更改提交给主 Git 存储库来简化基于 Git 的项目维护,而不是要求所有已批准的更改由项目维护者手动合并。这在一定程度上提高了项目更新的灵活度,减轻了项目维护管理者的负担。

2. Review Assistant

Review Assistant 是 Visual Studio 的代码审查插件,可以帮助用户创建审阅请求并在不离开 Visual Studio 的情况下对其进行响应。Review Assistant 支持 TFS,Subversion,Git 和 Perforce。能在快速完成基本设置后运行起来。

3. CodeStriker

CodeStriker 是一款支持在线代码审查的开源 Web 应用程序,支持传统的文档审查,以及查看 SCM(源代码管理)系统和普通单向补丁生成的差异。可与 CVS,Subversion,ClearCase,Perforce,Visual SourceSafe 和 Bugzilla 集成,拥有一个用于支持其他 SCM 和发布跟踪系统的插件架构。它不但允许开发人员将问题、意见和决定记录在数据库中,还为实际执行代码审查提供了一个舒适的工作区域。

4. Code Review Tool

Code Review Tool(代码审查工具)允许团队成员以简单有效的方式协调检查代码,从而消除与常规正式代码检查相关的大部分开销。它提供了正式代码检查的所有好处,但与正式的代码检查相比,需要相当少的精力和时间。它支持正式和轻量级的两种代码审查流程。

5. Peer Review Plugin

Peer Review Plugin 是同行评审插件,该插件的目标是消除耗时的代码审查会议,让开发人员能够在自己的时间内在用户友好的基于 Web 的环境中查看代码。这个程序主要是用 Python 编写的,该界面与 Subversion 无缝集成,允许用户浏览可查看文件的存储库。使用了 Genshi 作为 Web 端的脚本语言,与 Java Script 和 AJAX 一起构建了一个现代化的用户界面。

7.2.6　评审成功的因素

为了获得成功的评审,必须考虑适当的评审类型和使用的技术。此外,还有许多其他因素会影响评审结果,包括来自组织层面的因素和与人相关的因素。

组织层面上,每次评审都应有明确的目标,在评审计划中明确定义,并将其作为可度量的出口准则;应用的评审类型要适用于要实现的目标,适用于软件工作产品的类型、级别以及参与者;所使用的任何评审技术要适用于在被评审的工作产品中有效的缺陷识别;使用的任何检查表要处理主要风险;大型文档以小块形式编写和评审,从而通过向作者提供早期和频繁的缺陷反馈来实施质量控制;参与者应有足够的时间来准备。

与人相关的评审成功因素包括:合适的人员参与以满足评审目标,例如,具有不同技能或观点的人员,他们可能将文档用作工作输入;测试员参加评审不但有利于提高评审质量,还可以通过评审了解产品,便于其尽早准备更有效的测试;评审应分成小块任务进行,以便评审员在独立评审和(或)评审会议期间不会失去注意力;评审应该在信任的氛围中进行,结果不会用于评估参与者,对发现的缺陷持欢迎态度,并客观地处理缺陷;管理好评审会议,使参与者感受到这是对他们时间的宝贵利用,参与者避免使用可能表示对其他参与者感到无聊、恼怒或敌意的肢体语言和行为;对于审查等较正式的评审类型,提供充分的培训。

在项目实践过程中,保证评审的成功和质量还应该执行适当频度的复审,复审的执行通常关注以下要点。

- 复审活动人数控制在 3~7 人,每次复审活动不要超过 2h,否则应该进行功能分解或者形式分解。准备充分的复审应在 1h 以内完成。
- 依据复审领导对项目组工作进展状况的掌握程度来确定两次复审之间的时间间隔。大多数情况下,这个时间是 2~4 周。
- 记录员的首要职责是为确保复审报告的准确性提供信息。最好使用活动挂图、投影等方式使得记录员的即时记录信息能被大家同时看到。
- 复审领导应该有一些技术素质,至少应该精通开发的过程、使用的开发工具、现代软件方法,特别应该了解复审活动在整个开发过程中的位置。
- 要尽早分发复审报告。让作者决定他们的产品接受复审的时间。

7.3　代码检查

7.3.1　代码检查种类

视频讲解

代码是软件开发的重要工作产品,代码检查是静态测试的核心基本内容,也是评审的重点对象,通常对代码展开桌面检查、代码审查、代码走查和代码技术评审等多种形式的检查。

1. 桌面检查

桌面检查是由程序员自己检查自己编写的程序。程序员在程序通过编译之后,进行组件测试设计之前,对源程序代码进行分析、检验,并补充相关的文档,目的是发现程序中的错误。

检查项目有检查变量的交叉引用表、检查标号的交叉引用表、检查子程序、宏、函数、等值性检查、常量检查、标准检查、风格检查和补充文档等。

由于程序员熟悉自己的程序和自身的程序设计风格,这种桌面检查可以节省很多的检查时间,但应避免主观片面性。

2. 代码审查

代码审查是由若干程序员和测试人员共同组成的一个会审小组,通过阅读、讲解、讨论和模拟运行的方式,对程序进行静态分析的过程。代码审查主要是依靠有经验的程序设计和测试人员根据软件设计文档,通过阅读程序发现软件缺陷。一般有正式的计划、流程和结果报告。现在也可借助软件工具自动进行,例如 Coverity、Klocwork、C++ Test、CheckStyle、FindBugs、IntelliJ IDEA 以及 PMD 等。

代码审查一般分为两个步骤:第一步是小组负责人把设计规格说明书、控制流程图、程序文本及有关要求、规范等分发给小组成员,作为评审的依据;第二步是召开程序代码审查会,在会上由程序员逐句讲解程序的逻辑,在此过程中其他的程序员可以提出问题,展开讨论,以审查错误是否存在。实践经验表明,程序员在讲解过程中能发现许多原来自己没有发现的缺陷和错误,而讨论和争议则更会促进缺陷问题的暴露。

3. 代码走查

走查与代码审查基本相同,其过程也分为两步。第一步也是把材料先发给走查小组每个成员,让他们认真研究程序代码后再开会。但第二步开会的程序与代码审查不同,不是简单地读程序和对照错误检查表进行检查,而是让与会者“充当”计算机。即首先由测试组成员为被测程序准备一批有代表性的测试用例,提交给走查小组。走查小组开会时就集体扮演计算机角色,让测试用例沿程序的逻辑运行一遍,随时记录程序的踪迹,供分析和讨论。人们借助于测试用例的媒介作用,对程序的逻辑和功能提出各种疑问,结合问题开展热烈的讨论和争议,以求发现更多的问题。

4. 技术评审

技术评审是指开发组、测试组和相关人员(QA、产品经理等)联合,采用讲解、提问并使用编码模板进行的查找错误的活动。一般也有正式的计划、流程和结果报告。

在实际使用中,代码检查比动态测试更有效率,能快速找到缺陷,发现 30%～70% 的逻辑设计和编码缺陷;代码检查看到的是问题本身而非征兆。但是代码检查非常耗费时间,而且代码检查需要知识和经验的积累。代码检查应在编译和动态测试之前进行,在检查前,应准备好需求描述文档、程序设计文档、程序的源代码清单、代码编码标准和代码缺陷检查表等。

7.3.2　代码审查的过程

本节以“代码审查”这种代码检查的形式为例,详细说明代码审查的过程及过程中的工作任务。代码审查通常包括代码审查策划、代码审查实施以及代码审查总结三个阶段。

1. 代码审查策划阶段

项目负责人分配代码审查任务；确定代码审查策略，依据软件开发文档，确定软件关键模块，作为代码审查重点（将复杂度高的模块也作为代码审查的重点）；项目负责人确定代码审查单；确定代码审查进度安排，项目负责人负责安排代码审查的进度。

2. 代码审查实施阶段

代码讲解：软件开发人员向测试人员详细讲解如何以及为何这样实现，测试人员提出问题和建议。通过代码讲解，测试人员对被审查的软件有了一个全面的认识，为后续代码审查打下良好的基础。

静态分析：一般采用静态分析工具进行，主要分析软件的代码规模、模块数、模块调用关系、扇入、扇出、圈复杂度、注释率等软件质量度量元。静态分析在代码审查时应优先进行，有利于软件测试人员在后续代码审查时对软件建立宏观上的认识，在审查中容易做到有的放矢，更易于发现软件代码中的缺陷。

规则检查：采用静态分析工具对源程序进行编码规则检查，对于工具报出的问题再由人工进行进一步的分析以确认软件问题。

正式代码审查：代码审查可分为独立审查和会议审查两步进行。根据情况，这两步可以反复进行多次。

（1）独立审查：测试人员根据项目负责人的工作分配，独自对自己负责的软件模块进行代码审查。测试人员根据代码审查单，对相关代码进行阅读、理解和分析后，记录发现的错误和疑问。

（2）会议审查：项目负责人主持召开会议，测试人员和开发人员参加；测试人员就独立审查发现的问题和疑问与开发人员沟通，并讨论形成一致意见；对发现的问题汇总，填写软件问题报告单，提交开发人员处理。

更改确认：开发人员对问题进行处理，代码审查人员对软件的处理情况进行确认，验证更改的正确性，并防止出现新的问题。

3. 代码审查总结阶段

代码审查工作结束后，项目负责人总结代码审查结果；编写测试报告，对软件代码质量进行评估，给出合理建议。

把代码审查提出的所有问题、亮点及最终结论详细地记录下来，供其他软件项目代码审查借鉴。必要时，可建立常见软件代码缺陷数据库，为软件代码审查人员培训和执行代码审查提供数据支持，也可以为软件编码规则制定规范提供实践依据。

7.3.3　高效的代码检查

视频讲解

代码检查的缺点是耗时长和技术能力要求高。我们应策略性地选择要审查的代码，以提高评审的效率和收益。通常代码检查的选择为：最近一次迭代开发的代码，系统关键模块，业务较复杂的模块，缺陷率较高的模块。

要想成功进行代码检查，还有一个关键点是要限定审查规则和审查量。通常推荐程序员和其团队从小的有限审查开始,先修复各种常见问题。检查应遵守以下基本原则,如表 7.3 所示。

表 7.3 代码检查基本原则

审查项	检 查 原 则
基本情况	代码是否遵循编程指南? 代码是否有自我记录能力?能否通过阅读理解代码? 是否已经解决了代码规则检查和(或)运行错误检测工具发现的所有错误?
注释	注释是否反映了最新情况? 注释是否清晰正确? 如果代码被变更,修改注释是否容易? 注释是否着重解释了"为什么",而不是"怎么样"? 是否所有的意外、异常情况和解决方法错误都有注释? 每个操作的目的是否都有注释? 与每个操作有关的其他事实是否都有注释?
源代码细节	是否每一个操作都有一个描述其操作内容的名称? 参数是否有描述性的名称? 完成各个操作的正常路径是否与其他异常路径有明显区别? 操作是否太长,它能否通过将有关语句提取到专用操作中进行简化? 操作是否太长,它能否通过减少判定点的数目进行简化?决策点是代码可以采取不同路径的语句,例如 if、else、and、while 和 case 语句。 循环嵌套是否已减至最少? 变量命名是否适当? 代码是否简单明了,是否避免了使用"技巧性"的方法?

如果工作人员熟悉常见的软件代码审查问题,对代码审查效率是很有帮助的。以下列举部分常见软件代码审查问题,供参考。

- 浮点数相等比较:可能造成程序未按设计的路径执行。
- 因设计原因导致某些代码不能执行:如逻辑表达式永远为真(或假)造成某分支不能执行、代码前面有 return 语句、某模块从未被调用等。
- switch 语句没有 break 语句,刻意如此设计时除外。
- 数组越界使用:数组越界容易发生在数组下标是计算得到的数值的情况下,而且审查时很难发现这种代码缺陷,应加以重视。
- 变量未初始化就使用或者是条件赋值就使用。
- 程序中存在未使用的多余变量。
- 复合逻辑表达式没有使用括号造成运算顺序错误。
- 有返回值的函数中 return 没有带返回值。
- 逻辑判别的表达式不是逻辑表达式。
- 动态分配的内存没有及时释放:忘记写内存释放代码或由于其他逻辑缺陷导致内存释放代码未得到执行。
- 没有对缓冲区溢出进行必要的防护。
- 访问空指针,即指针未初始化就使用。

- 指针指向的内存释放后,未将指针置为 NULL,其他函数访问该指针时,判断指针不为空,当作有效指针使用,会造成内存访问错误。
- 注释说明与程序代码实现不一致,甚至相反。
- 循环存在不能跳出的可能,程序中没有相应的保护机制。

代码审查是软件开发中常用的手段,与质量保障测试相比,它更容易发现和架构以及时序相关等较难发现的问题,还可以帮助团队成员提高编程技能,统一编程风格等。高效代码审查的 10 个经验如下。

1. 代码审查要求团队有良好的文化

团队需要认识到代码审查是为了提高整个团队的能力,而不是针对个体设置的检查"关卡"。"A 的代码有个 Bug 被 B 发现,所以 A 能力不行,B 能力更好",这一类的陷阱很容易被扩散从而影响团队内部的协作,因此需要避免。

另外,代码审查本身可以提高开发者的能力,让其从自身犯过的错误中学习,从他人的思路中学习。如果开发者对这个流程有抵触或者反感,这个目的就达不到。

2. 谨慎地使用审查中问题的发现率作为考评标准

在代码审查中如果发现问题,对于问题的发现者来说是好事,应该予以鼓励。但对于被发现者,不主张使用这个方式予以惩罚。软件开发中 Bug 在所难免,如果造成参与者怕承担责任,不愿意在审查中指出问题,代码审查就没有任何的价值和意义了。

3. 控制每次审查的代码数量

每次审查 200～400 行的代码效果最好。如果每次试图审查的代码过多,发现问题的能力就会下降。在实践中,开发平台和开发语言不同,最优的代码审查量有所不同。限制每次审查的数量确实非常必要,因为这个过程是高强度的脑力密集型活动。时间一长,代码在审查者眼里只是字母,无任何逻辑联系,自然不会有太多的产出。

4. 带着问题进行审查

传统方法建议每次树立目标,控制单位时间内审核的代码数量。每次代码审查中,要求审查者根据自身的经验先思考可能会遇到的问题,然后通过审查工作验证这些问题是否已经解决。实施技巧是从用户可见的功能出发,假设一个比较复杂的使用场景,在代码阅读中验证这个使用场景是否能够正确工作。使用这个技巧,可以让审查者有代入感,真正地沉浸到代码中,提高效率。

5. 所有的问题和修改,必须由原作者进行确认

如果在审查中发现问题,务必由原作者进行确认。这样做有两个目的:

(1) 确认问题确实存在,保证问题被解决。

(2) 让原作者了解问题和不足,帮助其成长。

有时为了追求效率,有经验的审查者更倾向于直接修改代码乃至重构所有代码,但这样不利于提高团队效率,并且会增加因为重构引入新 Bug 的概率,通常情况下不鼓励这种做法。

6. 利用代码审查激活个体"能动性"

如果项目进度比较紧张,无法进行完全的代码审查,也至少要审查部分关键代码。

软件开发是富有创造性的工作,开发者都有强烈的自我驱动和自我实现的要求。让开发者知道其写的任何代码都可能被其他人阅读和审察,可以促使开发者集中注意力,尤其应避免将质量糟糕,甚至有低级错误的代码提交给同伴审查。开源软件正是很好地利用了这种心态来提高代码质量。

7. 提倡非正式、轻松环境下的代码审查

如前所述,代码审查是一项脑力密集型的工作,参与者往往需要在比较轻松的环境下进行此项工作。会议形式的正式代码审查,长时间的会议容易使效率低下,会议上可能出现的争议也不利于进行如此复杂的工作。

8. 提交代码前自我审查,添加代码说明

所有团队成员在提交代码给其他成员审查前,必须先进行自我审查。自我修正形式的审查除了检查代码的正确性以外,还可以完成如下工作。

(1) 对代码添加注释,说明本次修改背后的原因,方便其他人进行审查。

(2) 修正编码风格,尤其是一些关键数据结构和方法的命名,提高代码的可读性。

(3) 从全局审视设计,是否完整地考虑了所有情景。在实现之前做的设计如果存在考虑不周的情况,这个阶段可以很好地进行补救。

实践表明,即使只有原作者进行自我代码审查,仍然可以很好地提高代码质量。

9. 编码时记录笔记可以有效地提高问题发现率

程序员在编码的时候应做随手记录,包括在代码中用注释的方式表示,或者记录简单的个人文档,这样做有如下几个好处。

(1) 避免遗漏。在编码时将考虑到的任何问题都记录下来,在审查阶段再次检查这些问题是否都得到了确认解决。

(2) 每个人都习惯犯一些重复性的错误。这类问题在编码时记录下来,可以在审查的时候用作检查的依据。

(3) 在反复记录笔记并在审查中发现类似的问题后,该类问题出现率会显著下降。

10. 使用好的工具进行轻量级的代码审查

团队可以使用代码审查工具进行轻量级的代码审查。每个团队成员独立开发功能,然后向团队成员通知功能开发已经完成,将代码提交给审查者。复审者可以很方便地在网页上阅读代码、添加评论等,然后原作者会自动收到邮件提醒,对审阅的意见进行讨论。

7.4.1节将介绍代码检查工具。

7.3.4　案例:代码审查

软件代码审查是重要的软件测试方法之一,软件测试部门应建立完善的代码审查规程,规范代码审查过程。代码审查人员应善于使用软件静态分析工具,善于总结代码审查经验。软件代码审查工作做得扎实,可以发现很多软件编码隐含的缺陷,提高软件的可靠性,为后续的动态测试打下良好的基础。

一个公司信息技术中心网站技术部的代码审查规范及代码审查表示例,详见附录 A。

7.4　静态结构分析与工具支持

　　静态分析(Program Static Analysis)是指在不运行代码的方式下,通过词法分析、语法分析、控制流分析、数据流分析等技术对程序代码进行扫描,来预测代码执行的结果,验证代码是否满足规范性、安全性、可靠性、可维护性等指标的一种静态测试技术。因此,针对静态分析的执行特点,需要用户提供需要分析的目标源代码,而且静态分析往往需要结合人为的干预。静态分析可以帮助软件开发人员、质量保证人员查找代码中存在的结构性错误、安全漏洞等问题,从而保证软件的整体质量;还可以用于帮助软件开发人员快速理解文档残缺的大规模软件系统以及系统业务逻辑抽取等系统文档化等领域。

　　静态分析具有很大的价值,包括:在测试执行之前提前发现缺陷;通过度量的计算,如高复杂度的度量,对可疑的代码或者设计发出早期预警;可以发现动态测试不容易发现的缺陷;在软件模块中发现关联和矛盾,如链接;改进代码和设计的可维护性。

　　静态分析通过对代码的自动扫描发现隐含的程序问题,静态分析具有"不实际执行程序,执行速度快,误报率高"等几个特点。对于前两个特点,都较好理解,符合静态分析的执行过程,第三个特点也是静态分析中不可避免的,因为静态分析的人为干预因素较多,在静态分析的过程中,人为因素占据着分析结果中的较大成分,也正是由于人为干预不能保证100%的正确率,这就不可避免地增加了错误分析结果的概率。对于这三个特点,具体说明如下。

- 不实际执行程序。动态分析是通过在真实或模拟环境中执行程序进行分析的方法,多用于性能测试、功能测试、内存泄漏测试等方面。与之相反,静态分析不运行代码只是通过对代码的静态扫描对程序进行分析。

- 执行速度快、效率高。目前成熟的代码静态分析工具每秒可扫描上万行代码,相对于动态分析,具有检测速度快、效率高的特点。

- 误报率较高。代码静态分析是通过对程序扫描找到匹配某种规则模式的代码从而发现代码中存在的问题。例如,定位 strcpy() 这样可能存在漏洞的函数,有时会造成将一些正确代码定位为缺陷的问题。因此,静态分析有时存在误报率较高的缺陷,可结合动态分析方法进行修正。

　　常用的静态分析技术包括词法分析、语法分析、抽象语法树分析、语义分析、控制流分析和数据流分析,具体如下。

- 词法分析:从左至右一个字符一个字符地读入源程序,对构成源程序的字符流进行扫描,通过使用正则表达式匹配方法将源代码转换为等价的符号(Token)流,生成相关符号列表。Lex 为常用词法分析工具。Lex 是 LEXical compiler 的缩写,是 UNIX 环境下非常著名的工具,主要功能是生成一个词法分析器的 C 源码,描述规则采用正则表达式。

- 语法分析:判断源程序结构上是否正确,通过使用上下文无关语法将相关符号整理为语法树。Yacc 为常用工具。Yacc(Yet Another Compiler Compiler)是一个经典的生成语法分析器的工具。Yacc 生成的编译器主要是用 C 语言写成的语法解析器,需要与词法解析器 Lex 一起使用,再把两部分产生出来的 C 程序一并编译。

- 抽象语法树分析：将程序组织成树形结构,树中相关节点代表了程序中的相关代码,目前已有 JavaCC/Antlr 等抽象语法树生成工具。JavaCC(Java Compiler Compiler)是一个用 Java 开发的语法分析生成器。这个分析生成器工具可以读取上下文无关且有着特殊意义的语法并把它转换成可以识别且匹配该语法的 Java 程序。
- 语义分析：对结构上正确的源程序进行上下文有关性质的审查。
- 控制流分析：生成有向控制流图,用节点表示基本代码块,节点间的有向边代表控制流路径,反向边表示可能存在的循环；还可生成函数调用关系图,表示函数间的嵌套关系。根据控制流图可分析孤立的节点部分为无效代码(称为无效代码分析)。7.4.3 节将对控制流分析进行详细介绍。
- 数据流分析：对控制流图进行遍历,记录变量的初始化点和引用点,保存切片相关数据信息。基于数据流图判断源代码中哪些变量可能受到攻击,是验证程序输入、识别代码表达缺陷的关键(即污点分析)。数据流分析方法详见 7.4.4 节。

当编译器读入程序时,首先将程序看成是简单的字符序列；词法分析器将这些字符序列转换为单词,语法分析器从中进一步发现语法结构。由编译器前端产生的结果可以是语法树或者某种低级形式的中间代码。但是即使这样,它对程序做什么和怎么做仍然没有多少提示。编译器把发现每个过程内控制流层次结构的任务留给了控制流分析,将确定与数据有关的全局信息的任务留给了数据流分析。

在静态分析初期,通常使用静态分析工具对程序代码执行规范性检查,然后再进行代码静态结构分析。

- 规范性检查：检查标识符的使用是否规范、一致,变量命名是否能够做到望名知义、简洁、规范和易记；检查程序风格的一致性、规范性,代码是否符合行业规范,是否所有模块的代码风格一致、规范；检查代码注释是否完整,是否正确反映了代码的功能,并查找错误的注释；检查常量或全局变量使用是否正确。
- 代码结构检查：检查模块接口的正确性,确定形参的个数、数据类型、顺序是否正确,确定返回值类型及返回值的正确性；检查输入参数是否有合法性检查,如果没有合法性检查,则应确定该参数是否不需要合法性检查,否则应加上参数的合法性检查；检查调用其他模块的接口是否正确,检查实参类型、实参个数是否正确,返回值是否正确,若被调用模块出现异常或错误,程序是否有适当的出错处理代码；检查是否设置了适当的出错处理,以便在程序出错时,能对出错部分重做安排,保证其逻辑的正确性。
- 逻辑检查：检查表达式、语句是否正确,是否含有二义性。例如,检查表达式或运算符的优先级；检查算法的逻辑正确性,确定算法是否实现了所要求的功能；检查代码是否可以优化,算法效率是否最高。

7.4.1　静态分析工具

支持静态测试的工具,主要包括支持评审的工具、代码审查工具和静态分析工具。支持评审的工具,研发人员可以利用评审工具的电子流程很方便地进行技术评审,并能够自动采集评审过程数据、生成评审意见等,在 7.2.5 节已经介绍了几款优秀软件。代码审查工具,主要指对源代码进行的代码规范性(变量和常量的定义、类定义、数据引用、计算和数值、循环和分支、输入和输出、注释等)和代码结构(循环和分支、输入和输出、模块接口、错误处理)的自动审查。静态结构分析工具,重点支持对源程序进行的词法分析、语法分析、控制流分析、数据流分析等的自动分析。

利用静态测试工具评估和诊断代码的技术已日趋成熟。几乎每种语言都存在相应的软件审查和分析工具。这些审查可以覆盖多个领域,从数组、循环、编码风格、设计、复制代码、命名风格、性能等领域中隔离出不良代码。通常静态测试工具同时支持评审、代码审查和静态分析,这里介绍的静态分析工具主要指对代码的审查和静态分析。

静态分析工具一般被开发人员在单元和集成测试之前和测试中使用,也被设计人员在软件建模期间使用。静态分析工具会生成很多告警信息,需要很好地进行管理以更有效地利用工具。程序员可能会因审查报告过多漏洞而感到厌烦。例如,一个有 20 万行的应用程序,审查报告列出了 35 万个需要修复的违规之处。报告指出某一行出现异常,这并不意味着它就是真正的问题所在。

要想成功使用审查,关键是要限定审查规则和审查量。这个量视情况而定,程序员应该把握好这个量,才能事半功倍。通常推荐程序员和其团队从小的有限审查开始,先修复各种常见问题。审查可以为我们提供代码信息以及代码的构成。一个好的工具应该能够将所报告的问题做上已验证的标记;可以在注释中标明,这样审查工具就明白该区域已经被查看过了。7.4.2 节的案例中给出了一个公司的编码规范,其中包含 JTEST(自动化测试解决方案)规范,为审查工具的审查规则设置提供了依据。

编译器会提供一些静态分析的支持,包括度量计算。大多数情况下,静态分析的输入都是源程序代码,只有极少数情况会使用目标代码。静态分析通过工具支持来完成,与评审紧密相连。静态分析工具和编译器的某些功能其实是很相似的,也需要词法分析、语法分析、语意分析,但和编译器不一样的是其可以自定义各种各样的复杂规则去对代码进行分析。静态分析工具发现的典型缺陷包括引用未定义的变量,模块和组件之间的不一致接口,未被使用的变量,不可达的代码,安全漏洞,代码和软件模块的语法错误,等等。

以下列出的静态分析工具,会由于实现方法、算法及分析的层次不同,功能上会差异很大。我们从静态分析工具的功能和语言支持两个角度进行对比。

这里以 Coverity、Klocwork 和 C++ Test 三种工具为例,从功能、规则可扩展性、支持语言、精确性、分析的深度、分析的广度、与 IDE(Integrated Development Environment,集成开发环境)的集成和执行效率等方面进行对比,详见表 7.4。

表 7.4　静态分析工具的功能对比

对比项	Coverity	Klocwork	C++ Test
功能	静态分析、缺陷检测	静态分析、缺陷检测、安全漏洞检测、软件架构分析、软件度量分析、可定制的代码分析	静态分析、缺陷检测、组件测试、辅助代码审查
规则可扩展	支持规则制定	支持规则制定	支持规则制定
支持语言	C/C++、C#、Java	C/C++、C#、Java	C/C++、Java,不支持 C#(C# 使用 dotTEST)

续表

对比项	Coverity	Klocwork	C++ Test
精确性	最准确地找到最严重和最难检测的缺陷,误报率平均低于 20%	专注于标识出尽可能多的可能的缺陷,误报率不承诺	专注于标识出尽可能多的可能的缺陷,误报率不承诺
分析的深度	提供过程间数据流分析和统计分析	数据流分析	数据流分析,模式分析
分析的广度	可以检测的问题有系统崩溃、内存泄漏、内存错误、不确定行为、并发缺陷和安全性	可以检测的问题有空指针释放、内存泄漏、数组越界、未初始化数据使用、编码风格	可以检测的问题有使用未初始化的内存、空指针引用、除零、内存和资源泄漏
与 IDE 的集成	支持	支持	支持
执行效率	百万行代码几个小时	执行时间较长	执行时间较长

从支持的语言角度,对. NET、C 和 C++、Java、JavaScript、Objective C 和 Objective C++、Perl、Python 等语言都有相应的代码审查和分析工具,如表 7.5 所示。

表 7.5 支持不同语言的静态分析工具

语言支持	工具	描　　述
.NET	. NET Compiler Platform	开源编译器框架,向用户公开 C# 和 Visual Basic 编译器的代码分析,提供用于分析和操作语法的 API
	NDepend	通过分析和可视化代码的依赖关系,定义设计规则,通过比较不同版本的代码影响分析复杂的. NET 代码库,简化了管理。可集成到 Visual Studio 中
	StyleCop	分析 C# 源代码来执行一组风格和一致性规则。它可以从 Visual Studio 内部运行或整合到 MSBuild 项目
C 和 C++	Klocwork	通过静态分析的方法,自动检测代码内存泄漏、空指针引用、缓冲区溢出、数组越界等运行错误
	Cppcheck	静态代码分析工具,用以检查内存泄漏、错配的内存分配和释放、缓冲区溢出以及更多的问题
	Parasoft C/C++ Test	静态分析、测试、代码审查及运行时错误检测,是可用于 Visual Studio 和 Eclipse 集成开发环境的插件
JAVA	CheckStyle	代码编码规范的检查工具,它能够自动化代码规范检查过程
	FindBugs	静态分析源代码中可能会出现 Bug 的插件工具。它检查类或者 JAR 文件,将字节码与一组缺陷模式进行对比以发现可能的问题
	IntelliJ IDEA	跨平台的 Java IDE,可在整个项目即时地编辑和批量分析代码
	PMD	基于静态规则集的 Java 源代码分析器,能够识别潜在问题。采用 BSD 协议发布的 Java 程序代码检查工具。该工具可以做到检查 Java 代码中是否含有未使用的变量、是否含有空的抓取块、是否含有不必要的对象等。该软件功能强大,扫描效率高
	SonarQube	自动代码审查工具,用于检测代码中的错误、漏洞和代码异常。支持对工作流程的集成
	Jalopy	Java 源代码格式化工具,可以使用一套可配置的布局规则修改 Java 源代码的布局

续表

语言支持	工具	描 述
JavaScript	Google's Closure Compiler	JavaScript 优化器，对 JavaScript 代码进行语法校验、编码转换与代码压缩
	JSLint	JavaScript 语法检查和验证
	JSHint	JavaScript 的代码质量检查工具，主要用来检查代码质量以及找出一些潜在的代码缺陷
Objective C 和 Objective C++	Clang	轻量级编译器，源代码发布于 BSD 协议下。可满足代码重构、动态分析、代码生成等客户需求，允许集成到各种 IDE 中
Perl	Perl∷Critic	Perl 的静态分析器
	PerlTidy	Perl 的语法检查和测试仪
	Padre	Perl 的一个 IDE，提供了静态代码分析检查常见的初学者的错误
Python	Pylint	Python 代码分析工具，分析代码错误，查找不符合代码风格和有潜在问题的代码。可配置，可定制
	PyCharm	跨平台的 Python IDE，带有一整套可以帮助用户在使用 Python 语言开发时提高其效率的工具，具有代码检查、可在整个项目进行即时编辑和批量分析代码的特性

目前，静态分析技术向模拟执行的技术发展，以能够发现更多传统意义上动态测试才能发现的缺陷，例如，符号执行、抽象解释、值依赖分析等，并采用数学约束求解工具进行路径约减或者可达性分析以减少误报增加效率。目前的静态分析工具，无论从科研角度还是实用性角度还有很大的提高余地，国际上最好的分析工具误报率为 5%～10%，能够报出的缺陷种类也仅有几百种。

7.4.2　规范标志一致性

一个项目或者一个企业，如果要实施有效的软件质量管理，第一步要做的就是规范软件编码。编码规范是程序编写过程中必须遵循的规则，是开发人员编写代码的指导性规范，其中会详细规定代码的语法规则、语法格式等，是在遵守编程语言的语法规则的基础上，对编码规范性提出的进一步要求。合理而有效的编码规范有助于减少代码中的缺陷，良好的编码架构有利于采用基于结构的技术来创建测试用例，从而易于组件测试。

企业实施怎样的编码规范以及何种力度的规范，取决于很多个因素，包括采用的编程语言（如 C、C++、Java 等）、项目的规范化程度、行业领域规范等。现成的公司编码规范有很多，但项目不能完全照搬，应该根据自己所处的阶段，定制属于自己的规范，否则会让程序员无所适从，严重打击程序员的积极性。

在遵守各种语言语法规则的基础上，各个公司开发部门都制定了详尽的编码规范。表 7.6 为代码规范及编码原则样例表。

附录 B 为一个公司的《Java 语言编码规范标准》，包括规范的范围、术语和定义，Java 语言编程时排版、注释、命名、编码和 JTEST 的规则和建议，规范中包括编程时强制必须遵守的规则和编程时必须加以考虑的建议。规范或建议从正、反两个方面给出例子，具有很好的参考价值。

表 7.6 代码规范及编码原则样例表

项目	规 范
程序风格	(1) 严格采用阶梯层次组织程序代码:每层次缩进为 4 格,括号位于下一行。要求相匹配的大括号在同一列,对继行则要求再缩进 4 格。 (2) 提示信息字符串的位置:在程序中需要给出的提示字符串,为了支持多种语言的开发,除了一些给调试用的临时信息外,其他所有的提示信息必须定义在资源中。 (3) 对变量的定义,尽量位于函数的开始位置
命名规则	变量名的命名规则:遵循用户自定义标识符命名规则。 (1) 只能由字母、数字、下画线组成。 (2) 第一个字符必须是英文字母。 (3) 有效长度为 255 个字符。 (4) 不可以包含标点符号和类型说明符%,&,!,#,@,$。 (5) 不可以是系统的关键词,如 else
注释	(1) 注释要简单明了。 (2) 边写代码边注释,修改代码同时修改相应的注释,以保证注释与代码的一致性。 (3) 在必要的地方注释,注释量要适中。注释的内容要清楚、明了、含义准确,防止注释二义性。保持注释与其描述的代码相邻,即注释的就近原则。 (4) 对代码的注释应放在其上方相邻位置,不可放在下面。 (5) 对数据结构的注释应放在其上方相邻位置,不可放在下面;对结构中的每个域的注释应放在此域的右方;同一结构中不同域的注释要对齐。 (6) 变量、常量的注释应放在其上方相邻位置或右方。 (7) 全局变量要有较详细的注释,包括对其功能、取值范围、哪些函数或过程存取它以及存取时注意事项等的说明。 (8) 在每个源文件的头部要有必要的注释信息,包括:文件名,版本号,作者,生成日期,模块功能描述(如功能、主要算法、内部各部分之间的关系、该文件与其他文件关系等),主要函数或过程清单及本文件历史修改记录等。 (9) 在每个函数或过程的前面要有必要的注释信息,包括:函数或过程名称;功能描述;输入,输出及返回值说明;调用关系及被调用关系说明等
可读性	(1) 避免使用不易理解的数字,用有意义的标识来替代。 (2) 不要使用难懂的技巧性很高的语句。 (3) 源程序中关系较为紧密的代码应尽可能相邻
函数、过程	(1) 函数的规模尽量限制在 200 行以内。 (2) 一个函数最好仅完成一项功能。 (3) 为简单功能编写函数。 (4) 函数的功能应该是可以预测的,也就是只要输入数据相同就应产生同样的输出。 (5) 尽量不要编写依赖于其他函数内部实现的函数。 (6) 避免设计多参数函数,不使用的参数从接口中去掉。 (7) 用注释详细说明每个参数的作用、取值范围及参数间的关系。 (8) 检查函数所有参数输入的有效性。 (9) 检查函数所有非参数输入的有效性,如数据文件、公共变量等。 (10) 函数名应准确描述函数的功能。 (11) 避免使用无意义或含义不清的动词为函数命名。 (12) 函数的返回值要清楚、明了,让使用者不容易忽视错误情况。 (13) 明确函数功能,精确(而不是近似)地实现函数设计。 (14) 减少函数本身或函数间的递归调用。 (15) 编写可重入函数时,若使用全局变量,则应通过关中断、信号量(即 P、V 操作)等手段对其加以保护

项目	规范
变量编辑	（1）去掉没必要的公共变量。 （2）构造仅有一个模块或函数可以修改、创建，而其余有关模块或函数只访问的公共变量，防止多个不同模块或函数都可以修改、创建同一公共变量的现象。 （3）仔细定义并明确公共变量的含义、作用、取值范围及公共变量间的关系。 （4）明确公共变量与操作此公共变量的函数或过程的关系，如访问、修改及创建等。 （5）当向公共变量传递数据时，要十分小心，防止赋予不合理的值或越界等现象发生。 （6）防止局部变量与公共变量同名。 （7）仔细设计结构中元素的布局与排列顺序，使结构容易理解、节省占用空间，并减少引起误用现象。 （8）结构的设计要尽量考虑向前兼容和以后的版本升级，并为某些未来可能的应用保留余地（如预留一些空间等）。 （9）留心具体语言及编译器处理不同数据类型的原则及有关细节。 （10）严禁使用未经初始化的变量。声明变量的同时对变量进行初始化。 （11）编程时，要注意数据类型的强制转换
代码编译	（1）编写代码时要注意随时保存，并定期备份，防止由于断电、硬盘损坏等原因造成代码丢失。 （2）同一项目组内，最好使用相同的编辑器，并使用相同的设置选项。 （3）合理地设计软件系统目录，方便开发人员使用。 （4）打开编译器的所有告警开关对程序进行编译。 （5）在同一项目组或产品组中，要统一编译开关选项。 （6）使用工具软件对代码版本进行维护

7.4.3　控制流分析

　　程序代码的静态分析就是通过检查程序的源代码来推测程序运行时的行为信息。静态分析除了能够检查指定程序中存在的错误和安全漏洞以外，同时还能够将其思想加入到代码编译器中，用于程序的优化。将静态分析用于优化，最关键的技术点就是流分析技术。流分析技术是比较传统的编译器优化技术，流分析能够保证在程序内容真实性的状态下，确定一个指定程序节点的相对路径的事实。

　　流分析技术从大体上分类，分为控制流分析和数据流分析。

- 控制流分析是一类用于分析程序控制流结构的静态分析技术，目的在于生成程序的控制流图，在编译器设计、程序分析、程序理解等领域都有重要应用。对程序的控制流分析是对源程序或者源程序的中间表示形式的直接操作，形成控制流图。
- 数据流分析是在控制流分析后得出的控制流图的基础上，将程序中的包含数据的变量沿着控制流图的路径，进行赋值和传递，直至程序完成，变量回收或者未被回收。

　　从逻辑关系而言，控制流分析是先于数据流分析的，控制流分析对数据流分析有着先导性和支持性的作用。

控制流分析(Control Flow Analysis,CFA),是一种确认程序控制流程的静态代码分析技术。控制流分析一词最早是由 Neil D. Jones 及 Olin Shivers 开始使用。对于函数编程语言及面向对象程式设计,CFA 都是指计算控制流程的算法,控制流程会以控制流图来表示。抽象释义、约束补偿及型别系统都可以进行控制流分析。

1. 程序控制流分析

程序控制流是指程序(组件或单元)或系统中的一系列顺序发生的事件或路径。测试对象的控制流,通常通过控制流图来直观地表达。对程序控制流进行分析是静态测试技术之一,对被测对象的程序控制流分析是基于结构的测试方法的基础,运用该技术可发现软件的缺陷、错误或异常。

视频讲解

程序控制流分析技术是基于控制流图中的事件或路径而展开,通过对程序控制流的分析,可提供测试对象的逻辑判断点和其结构复杂性的信息。

控制流分析从程序的特点上看,可以将其看作两个大类:过程内的控制流分析和过程间的控制流分析。

(1) 过程内的控制流分析可以简单地理解为是对一个函数内部的程序执行流程的分析,而过程间的控制流分析一般情况下指的是函数的调用关系的分析。从控制流分析的特点上看,主要的分析还是基于过程内的控制流分析。

(2) 过程内的控制流分析,有两种主要的方法。一种方法是利用某些程序执行过程中的必经点,查找程序中的环,根据程序优化的需求,对这些环增加特定的注释,这种方法最理想的使用是迭代数据流优化器。另一种方法是区间分析,这里定义的区间包含子程序整体结构的分析和嵌套区域的分析,由分析可以对源程序进行控制树的构造,控制树即在源程序的基础上将程序按照执行的逻辑顺序,构造一个与源程序对应的树形数据结构,控制树可以在数据流分析阶段发挥关键的作用。

当然,不是所有的控制流分析都是简单的,较为复杂的控制流分析是基于复杂区间的结构分析,这样的分析可以分析出子程序块中所有的控制流结构。但无论上述哪种方法的控制流分析,都需要先确定子程序的基本块,再根据基本块进行程序控制流图的构造。

通常程序控制流图不完全是通过手工绘制生成的,而需要相关的静态分析工具的支持。这里,为了建立控制流分析方法的概念和说明原理,人工绘制控制流图。

2. 程序控制流图

基于结构的测试中,测试设计为了突出检查程序的控制结构,首先将测试对象的程序代码转换为相应的控制流图,即将程序流程图转换为程序控制流图,简称流图。

视频讲解

控制流图(Control Flow Graph,CFG)也叫控制流程图,是一个过程或程序的抽象表现,是用在编译器中的一个抽象数据结构,由编译器在内部维护,代表了一个程序执行过程中会遍历到的所有路径。它用图的形式表示一个过程内所有基本块执行的可能流向,也能反映一个过程的实时执行过程。控制流图中每个节点代表一个基本块,例如,没有任何跳跃或跳跃目标的直线代码块;跳跃目标以一个块开始、以一个块结束,定向边缘被用于代表在控制流中的跳跃。

控制流图是程序结构的反映,描绘了测试对象的程序逻辑控制结构。控制流图由过程块、决策点、控制流线和汇聚点 4 个元素构成。

- 过程块（也称结点）：是从开始到结束按照顺序执行的一系列程序语句或代码,除了在开始处没有其他入口可进入。同样,在结束处没有其他出口可离开过程块（结点）。一旦过程块被触发,其中每个语句都会按顺序执行。过程块在控制流图中是以一个圆圈（或缩为一个点）、一个入口箭头和出口箭头表示。总之,图中每个圆圈表示一个或多个无分支的 PDL（程序设计语言）语句或源程序代码。
- 决策点：指的是测试对象中的一个点,在此点上控制流线选择的方向发生变化。决策点一般是以分支形式存在。通过 if-then-else 语句实现,多路径决策点一般通过 switch 语句实现。决策点是以一个圆圈、一个入口和多个出口点表示的。包含条件的节点称为判定节点。
- 汇聚点：指测试对象中的一个点,但与决策点相反,在汇聚点上不同流的选择方向在此汇聚。
- 域：由边和节点限定的区域称为域。

通常,程序的语句及结构,可依据下列图形元素进行转换,如图 7.1 所示。在图 7.1 中,表示了顺序语句、if 语句、switch 语句、while 语句和 until 语句等三种程序基本结构（顺序、选择、循环）,对应的控制流图的图形元素。每一个圆圈代表一个过程块（节点）,if 语句的节点 1 和 switch 语句的节点 1 为决策点,if 语句的节点 4 和 switch 语句的节点 5 为汇聚点。

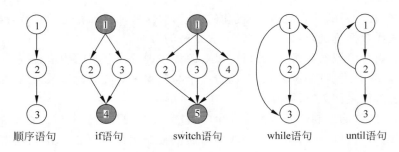

顺序语句　　　if语句　　　switch语句　　　while语句　　　until语句

图 7.1　控制流图的图形元素

当程序中存在复合条件时,当一个条件语句中存在一个或多个布尔变量运算符（OR、AND、NOR）时,复合条件即出现,须分解为单条件的控制流图。如图 7.2 所示,图 7.2(a)中"A>1 AND B=0"是复合条件语句,需要将其分解为单条件语句,对应图 7.2(b)中的节点 1 和 2；图 7.2(a)对应的详细流程图为图 7.2(c),将复合条件分解为单条件,则图 7.2(c)对应控制流图为图 7.2(d),一目了然。在图 7.2(d)中,节点 1、2 为决策点,节点 4 为汇聚点。

一个程序结构就有一个可映射为对应的程序控制流图。下面介绍程序流程图转换为控制流图的方法。根据上述控制流图的构成元素和程序转换原则,程序流程图可映射（转化）为程序控制流图。如下图 7.3(a)程序流程图对应的 7.3(b)程序控制流图,其中结点 1、3 和 6 为决策点,结点 9 为汇聚点,a、b、…、j、k 为边,R_1、R_2、R_3 和 R_4 为由边和结点所限定的 4 个区域（图的外部作为一个域）。

为了便于在机器上表示和处理控制流图,可以把它表示成矩阵的形式,称为控制流图矩阵。矩阵维数等于控制流图节点数,列与行对应于标识的节点,矩阵每个元素对应于节点连

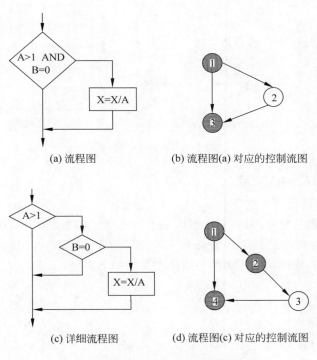

(a) 流程图 (b) 流程图(a)对应的控制流图

(c) 详细流程图 (d) 流程图(c)对应的控制流图

图 7.2 拆分复合条件的控制流图

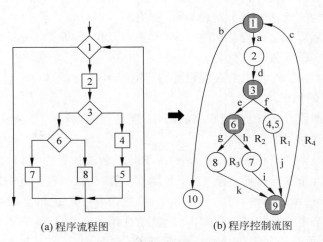

(a) 程序流程图 (b) 程序控制流图

图 7.3 程序控制流图的绘制

接的边。

图 7.4 为控制流图矩阵,图 7.4(a)为控制流图,图 7.4(b)为对应的控制流图矩阵。这个矩阵是 5 行 5 列的,是由该控制流图中含有 4 个节点决定的。4 个元素 a、b、c 和 d 的位置决定于它们所连接节点的号码。例如,弧 d 在矩阵中处于第 4 行第 1 列,那是因为它在控制流图中连接了节点 4 至节点 1,这里必须注意方向。图中节点 1 至节点 4 是没有弧的,矩阵中第 1 行第 4 列也就没有元素。

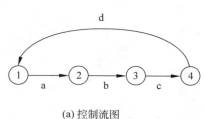

(a) 控制流图　　　　　　　　(b) 控制流图矩阵

图 7.4　控制流图矩阵

视频讲解

3. 控制流分析的测试运用

1) 独立程序路径和基本路径集合

独立路径是任何贯穿程序的、至少引入一组新语句(处理语句或条件语句)的路径。当按照流图描述时,独立路径必须沿着至少一条边移动,且这条边在定义该路径之前未被遍历。如图 7.3 所示的程序控制流图的一组独立路径如下。

路径 1：1-10

路径 2：1-2-3-4-5-9-1-10

路径 3：1-2-3-6-8-9-1-10

路径 4：1-2-3-6-7-9-1-10

除此之外,任何新的路径引入一条新边,如路径 1-2-3-4-5-9-1-2-3-6-8-9-1-10,都不是一条独立路径。通俗的说,独立路径不与程序其他路径完全重叠。

路径 1、2、3、4 构成流图的基本路径集合(称为基本集合)。

若设计测试用例以强迫执行基本路径集合,则可以保证程序中的每条语句至少执行一次,且每个条件的取真、假值都被执行。

基本集合并不唯一。对给定的过程设计,可导出不同的基本集合。

2) 控制流分析的测试运用

进行程序的控制流分析,能获得程序的路径,度量程序的结构复杂性,进而达到准确的确定测试用例的设计的目的。

如何知道要找出多少路径才是最完备的? 环形复杂性计算为我们提供了答案。同时,常常使用环形复杂度来度量软件复杂度,环形复杂度值越大,则程序复杂度越高。

环形复杂性(或称圈复杂性)是一种软件度量,它为程序的逻辑复杂性提供了一个量化测度。当测试运用基本路径测试方法时,环形复杂性的值定义了程序基本集合中的独立路径数,并提供了保证所有语句至少执行一次所需测试数量的上限。

环形复杂度,记录为 $V(G)$,用来衡量一个程序模块所包含的判定结构的复杂程度,数量上表现为独立路径的条数,即合理地预防错误所需测试的最少路径条数,圈复杂度大的程序,说明其代码可能质量低且难于测试和维护。经验表明,程序可能存在的 Bug 数和圈复杂度有着很大的相关性。

环形复杂度的计算公式为：$V(G)=E-N+2$。其中,E 表示控制流图中边的数量,N 表示控制流图中节点的数量。其实,圈复杂度的计算还有更直观的方法,因为圈复杂度所反映的是"判定条件"的数量,所以圈复杂度实际上就是等于判定节点(决策点)的数量再加上

1，也即控制流图的区域数，对应的计算公式为：$V(G)$＝区域数　＝　判定节点数＋1。

如图7.3(b)所示的程序控制流图，计算其环形复杂度：

- 图中包含1、2、3、4和5、6、7、8、9、10共9个节点，包含a、b、…、j、k共11条边，则环形复杂度$V(G)=E-N+2=11-9+2=4$；
- 图中的决策点为节点1、3、6，共3个，则环形复杂度$V(G)$＝判定节点数＋1＝3＋1＝4；
- 图中包含R_1、R_2、R_3和R_4共4个区域，则环形复杂度$V(G)$＝区域数＝4。

用三种方式计算其环形复杂度均为4，因此，构成基本路径的独立路径应该有4条，程序的复杂度较小。

4. 程序结构的基本要求

运用静态结构分析技术——控制流分析，先对测试对象的程序代码绘制程序流程图，然后将程序流程图转换为对应的程序控制流图，依据控制流图识别独立程序路径、编写测试用例检测程序缺陷，并计算环形复杂度对测试对象的结构复杂性进行度量。常常可以很容易地检测出以下明显缺陷。

- 选择控制中switch语句，若选项超过设定值，代码如何处理？
- 测试对象代码中所有循环是否都能终止？
- 循环入口条件是否能够满足？
- 是否存在多一次或少一次循环的错误？
- 是否存在不能穷尽的判断？
- 是否存在不可达代码？
- 是否存在浮点相等比较？
- 函数是否存在多个出口？函数是否存在多个入口？是否合理？
- 其他明显缺陷等。

针对程序控制流图的环形复杂性计算，可以度量软件结构的复杂度，对于程序结构提出以下4点基本要求，写出的程序不应包含：

- 转向并不存在的标号。
- 没有用的语句标号。
- 从程序入口进入后无法达到的语句。
- 不能达到停机语句的语句。

显然，这些要求是最基本的。在编写程序时稍加注意，做到这几点也是很容易的。测试阶段我们更为关心的是如何进行检测，把以上4种问题从程序中找出来。目前对这4种情况的检测主要通过编译器和程序分析工具来实现。支持静态测试的工具，在7.4.1节已经进行了详细介绍。

7.4.4　数据流分析

视频讲解

数据流分析是一项编译时使用的技术，它能从程序代码中收集程序的语义信息，并通过代数的方法在编译时确定变量的定义和使用。通过数据流分析，可以不必实际运行程序就能够发现程序运行时的行为，这样可以帮助理解程序。数据流分析被用于解决编译优化、程序验证、调试、测试、并行、向量化和串行编程环境等问题。

数据流测试用于分析程序中的数据流,它是收集有关变量如何在程序中流动数据的信息的过程,它尝试获取过程中每个特定点的特定信息。数据流测试是一组测试策略,用于检查程序的控制流,以便根据事件的顺序探索变量的顺序。它主要关注于分配给变量的值的点、以及通过集中于两个点使用这些值的点,从而可以测试数据流。

1. 数据流分析的相关概念

数据流指的是数据对象的顺序和可能状态的抽象表示。数据对象的状态可以是创建/定义(Creation/Defined)、使用(Use)和清除/销毁(Killed/Destruction)。数据值的变量存在从创建、使用到销毁的一个完整状态。编码错误导致的变量赋值错误检查是发现代码缺陷或错误的一种有效方法。实际上,该方法可认为是路径测试的"真实性"检查,是对基于路径测试的一种改良。

数据流分析包括过程内的和过程间的数据流分析。常见的过程内数据流问题包括到达定值,活跃使用,可用表达式和频繁使用。过程间数据流问题包括形式边界集合,变量的别名使用和变量被修改和可能被修改。另外,过程内的数据流问题在过程间数据流分析中也会出现。

数据流分析的作用是测试变量设置点和使用点之间的路径。这些路径也称为"定义-使用"对或"设置-使用"对。通过数据流分析而生成的测试集可用来获得针对每个变量的"定义-使用"对的100%覆盖。但是,要追踪整个程序代码中的每个变量的设置和使用时,并不需要在测试时考虑被测对象的控制流。

数据流分析与路径测试的区别在于:路径测试基本上是从控制流图的角度来分析的,而数据流测试则是利用了变量之间的关系,通过定义-使用和程序片,得到一系列的测试指标用于衡量测试的覆盖率。

数据流分析使用控制流图来检测可能中断数据流的不合逻辑的事物。由于以下原因,在值和变量之间关联时会检测到数据流异常。

- 变量被定义,但从来没有使用(引用)。
- 所使用的变量没有被定义。
- 变量在使用之前被定义多次。

数据流测试用作路径测试的"真实性检查",包括"定义/使用"测试和"基于程序片"的测试两种形式。

2. 定义-使用测试

数据流分析以对数据的不正确处理作为出发点。站在程序数据流视角,程序是一个程序元素对数据访问的过程。数据流关系即为数据"定义-使用"对,使用程序图来描述数据"定义-使用"对。

程序数据流图类似于控制流图,描述了测试对象代码的处理过程。同时也详细描述了代码中变量的创建、使用和撤销的状态。通过检查数据流图来验证测试对象代码中每个变量的状态组合是否正确。

因为程序内的语句因变量的定义和使用而彼此相关,所以用数据流测试方法能有效地发现软件缺陷。数据流测试按照程序中的变量定义和使用的位置来选择程序的测试路径。

数据流测试关注变量接收值的点和使用这些值的点。一种简单的数据流测试策略是要求覆盖每个定义-使用路径一次。

这里做如下定义。

1) 程序数据流图

程序数据流图的构造方式同控制流图,节点是语句或语句的一部分,边表示语句的控制流程;单出口,且不允许从某个节点到其自身的边。其中:

$G(P)$ 为程序数据流图;

P 代表程序;

V 表示一组程序变量,即变量集合;

P 的所有路径集合为 $\text{PATH}(P)$。

2) 定义节点(DEF(v,n))

节点 $n \in G(P)$ 是变量 $v \in V$ 的定义节点,当且仅当变量 V 的值由对应节点 n 的语句片段处定义。输入、赋值、循环语句与过程调用都是节点定义的实例。如果执行了定义这种语句的节点,那么与该变量关联的存储单元的内容就会改变。

3) 使用节点(USE(v,n))

节点 n 是变量 V 的使用节点,当且仅当变量 V 的值在对应节点 n 的语句片段处使用。输入、赋值、条件、循环控制语句、过程调用,都是使用节点语句实例。如果执行对应这种语句的节点,那么与该变量关联的存储单元的内容就保持不变。

4) 谓词使用(P-use)和计算使用(C-use)

使用节点 USE(v,n) 是一个谓词使用,当且仅当语句 n 是谓词语句(条件判断语句中),记为 P-use;否则,USE(v,n) 是计算使用(计算表达式中),记为 C-use。

对应谓词使用的节点的外度 $\geqslant 2$,对应计算使用的节点的外度 $\leqslant 1$。

【例 7.1】 变量的定义和使用。

(1)

```
a = b;
DEF(1) = {a}
USES(1) = {b}
```

(2)

```
a = a + b;
DEF(1) = {a}
USES(1) = {a,b}
```

5) 定义-使用路径(du-path)和定义-清除路径(dc-path)

关于变量 V 的定义:使用路径是 $\text{PATHS}(P)$ 中的路径,使得对某个 $v \in V$,存在定义和使用节点 DEF(v,m) 和 USE(v,n),使得 m 和 n 是该路径的最初和最终节点。

关于变量 V 的定义:清除路径是具有最初和最终节点 DEF(v,m) 和 USE(v,n) 的 $\text{PATH}(P)$ 中的路径,使得该路径中没有其他节点是 V 的定义节点。

定义-使用路径的定义:清除路径描述了从值被定义的点到值被使用的点的源语句的数据流。不是定义清除的定义-使用路径,是潜在有问题的地方。

3. 定义-使用路径测试覆盖指标

定义-使用路径测试提供一种检查缺陷可能发生点的严格并系统化的方法。结合数据流图,找出所有变量的定义-使用路径,考察测试用例对这些路径的覆盖程度,就可以作为衡量测试效果的参考。这种程序分析的核心就是 Rapps-Weyuker 数据流覆盖指标,即 Rapps和 Weyuker 所定义的一组基于数据流的测试路径覆盖指标。数据流指标假设所有程序变量都标识了定义节点和使用节点,且关于各变量都标识了定义-使用路径。

Rapps-Weyuker 数据流覆盖层次结构图如图 7.5 所示。这个数据流覆盖指标层次结构图描述了数据的"定义-使用"对,找出所有变量的定义-使用路径情况。实际上,这是变量的定义-使用路径情况的检查结构。当每个层次结构都检查完成,则表明针对变量的定义-使用路径达到 100% 的覆盖。定义-使用路径是一组定义所得到的测试指标,包括全路径、全定义-使用路径、全使用、全计算使用/部分谓词使用、全谓词使用/部分计算使用、全定义、全谓词使用、全边、全节点。

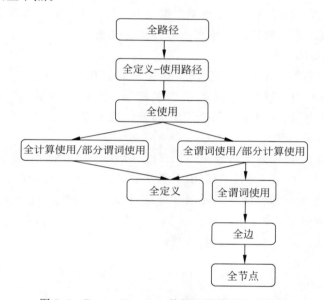

图 7.5 Rapps-Weyuker 数据流覆盖层次结构图

在以下定义中,T 是拥有变量集合 V 的程序 P 的程序图 $G(P)$ 中的一个路径集合,并且假设定义-使用路径都是可行的。

P:程序。

$G(P)$:程序图。

V:变量集合。

T:$G(P)$ 中的一个路径集合。

1) 全定义覆盖准则

集合 T 满足程序 P 的全定义准则,当且仅当所有变量 $v \in V$,T 包含从 V 的每个定义节点到 V 的一个使用的定义清除路径。

2) 全使用覆盖准则

集合 T 满足程序 P 的全使用准则,当且仅当所有变量 $v \in V$,T 包含从 V 的每个定义

节点到 V 的所有使用以及到所有 $USE(v,n)$ 后续节点的定义清除路径。

3) 全谓词使用/部分计算使用覆盖准则

集合 T 满足程序 P 的全谓词使用/部分计算使用准则,当且仅当所有变量 $v \in V$,T 包含从 V 的每个定义节点到 V 的所有谓词使用的定义清除路径,且若 v 的一个定义没有谓词使用,则定义清除路径导致至少一个计算使用。

4) 全计算使用/部分谓词使用覆盖准则

集合 T 满足程序 P 的全计算使用/部分谓词使用准则,当且仅当所有变量 $v \in V$,T 包含从 V 的每个定义节点到 V 的所有计算使用的定义清除路径,且若 v 的一个定义没有计算使用,则定义清除路径导致至少一个谓词使用。

5) 全定义-使用路径覆盖准则

集合 T 满足程序 P 的全定义-使用路径准则,当且仅当所有变量 $v \in V$,T 包含从 V 的每个定义节点到 V 的所有使用,以及到所有 $USE(v,n)$ 后续节点的定义清除路径,且这些路径要么有一次的环经过,要么没有环路。

4. 定义-使用测试的例子

【例 7.2】 某片段程序如下,对其进行数据流分析,写出变量 a 的定义-使用路径,并判断是否为定义-清除路径。

程序代码如下。

视频讲解

```
1  a = 5;                    //定义 a
2  While(C1) {
3      if(C2) {
4          b = a * a;        //使用 a
5          a = a - 1;        //定义且使用 a
6      }
7      print(a);             //使用 a
8  }
```

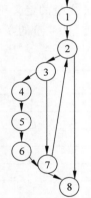

图 7.6 程序数据流图

以上程序对应的程序数据流图,如图 7.6 所示。根据程序的数据"定义-使用"对,找出所有变量的"定义-使用"路径,可得到变量 a 和 b 的定义-使用节点,如表 7.7 所示。变量 a 的定义-使用路径及是否为定义-清除路径,如表 7.8 所示。

表 7.7 定义-使用节点

变量	定义节点	使用节点
a	1,5	4,5,7
b	4	无

表 7.8 变量 a 的定义-使用路径

变量	路径(开始、结束)节点	du-path	dc-path
a	1,4	1-2-3-4	是
	1,5	1-2-3-4-5	否
	1,7	1-2-3-4-5-6-7	否
	5,7	5-6-7	是

【**例 7.3**】 对下列程序进行数据流分析。

程序代码如下。

```
1  long Add( int a, int b, int c )
2  { a = x + a;
3    while(a < 1000){
4      if(b < 10 || a > 5){
5        x = y + b;
       }
     else{
6        y = y + a;
       }
7      y = x + y;
     }
8    return c; }
```

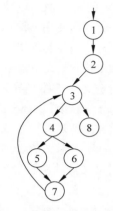

图 7.7　程序的数据流图

程序的数据流图，如图 7.7 所示。变量的定义-使用情况，详见表 7.9。这里主要分析该程序的变量的定义-使用情况，包括引用未定义的变量，所使用变量未被定义，找出循环内定义的变量，变量的赋值。

表 7.9　变量的定义和使用

节　点	被定义变量	被使用变量
1	a、b、c	
2	a	x、a
3		a
4		a、b
5	x	y、b
6	y	y、a
7	y	x、y
8		c

5. 基于程序片的测试

基于程序片的测试，其基本思想是把程序分成具有某种（功能）含义的组件，保留程序中和所关心的变量 v 相关的语句，排除无关的内容，能更准确地描述要测试的程序部分。

程序片是确定或影响某变量在程序某点上的取值的一组程序语句。

给定一个程序 P 和 P 中的一个变量集合 V，V 在 n 上的一个片，记作 $S(V,n)$，是 P 中对 V 中的变量值做出"操作"的所有语句集合。

给定一个程序 P 和一个给出语句及语句片段编号的程序图 $G(P)$，以及 P 中的一个变量集合 V，V 在 n 上的一个片，记作 $S(V,n)$，是 P 中对 V 中的变量值做出贡献的所有语句片段编号的集合。

例如，在节点 n 有个变量 $a = a + b + c$，那么，这里影响 a 的值包括 a、b、c，所以要将在节点 n 前影响到值 a、b、c 三个变量的所有节点都考虑进来。若出现了一个常量语句，如 $b = 1230$，即说明对 b 已经没有影响了。

程序片的一个最大使用点是用来排除程序片段是否存在问题。例如，现在有两个程序片 p1、p2。一个是第 8 行的 v，一个是第 10 行的 v，假设第 8 行和第 10 行之间没有任何常量对 v 进行赋值，那么 p2 ＝(p1,9,10)，这里假设第 9 行和第 10 行影响了 v 值，那么如果第 8 行之前的程序片 p1 中的变量 v 没有发生问题，而第 10 行的程序片 p2 出现了问题，那么变量 v 的异常必定在 p2～p1 这段程序片上。因此程序片能够很快定位出异常在哪里。

数据流能方便地描述程序的部分片段的结构，定义-使用路径具有和程序片相似的性质，如果 p1 是包含 p2 的一条定义使用路径，如果 p2 没有出现问题，那么问题必然出现在 p1～p2 这段路径上。程序片与定义-使用路径的一个区别在于程序片并不能很好地反映测试用例，因为程序片是反映局部状况的，而定义-使用路径则是基于路径的，路径是具有结构化性质指标的。

通过程序片分析程序，可将注意力集中到感兴趣的部分，不考虑无关的部分，而定义-使用路径是包含可能没有意思的语句和变量的序列。

数据流测试适用于计算密集的程序，定义-使用路径和程序片的定义，使人们能够准确地描述要测试的程序部分。在控制密集的程序中，若要计算控制变量(谓词使用)，则数据流测试也适用。

6. 数据流分析总结

控制流分析跟踪程序可能执行的路径，数据流分析沿着可能的控制流路径跟踪数据可能的定义和使用，并收集有关特定数据项属性的信息。从根本上来说，数据流分析的目的是确定路径谓词的真或假。路径谓词是一些语句，这些语句表示在程序执行过程中沿着一定的控制流路径发生了什么，在所有这些路径上使用任意或存在量词对语句进行量化。

数据流分析测试是指变量定义(赋值)与使用位置的一种基于程序结构性的测试方法。该分析方法重点关注变量的定义与使用。在选定的一组代码中搜索某个变量所有的定义、使用位置，并检查在程序运行时该变量的值将会如何变化，从而分析是否是 Bug 的产生原因。

数据流分析技术对于分析程序行为来说是一项有力的技术。然而，大量的工作都是相对于顺序化的程序做的，对并发程序的数据流分析的工作很少。因此，数据流技术今后的发展除了要研究出更有效、更准确、更快速的算法外，还要开发出应对并发程序的数据流分析技术。

视频讲解

7.4.5 案例：静态结构分析技术的应用

【问题描述】 研究生招生问题

输入四门成绩 a、b、c、d 分别作为政治、英语、数学和专业课成绩，现通过程序判断四门成绩的分数线分别达到自主招生、统一招生和没有考上三种情况。

现在要求输入四个整数 a、b、c、d，必须满足以下条件。

条件 1：(a＋b＋c＋d)>= 310 && a >= 45 && b >= 45 && c >= 75

条件 2：(a＋b＋c＋d)>= 256 && a >= 32 && b >= 32 && c >= 56

条件 3：(a＋b＋c＋d)> 0 && (a＋b＋c＋d)< 500

【要求】

(1) 对研究生招生问题进行程序设计。

（2）对程序进行静态结构(控制流)分析。

（3）计算环形复杂度。

（4）给出程序的独立路径集合。

（5）设计测试用例。

【解决问题】

1. 设计程序

主要代码如下。

```
1    # include < iostream >
2    using namespace std;
3    int main()
4    {   int a = 0,b = 0,c = 0,d = 0;
5      while(true){
6        cout <<" 请输入各科成绩: "<< endl;
7        cout <<" 政治: "<< endl;
8        cin >> a;
9        cout <<" 英语: "<< endl;
10       cin >> b;
11       cout <<" 数学: "<< endl;
12       cin >> c;
13       cout <<" 专业课: "<< endl;
14       cin >> d;
15       if( (a + b + c + d) > 0 && (a + b + c + d) < 500 )
16       {
17         if( a > 100 || b > 100 || c > 150 || d > 150 )
18         {
19           cout <<"输入错误! "<< endl;
20           continue;
21         }
22         if( (a + b + c + d) > = 310 && a > = 45 && b > = 45 && c > = 75 )
23         {
24           cout <<"您达到自主招生规范! "<< endl;
25         }
26         else if( (a + b + c + d) > = 256 && a > = 32 && b > = 32 && c > = 56) )
27         {
28           cout <<"您符合统一招生规范! "<< endl;
29         }
30         else
31         {
32           cout <<"您没有考上! "<< endl;
33         }
34       }
35       else
36       {
37         cout <<"输入错误!请重新输入! "<< endl;
38         continue;
39       }break; }
40   return 0; }
```

2. 绘制程序流程图

根据代码绘制程序流程图,如图7.8所示。

3. 绘制程序控制流图

依据程序流程图绘制的程序控制流图,如图7.9所示。

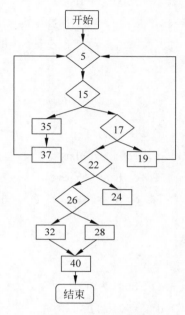

图 7.8 程序流程图

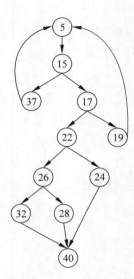

图 7.9 程序控制流图

4. 计算环形复杂度

(1) 图中区域的个数为5。

(2) $V(G) = E - N + 2 = 14 - 11 + 2 = 5$。

(3) $V(G) = P + 1 = 4 + 1 = 5$。

3种方法计算得到的环形复杂度均为5,则构成基本路径的独立路径应该有5条,程序的复杂度为5。

5. 计算独立路径集合

根据上面的计算方法,可得出以下5条独立路径。

路径1:5-15-17-22-26-32-40

路径2:5-15-17-22-26-28-40

路径3:5-15-17-22-24-40

路径4:5-15-17-19-5-15-17-22-24-40

路径5:5-15-37-5-15-17-22-24-40

根据上面的独立路径,去设计输入数据,使程序分别执行到上面5条路径。

6. 设计测试用例

为了确保基本路径集中的每一条路径的执行,根据判断节点给出的条件,选择适当的数据以保证某一条路径可以被测试到，满足上面例子基本路径集的测试用例如下。

路径 1：5-15-17-22-26-32-40

输入数据：a＝30，b＝40，c＝60，d＝60

((a＋b＋c＋d)>0 &&(a＋b＋c＋d)< 500)为 True

(a > 100 ‖ b > 100 ‖ c > 150 ‖ d > 150)为 False

((a＋b＋c＋d)>=310 && a >=45 && b >=45 && c >=75)为 False

((a＋b＋c＋d)>=256 && a >=32 && b >=32 && c >=56))为 False

预期结果：您没有考上！

路径 2：5-15-17-22-26-28-40

输入数据：a＝60，b＝60，c＝60，d＝80

((a＋b＋c＋d)>0 &&(a＋b＋c＋d)< 500)为 True

(a > 100 ‖ b > 100 ‖ c > 150 ‖ d > 150)为 False

((a＋b＋c＋d)>=310 && a >=45 && b >=45 && c >=75)为 False

((a＋b＋c＋d)>=256 && a >=32 && b >=32 && c >=56))为 True

预期结果：您符合统一招生规范！

路径 3：5-15-17-22-24-40

输入数据：a＝80，b＝80，c＝80，d＝80

((a＋b＋c＋d)>0 &&(a＋b＋c＋d)< 500)为 True

(a > 100 ‖ b > 100 ‖ c > 150 ‖ d > 150)为 False

((a＋b＋c＋d)>=310 && a >=45 && b >=45 && c >=75)为 True

预期结果：您达到自主招生规范！

路径 4：5-15-17-19-5-15-17-22-24-40

第一次输入数据：a＝101，b＝60，c＝60，d＝80

((a＋b＋c＋d)>0 &&(a＋b＋c＋d)< 500)为 True

(a > 100 ‖ b > 100 ‖ c > 150 ‖ d > 150)为 True

第一次预期结果：输入错误！

第二次输入数据：a＝80，b＝80，c＝80，d＝80

((a＋b＋c＋d)>0 &&(a＋b＋c＋d)< 500)为 True

(a > 100 ‖ b > 100 ‖ c > 150 ‖ d > 150)为 False

((a＋b＋c＋d)>=310 && a >=45 && b >=45 && c >=75)

为 True

第二次预期结果：您达到自主招生规范！

路径 5：5-15-37-5-15-17-22-24-40

第一次输入数据：a＝0，b＝0，c＝0，d＝0

((a＋b＋c＋d)>0 &&(a＋b＋c＋d)< 500)为 False

第一次预期结果：输入错误！请重新输入！

第二次输入数据：a＝80,b＝80,c＝80,d＝80

$$((a+b+c+d)>0 \ \&\& \ (a+b+c+d)<500) 为 True$$
$$(a>100 \ || \ b>100 \ || \ c>150 \ || \ d>150) 为 False$$
$$((a+b+c+d)>=310 \ \&\& \ a>=45 \ \&\& \ b>=45 \ \&\& \ c>=75)$$
为 True

第二次预期结果：您达到自主招生规范!

案例介绍了运用静态结构分析方法进行静态测试的过程：先设计程序的算法,再设计程序流程图,然后将程序流程图转换为程序控制流图,计算程序复杂度和独立路径,最后设计测试用例,进行测试。

7.5 软件静态质量度量

有了严格的评审、代码检查(依据编码规范)和静态分析,只能算是万里长征迈出了第一步,要提高软件的可重用性以及软件的可维护性,还需要进一步的努力,即静态质量度量。静态质量度量所依据的标准是 ISO 25010。以 ISO 25010 质量模型为基础,可以构造质量度量模型。具体到静态测试,这里主要关注的是可维护性。

静态分析可以应用在很多方面以提高代码、架构和网站的维护性。

一方面,低质量、未加注释及没有结构的代码往往很难维护。开发人员需要更多的精力来定位和分析代码中的缺陷。而且,修改代码以更正缺陷或添加新功能可能进一步引入缺陷。静态分析在支持工具的帮助下,可以通过验证代码是否遵守代码标准和指导方针来提高代码的维护性。这些标准和指导方针描述了所需的编码实践,如命名规范、注释、缩进和代码模块化。

另一方面,模块化设计通常会使代码更可维护。静态分析工具通过以下几种方式来支持模块化代码的开发。

- 寻找重复的代码,这部分代码可能可以进行重构。
- 生成能测量代码模块化的价值指数的标准,包括耦合和内聚的测量标准,一个有着良好维护性的系统更可能有低耦合值(在执行过程中,模块之间的依赖程度)及高内聚值(一个模块独立和关注单一任务的程度)。
- 在面向对象的代码中,哪些派生对象可能有太多或太少的父类可视性。
- 代码或构架中具有高度结构复杂度的区域,经常被看作是维护性差和高潜在失效的标志。圈复杂度的可接受级别可以在指导方针中加以具体说明,从而确保在注意维护性和缺陷预防前提下,用模块化的方式进行代码开发。高圈复杂度的代码可能需要进行模块化的优化操作。

要衡量软件的可维护性,可以从四个方面去度量,即可分析性(Analyzability)、可改变性(Changeability)、稳定性(Stability)以及可测试性(Testability)。具体到软件的可测试性怎么去衡量,又可以从三个度量元去考虑,如圈复杂度、输入、输出的个数等。圈复杂度越大,说明代码中的路径越多,路径越多,意味着测试需要写更多的测试用例；输入和输出的个数同样的道理。在具体的实践中,专门的质量度量工具是必要的。没有工具的支持,这一步很难只靠人工完成。在这个阶段,比较专业的工具有 Testbed、Logiscope 等。

这里以 Testbed 工具为例,说明 Testbed 工具对软件静态质量度量的支持。

1. 编程标准

编程标准验证是高可靠性软件开发不可缺少的软件质量保证方法,使用 Testbed 自动地验证应用软件是否遵循了所选择的编程规则。编程规则由软件项目管理者根据自身项目的特点并参考现有的成熟的软件编程标准制定,依据此规则搜索应用程序,并判断代码是否违反所制定的编程规则。Testbed 报告所有违反编程规则的代码并以文本方式或图形反标注的方式显示。测试人员或编程人员可根据显示的信息对违反编程规则的代码进行修改。

2. 静态数据流分析

Testbed 分析软件中全局变量、局域变量及过程参数的使用状况,并以图形显示、HTML 或 ASCII 文本报告方式表示,清晰地识别出变量使用引起的软件错误,此种方法既可使用于单元级,也可使用于集成级、系统级。

3. 信息流分析

信息流是在数据流分析基础上对数据变量之间的关系做进一步分析,此分析方法已列入高可靠性软件测试标准。

4. 软件度量分析、质量标准验证

对于软件开发工程师、项目负责人及高级管理者来说,软件质量的管理与监控是非常困难且费时的。Testbed 使得管理者很容易地收集正在开发的软件系统的相关信息并判断软件是否满足软件质量标准要求,从而达到对软件项目的质量跟踪与控制,用户可基于现行软件标准自行定义适合本系统或项目的软件质量模型。

Testbed 支持下列主要软件度量元分析:控制流节点度量(Control Flow Knots)、LCSAJ 密度度量(LCSAJ Density)、扇入/扇出度量、循环深度度量,McCabe 圈复杂度、Halstead 软件科学度量、McCabe Essential 复杂度、注释行度量、代码可达性度量,等等。

7.6 本章小结

静态测试的基本内容主要包括各阶段的评审、代码检查、静态结构分析、软件静态质量度量等。其中,评审通常由人来执行;代码检查、静态结构分析、软件质量度量等既可人工完成,也可用工具来完成。

静态测试应从项目立项即开始测试,熟悉业务流程和背景,准备好产品说明书,审查和测试同类软件,静态测试始终贯穿整个项目。

评审是软件开发周期早期常用的一种人工分析方式。一个典型的正式评审过程由计划、评审启动会、独立评审、事件交流和评审、修正和报告、跟踪等主要阶段构成。典型的正式评审包含作者、管理者、评审会主持人、评审组长、评审员及记录员等主要角色。每个角色的主要职责因评审类型而异。对于不同工作产品的评审,参与评审的人员也可能不同。

静态测试的核心基本内容是代码检查。代码检查包括桌面检查、代码审查、代码走查和代码技术评审等多种形式。文中以某公司信息技术中心网站技术部的代码审查规范为例,为读者实施代码检查工作提供参考。

在静态分析初期,通常使用静态分析工具对程序代码执行规范性检查,然后再进行代码静态结构分析。控制流分析和数据流分析是常用的静态分析技术。

控制流分析常用于程序分析及程序的设计优化工作。文中以一个普通复杂逻辑的程序为例,介绍程序控制流图的绘制方法,并得到对应的控制流图矩阵。进一步,以程序控制流图为基础,输出独立程序路径和基本路径集合,计算程序的环形复杂性,对测试对象的结构复杂性进行度量。最后,以"研究生招生问题"为例介绍控制流分析这种静态分析技术的实际应用。

数据流分析用于分析程序中的数据流,收集有关变量如何在程序中流动数据的信息,尝试获取过程中每个特定点的特定信息。文中以两个例题介绍依据程序代码绘制程序数据流图的方法,并对变量的定义和使用情况进行了分析。

有了严格的评审、代码检查和静态分析,只能算是万里长征迈出了第一步,要提高软件的可重用性以及软件的可维护性,还需要进一步的努力,即依据质量模型对软件产品进行静态质量度量。

第8章

软件测试设计技术

实际软件测试根据测试需求可将策略与方法分成两大测试策略：黑盒测试与白盒测试。基于经验（直觉）的测试用例设计方法是系统化测试的补充，能发现运用系统化方法测试不能或没有发现的一些缺陷或错误。基于经验的测试既非纯粹黑盒测试也不完全属于白盒测试范畴，因为在应用时并不需要程序规格说明和源程序代码。另外，基于缺陷的测试设计技术是以发现的缺陷类型为基础，根据已知的缺陷类型来系统地获取测试用例的技术。这一章将重点介绍这几类常用的软件测试设计技术。

8.1　黑盒测试技术（基于规格说明的测试技术）

黑盒测试技术（也称为行为的或基于规格说明的技术）基于对测试依据的分析（例如，正式需求文档、说明、用例、用户故事或业务流程），如图 8.1 所示。这些技术适用于功能和非功能测试。黑盒测试技术关注测试对象的输入和输出，而不考虑其内部结构。

图 8.1　黑盒测试

黑盒测试试图发现这些类型的错误：功能错误或遗漏、界面错误、数据结构或外部数据库访问错误、性能错误、初始化和终止错误。黑盒测试技术的共同特点包括：测试条件、测试用例和测试数据的获取源自测试依据，可能包括软件需求、说明、用例和用户故事；测试用例可用于检查需求和需求实现之间的差距，以及来自需求的偏差；覆盖度量的依据是已测试的项和应用到测试依据的技术。

视频讲解

8.1.1　等价类划分法

等价类划分法（Equivalence Class Testing）是一种典型的黑盒测试方法。该方法根据程序功能规格说明进行测试用例设计并对输入和输出做不同对待与处理。等价类测试方法是把所有可能的输入数据,即程序的输入域划分成若干部分,然后从每一部分中选取少数有代表性的数据作为测试用例。使用等价类划分方法设计测试用例要经历划分等价类(列出等价类表)和选取测试用例两步,它将不能穷举的测试过程进行合理分类,从而保证设计出来的测试用例具有完整性和代表性。

等价类划分可以大大降低测试用例个数,有效地处理测试软件的输入、输出、内部值和时间相关值。划分用来创建等价类(通常称作等价类划分),等价类划分将数据分成不同的组,软件会用相同的方式处理同组内的任何数据。假定要覆盖同一等价类中的所有数据,只需从这些数据中选取一个代表值。这种技术可以发现在处理不同数据时的功能缺陷。

等价区间:若(A,B)是命题$f(x)$的一个等价区间,在(A,B)中任意取x_i进行测试。如果$f(x_i)$错误,那么$f(x)$在整个(A,B)区间都将出错;如果$f(x_i)$正确,那么$f(x)$在整个(A,B)区间都将正确。

据此原则而设计的测试方法称为等价测试。等价类划分法的技术基础是等价测试原理。

等价类划分法把程序输入域划分为若干部分,然后从每个部分中选取少量代表性数据作为测试用例(数据),而每一测试数据对于揭露程序中的缺陷或错误均为等效,并做合理假定:采用等价类中的某任意值进行测试,就等同于用该类中所有值的测试,即如果某等价类中的一个测试用例检测出了缺陷或错误,那么这一等价类中的其他测试用例也能发现同样问题。反之,如某一等价类中没有一个测试用例能够检测出缺陷或错误,则这类中的其他测试用例也不会检测出问题(除非该类中某些测试用例又属于另一个等价类)。

应用等价类划分测试可大幅减少测试用例数量,事半功倍,并能满足测试充分性,取得完备测试结果。

等价类划分可有两种不同的情况:有效等价类和无效等价类。有效等价类是指对于程序的需求规格说明来说是合理的,有意义的输入数据构成的集合。利用有效等价类可检验程序是否实现了规格说明中所规定的功能和性能(确认过程)。无效等价类(与有效等价类的定义恰巧相反)是指对于程序的需求规格说明来说是不合理的,无意义的输入数据构成的集合。利用无效等价类可检验程序对于无效数据的异常处理能力(检验过程)。

等价类划分原则如下。

• 输入条件指定是在一个连续范围的值则划分一个有效等价类及两个无效等价类。

例如,某个参数值的输入值的有效范围是 3000.00～8500.00(精确到小数点后两位),如图 8.2 所示。

有效等价类:{3000.00 <=参数值 <=8500.00}。

无效等价类:{参数值 < 3000.00},{参数值 > 8500.00}。

←— 2999.99	3000.00～8500.00	8500.01 —→
无效	有效	无效

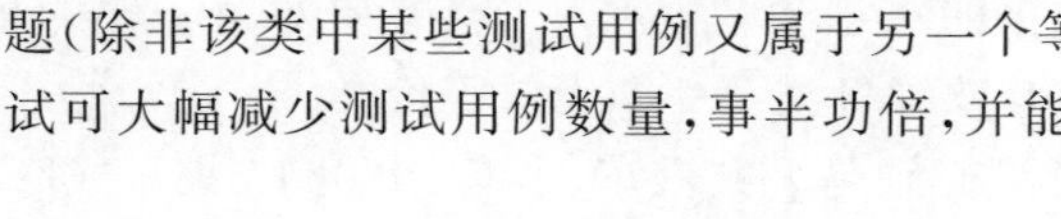

图 8.2 连续值的等价类划分

• 输入条件指定的是在一个离散(不连续的)范围的可允许的离散值则划分一个有效等价类及两个无效等价类。

例如,某个保险程序的某项输入数据是 18~70 的整数值,则可做如下划分,如图 8.3 所示。

有效等价类:{18<=数据值<=70}。

无效等价类:{数据值<18},{数据值>70}。

图 8.3　离散值的等价类划分

- 输入条件规定了输入值的集合或规定了"必须如何"的条件情形下则可划分一个有效等价类和一个无效等价类。

例如,购买汽车的客户(申请者)必须是个人身份,如图 8.4 所示。

有效类:{个人}。

无效类:{公司,房屋,…,其他,…}。

图 8.4　集合的等价类划分

输入条件为一个布尔量的情况下可确定一个有效等价类和一个无效等价类。

例如,程序输入条件 x 为 BOOL 型数据,则有效等价类为 x=true 或 x=false。

一个无效等价类:除了 true 和 false 之外的值。

- 在规定了输入数据的一组值(假定 N 个)并要对每一输入值进行分别处理的情形下,可确立 N 个有效等价类及一个无效等价类。

例如,交通工具的类型必须是公共汽车、卡车、出租车、火车或摩托车,则

N 个有效等价类:公共汽车、卡车、出租车、火车、摩托车。

一个无效等价类:除此之外的,如拖车等。

- 规定了输入数据必须遵守某规则情形下可确立一个有效等价类(符合规则)及若干个无效等价类(违反规则)。

例如,在某个输入条件说明了一个必须成立的情况(如输入数据必须是数字)下,可划分一个有效等价类(输入数据为数字)及一个无效等价类(输入数据为非数字)。

- 按照数值集合划分。如规格说明规定了输入值的集合,则可确定一个有效等价类(该集合有效值之内)和一个无效等价类(该集合有效值之外)。

例如,若要求"标识符应以字母开头",则"以字母开头"为有效等价类;若"以非字母开头"则为无效等价类。

在利用等价类划分法设计测试用例时应注意以下几点。

- 利用对等区间划分选择测试用例为每一等价类规定唯一编号。
- 设计一个新的测试用例使其尽可能多地覆盖尚未覆盖的有效等价类。
- 重复这一步骤直到所有有效等价类都被覆盖为止。
- 设计一新的测试用例,使其仅覆盖一个无效等价类,重复这一步骤直到所有无效等价类都被覆盖为止。
- 等价类划分通过识别多个相等的输入条件极大降低测试用例数量。
- 等价类划分法测试用例均为单输入条件不能解决输入条件出现组合时测试的情形。

• 确知已划分的等价类中各元素在处理中的方式不同时应将该等价类划分为更小等价类。

设计测试用例时,要同时考虑这两种等价类。因为,软件不仅要能接收合理的数据,也要能经受意外的考验。这样的测试才能确保软件具有更高的可靠性。等价类测试分为标准等价类测试和健壮等价类测试。现以两输入变量 x1、x2 程序 F 为例说明。现定义 x1 和 x2 范围取值为:a≤x1≤d,e≤x2≤g,x1,x2 无效等价类分别为:x1<a,x1>d 和 x2<e,x2>g。

(1) 标准等价类测试:不考虑无效数据值,测试用例使用每个等价类中的某一个值(图 8.5)。通常标准等价类测试用例数量和最大等价类中元素数目相等。

(2) 健壮等价类测试:主要出发点是不仅关注等价类,同时也关注无效等价类。对有效输入,测试用例从每个有效等价类中取一个值;对无效输入,测试用例取一个无效值,其他值均取有效值(图 8.6)。健壮等价类测试需注意,规格说明往往没有定义无效测试用例的期望输出应该是什么。因此,需定义这些测试用例的期望值。

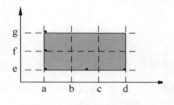

图 8.5 标准等价类测试

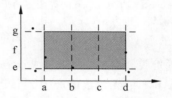

图 8.6 健壮等价类测试

等价类划分法将被测对象的输入或输出划分成一些区间,对一个特定区间的任何值均视为等价。该方法假定位于单个区间的所有值对测试均为等价,因此选择每个区间的某个特定值设计测试用例。该方法能减少测试设计、实施和执行的时间,提高测试效率。

【例 8.1】 计算平方根函数的测试用例区间,有 2 个输入区间和 2 个输出区间。可用 2 个测试用例来测试 4 个区间,如表 8.1 所示。

表 8.1 平方根函数

输 入 分 区		输 出 分 区	
i	<0	a	>0
ii	≥0	b	Error

测试用例 1:

输入 4,返回 2   //区间 ii 和 a

测试用例 2:

输入 −10,返回 0,输出"Square root error - illegal negative input" //区间 i 和 b

例 8.1 中等价类划分法很简单。当软件更加复杂时对等区间确定和区间之间的相互依赖就越多,使用对等区间划分设计测试用例的难度会增加。对等区间划分基本为正面测试技术,需使用负面测试补充。

等价类划分测试用例设计步骤如下。

(1) 划分等价类后,建立等价类表,并为每一个等价类规定唯一的编号。

(2) 设计一个测试用例,使其尽可能多地覆盖尚未被覆盖的有效等价类,重复这一步骤,直到所有的有效等价类都被覆盖为止。

（3）设计一个新的测试用例，使其仅覆盖一个尚未被覆盖的无效等价类，重复这一步骤，直到所有的无效等价类都被覆盖为止。（用单个测试用例覆盖无效等价类，是因为某些特定的输入错误会屏蔽或取代其他输入错误检查。）

下面是一个用等价类划分法设计测试用例的实例。

【例 8.2】 对三角形组成问题程序进行测试设计，采用等价类划分法。

输入条件：三个边长数（设定为 1～100 的整数），两边之和必须大于第三边。

分析：三角形组成有四种可能的情形（输出）：等边、等腰、一般三角形及不能组成。

多数情况下是从输入域划分等价类，但并非不能从被测程序输出域反过来定义等价类。事实上，对三角形问题是最简单划分法。

确定下列输出（值域）等价类：

R1 = {<a,b, c>: 边为 a,b,c 的等边三角形}
R2 = {<a,b, c>: 边为 a,b,c 的等腰三角形}
R3 = {<a,b,c>: 边为 a,b,c 的一般三角形}
R4 = {<a,b, c>: 边为 a,b,c 不能组成三角形}

用标准等价类和健壮类等价类划分法设计测试用例的等价类表，设计覆盖等价类的测试用例。取 a,b,c 的无效数值产生 7 个健壮等价类测试用例，如表 8.2 及表 8.3 所示。

表 8.2   4 个标准等价类测试用例

测试用例	a	b	c	预期输出
Test1	10	10	10	等边三角形
Test2	10	10	5	等腰三角形
Test3	3	4	5	一般三角形
Test4	4	1	2	非三角形

表 8.3   7 个健壮等价类测试用例

测试用例	a	b	c	预期输出
Test1	5	6	7	一般三角形
Test2	−1	5	5	a 值超出输入值定义域
Test3	5	−1	5	b 值超出输入值定义域
Test4	5	5	−1	c 值超出输入值定义域
Test5	101	5	5	a 值超出输入值定义域
Test6	5	101	5	b 值超出输入值定义域
Test7	5	5	101	c 值超出输入值定义域

这种技术可以用于任何测试级别，当程序会采用同样方式处理待测数据集合中的任何一个数据，而这些数据是相互独立的时候尤其适用。也可简单划分有效等价类和无效等价类（数据对被测软件来说是无效的）。这种技术与边界值分析结合，测试数据扩展包含等价类的边界值之后威力更强。这种技术普遍用于新版本或新发布的冒烟测试，因为它可以快速确定基本功能是否工作。如果假设不当，等价类中数据的处理方式不完全一样，采用这样的技术可能会遗留缺陷，所以小心划分等价类非常重要。例如，输入可为正数，也可为负数的时候，最好将正数、负数划为两个不同的等价类，因为计算机对正数负数的处理有可能不

同。根据是否允许零,还有可能增加一个等价类。理解隐含的处理方式以更好地划分等价类对测试人员很重要。

该技术的覆盖率等于有被测代表值的等价类个数除以总的识别出的等价类个数。测试前定义覆盖率作为测试活动是否充分的标准及测试执行后判断测试强度是否达到要求的一个指标。覆盖率决定测试完备性。测试同一等价类的多个代表值不会增加测试覆盖率。

等价类划分覆盖率=(执行的等价类数量/总共划分确定的等价类数量)×100%

8.1.2 边界值分析法

视频讲解

如果在悬崖峭壁边可以自信地安全行走,平地就不在话下了。如果软件在能力达到极限时能够运行,那么在正常情况下一般也就不会有什么问题。边界条件是特殊情况,因为编程从根本上说不怀疑边界有问题。程序在处理大量中间数值时都是对的,但是可能在边界处出现错误。

边界值分析法就是对输入或输出的边界值进行测试的一种黑盒测试方法,主要用于测试有序等价类边界上的数据。有以下两种边界值分析法。

(1)二值测试法:取一个边界值(正好在边界上的值),一个刚刚超过边界的值(可能的最小增幅)。例如,如果等价类的值域是1~10,步长是0.5,则上界的边界值为10和10.5,下界的边界值为1和0.5。边界定义为等价类值域的最大值和最小值。

(2)三值测试法:取一个不超过边界、一个在边界上、一个超过边界的值。在上面的例子中,上界为9.5、10和10.5,下界为1.5、1和0.5。

采用二值测试法还是三值测试法取决于被测项的风险大小。风险高的采用三值测试法。

通常边界值分析法是作为等价类划分法的补充,在这种情况下,其测试用例来自等价类的边界。长期的测试工作经验表明,一种常见的错误是发生在输入或输出范围的边界上,而不是发生在输入输出范围的内部。因此针对各种边界情况设计测试用例,可以查出更多的错误。

另一种看起来很明显的软件缺陷来源是当软件要求输入时(如在文本框中),不是没有输入正确的信息,而是根本没有输入任何内容,只按了Enter键。这种情况在产品说明书中常常被忽视,程序员也可能经常遗忘,但是在实际使用中却时有发生。程序员总会习惯性地认为用户要么输入信息,不管是看起来合法的或非法的信息,要么就会选择Cancel放弃输入,如果没有对空值进行好的处理的话,恐怕程序员自己都不知道程序会引向何方。

正确的软件通常应该将输入内容默认为合法边界内的最小值,或者合法区间内的某个合理值,否则返回错误提示信息。因为这些值通常在软件中进行特殊处理,所以不要把它们与合法情况和非法情况混在一起,而要建立单独的等价区间。

用边界值法设计测试用例,应遵循以下几条原则。

- 如果输入条件规定了值的范围,则应取刚达到这个范围的边界的值,以及刚刚超越这个范围边界的值作为测试输入数据。
- 如果输入条件规定了值的个数,则用最大个数、最小个数、比最小个数少1、比最大个数多 1 的数作为测试数据。

- 根据规格说明的每个输出条件,使用前面的原则 1。
- 根据规格说明的每个输出条件,使用前面的原则 2。
- 如果程序的规格说明给出的输入域或输出域是有序集合,则应选取集合的第一个元素和最后一个元素作为测试用例。
- 如果程序中使用了一个内部数据结构,则应当选择这个内部数据结构边界上的值作为测试用例。
- 分析规格说明,找出其他可能的边界条件。

【例 8.3】 设计平方根函数程序的测试用例。

输入等价区间为 $[0,+\infty)$,划分等价类:一个有效等价类,有效区间为 $[0,+\infty)$;一个无效等价类,无效区间为 $(-\infty,0)$;可取 $x=1.8$ 及 $x=-0.2$ 进行等价类测试,边界值为 0,以 $x=0$ 进行边界值的测试。

下面以三角形组成问题程序的边界值测试。

【例 8.4】 三角形组成问题描述中,要求边长为正整数,其输入域边界下限值为 1,上限值为 100。其中,1、2、99、100 为边界值。测试用例如表 8.4 所示。

表 8.4　三角形组成问题测试用例

测试用例	a	b	c	预期输出
Test1	60	60	1	等腰三角形
Test2	60	60	2	等腰三角形
Test3	60	60	60	等边三角形
Test4	50	50	99	等腰三角形
Test5	50	50	100	非三角形
Test6	60	1	60	等腰三角形
Test7	60	2	60	等腰三角形
Test8	50	99	50	等腰三角形
Test9	50	100	50	非三角形
Test10	1	60	60	等腰三角形
Test11	2	60	60	等腰三角形
Test12	99	50	50	等腰三角形
Test13	100	50	50	非三角形

【例 8.5】 在 NextDate() 函数中,规定了变量 month、day、year,其相应的取值范围为:$1 \leqslant month \leqslant 12, 1 \leqslant day \leqslant 31, 2012 \leqslant year \leqslant 2050$,其中,2011、2012、2013、2049、2050、2051 为 year 边界值;-1、1、2、11、12、13 为 month 边界值;-1、1、2、30、31、32 为 day 边界值。测试用例如表 8.5 所示。

表 8.5　NextDate() 函数问题测试用例

测试用例	month	day	year	预期输出
Test1	6	15	2011	输入年份超界
Test2	6	15	2012	2012.6.16
Test3	6	15	2013	2013.6.16

续表

测试用例	month	day	year	预期输出
Test4	2	28	2020	2020.2.29（闰年）
Test5	6	15	2049	2049.6.16
Test6	6	15	2050	2050.6.16
Test7	6	15	2051	输入年份超界
Test8	6	-1	2021	day 超出[1…31]
Test9	2	29	2019	输入日期超界
Test10	6	2	2021	2021.6.3
Test11	6	30	2021	2021.7.1
Test12	6	31	2021	输入日期超界
Test13	7	32	2021	day 超出[1…31]
Test14	-1	15	2021	month 超出[1…12]
Test15	2	27	2021	2021.2.28
Test16	2	28	2021	2021.3.1
Test17	12	30	2021	2021.12.31
Test18	12	31	2021	2022.1.1
Test19	13	15	2021	month 超出[1…12]

边界值分析法与等价类划分的区别在于：边界值分析不是从某个等价类中随便挑一个作为代表，而是使这个等价类的每个边界都要作为测试条件。

该技术可用于任何级别的测试，尤其适用于有序的等价类。要求有序是因为要求在边界上和略超过于边界。例如，一组数字的等价类是有序的，所有矩形组成的等价类是无序的并且没有边界值。除了数字范围之外，边界值分析可以用于：

- 非数值变量的数值特性（如长度）；
- 循环（包括在用例中的循环）；
- 存储的数据结构；
- 物理对象（包括内存）；
- 由时间确定的活动。

只要有数据输出的场景都可以使用边界值分析法，一般边界值分析法和等价类划分法一起使用，形成一套互补的测试方案。找到有效数据和无效数据的分界点（最大值、最小值），对该分界点以及两边的值分别单独进行测试。边界值本质上属于等价类的范畴，但是需要单独测试。

可以进一步优化测试用例：

（1）不同控件的有效等价类或边界值，可以尽可能多地在同一条测试用例测试。不同控件的有效等价类或边界值可以组合以减少测试用例的数量。

（2）在一条测试用例中，开始的时候只测试一个控件的无效等价类或边界值，无效等价类不能组合，避免缺陷屏蔽现象发生。最后考虑不同控件间的无效等价类的组合，测试极端情况下系统的稳定性。

由于该技术的精确性取决于等价类划分的精确性，它的局限和困难与等价类相仿。测试分析师必须注意有效数据和无效数据的增幅以便于精确地定义测试数据。只有有序的等价类可以做边界值分析,但这并不妨碍对某个范围内有效输入的分析。例如,测试电子表格支持的单元格数量,一个包含可以允许的最大单元格数量(边界)的等价类,而另一个等价类则从超过这个边界一个单元格(超过边界)开始。

下面举两个边界值分析法和等价类划分法一起使用设计测试用例的例子。

【例 8.6】 某商业银行的房屋贷款规定,房屋抵押贷款的额度限制范围为 500 000.00～500 0000.00/笔;出售房屋数量 200 套,编号为 1～200;可购买的房屋类型为别墅、塔楼、单身公寓;客户贷款必须以个人身份办理。现用等价类/边界值方法设计该程序测试用例。

经过分析,综合考虑等价类及边界值方法,房屋贷款程序的测试用例如表 8.6 所示。

表 8.6　房屋贷款程序测试用例

测试用例	贷款金额	房屋编号	房屋类型	贷款客户	备注
1	500 000.00	1	别墅	刘宁	有效等价类测试用例
2	5 000 000.00	20	单身公寓	张祥	
3	850 000.00	8	塔楼	李芳、顾宇	
4	5 000 000.01	2	别墅	张译	无效等价类测试用例
5	499 999.99	5	单身公寓	王征	
6	550 000.00	0	别墅	刘宁	
7	1 000 000.00	201	单身公寓	张祥	
8	1 250 000.00	6	商铺	李芳	
9	500 000.00	20	单身公寓	吉祥商贸公司	

该技术的覆盖率等于测试的边界条件总数除以识别的边界条件总数(二值测试法或三值测试法)。这就提供了边界测试的覆盖百分率。

$$边界值覆盖率 = (执行的边界值数量 / 总的边界值数量) \times 100\%$$

边界值分析总能发现边界的位移或遗漏,也可能会发现额外的边界情况。这种技术可用于发现处理边界值,尤其是小于和大于逻辑错误(位移)的缺陷。它也可以用来寻找非功能性缺陷,例如负载限制的容差(如系统支持 10 000 个并发用户)。

8.1.3　决策表测试

视频讲解

决策表,也叫判定表。在所有的功能性测试方法中,基于决策表的测试方法被认为是最严格的,因为决策表具有逻辑严格性。决策表是用来测试组合条件之间的相互作用。决策表提供了一个明确的方法来测试验证所有相关条件组合和验证被测软件所有可能组合的操作。决策表测试的目标是确保每个条件、关系和约束的组合被测试到。当试图测试每个可能的组合时,决策表可能会变得非常庞大。智能地将所有可能组合减少到真正"感兴趣"的组合,这种方法被称为精简的决策表测试。使用这种技术时,为生成不同的输出可以通过移除与结果不相关的那些条件来减少组合,冗余的测试或不可能出现的那些条件组合的测试已被删除,留下的是那些会产生不同输出的组合。采用完整的决策表还是精简的决策表通常取决于风险。

决策表是分析和表达多逻辑条件下执行不同操作的情况的工具。在程序设计发展的初期,决策表就已被用作编写程序的辅助工具了。它可以把复杂的逻辑关系和多种条件组合的情况表达得比较明确。程序员无须知道背后复杂的逻辑关系就能看出动作对应的状态。

决策表一直被用来表示和分析复杂逻辑关系。决策表很适合描述不同条件集合下采取行动的若干组合的情况。决策表有4部分：桩部分、条目部分、条件部分、行动部分。决策表的条件是真值表，保证能够考虑了所有可能的条件组合。使用决策表标识测试用例，能够保证一种完备的测试。为了使用决策表标识测试用例，我们把条件解释为输入，把行动解释为输出。决策表是说明性的，给出的条件没有特别的顺序，而且所选择的行动发生时也没有任何特定顺序。

决策表通常由4部分组成，如表8.7所示。

表 8.7 决策表

	规则 1	规则 2	规则 3	...	规则 n
条件桩 1					
条件桩 2		条件项			
⋮					
条件桩 n			条件项		
动作桩 1					
动作桩 2		动作项			
⋮					
动作桩 n					动作项

- 条件桩：列出了问题的所有条件。通常认为列出的条件的次序无关紧要，位于表的左上角部分。
- 动作桩：列出了问题规定可能采取的操作。这些操作的排列顺序没有约束，位于表的左下角部分。
- 条件项：列出针对它所列条件的取值，在所有可能情况下的真假值，位于表的右上角部分。
- 动作项：列出在条件项的各种取值情况下应该采取的动作，位于表的右下角部分。

决策表中将任何一个条件组合的特定取值及相应要执行的动作称为规则，表中贯穿条件项和动作项的一列为一条规则。决策表中列出多少组条件的取值，就产生多少条规则。

建立决策表的步骤如下。

（1）确定规则个数。

（2）如有 n 个条件，且每个条件有两种取值（0、1 或 N、Y），将产生 $2n$ 种规则。

（3）列出所有的条件桩和动作桩。

（4）填入条件项。

（5）填入动作项。

（6）得到初始决策表。

（7）化简决策表。对初始决策表合并相似规则，得到简化决策表，实际上减少了列数量。

【例8.7】 表8.8是一个原始决策表，现对它进行分析。

条件（桩）：c1、c2、c3。

动作（桩）：a1、a2、a3。

规则 1：若 c1、c2、c3 都为真，则采取动作 a1 和 a2。

规则 2：若 c1、c2 都为真，c3 为假，则采取动作 a1 和 a3。

规则 3、4：若 c1 为真，c2 为假，c3 为真或为假，均采取动作 a4。

规则 5：若 c1 为假，c2、c3 为真，则采用动作 a2 和 a3。

规则 6：若 c1、c3 为假，c2 为真，则采用动作 a2。

规则 7、8：若 c1、c2 为假，c3 为真或为假，均采取动作 a4。

表 8.8　原始的决策表

	规则 1	规则 2	规则 3	规则 4	规则 5	规则 6	规则 7	规则 8
条件桩 c1	Y	Y	Y	Y	N	N	N	N
条件桩 c2	Y	Y	N	N	Y	Y	N	N
条件桩 c3	Y	N	N	Y	Y	N	N	Y
动作桩 a1	√	√						
动作桩 a2	√				√	√		
动作桩 a3		√			√			
动作桩 a4			√	√			√	√

根据表 8.8，第 3、4 条规则动作项一致，条件项中前两个条件取值一致，第三个条件取值不同，表明前两个条件分别取真、假值时，无论第三个条件取何值都执行同一操作，这两条规则合并，第三个条件项用"—"标识，表示与取值无关（无关条件）。类似地，规则 7、8 合并。得到化简后的决策表如表 8.9 所示。

表 8.9　化简后的决策表

	规则 1	规则 2	规则 3~4	规则 5	规则 6	规则 7~8
条件桩 c1	Y	Y	Y	N	N	N
条件桩 c2	Y	Y	N	Y	Y	N
条件桩 c3	Y	N	—	Y	N	—
动作桩 a1	√	√				
动作桩 a2	√			√	√	
动作桩 a3		√		√		
动作桩 a4			√			√

【例 8.8】　现有某图书馆应用系统中软件的一张阅读指南决策表（这类表在互联网应用系统中很多），读者对表中问题给予回答，若回答为肯定，标注"Y"（程序取真值）；若回答为否定，标注"N"（程序取假值）。阅读建议在动作域中列出。原始决策表及化简后的决策表如表 8.10 和表 8.11 所示。

表 8.10　原始决策表

	规则 1	规则 2	规则 3	规则 4	规则 5	规则 6	规则 7	规则 8
条件 1：感觉疲倦吗？	Y	Y	Y	Y	N	N	N	N
条件 2：感兴趣吗？	Y	Y	N	N	Y	Y	N	N
条件 3：感觉糊涂吗？	Y	N	Y	N	Y	N	Y	N
动作 1：重读				√				

续表

	规则 1	规则 2	规则 3	规则 4	规则 5	规则 6	规则 7	规则 8
动作 2：继续						√		
动作 3：跳下一章							√	√
动作 4：休息	√	√	√	√				

表 8.11　化简后的决策表

	规则 1~4	规则 5	规则 6	规则 7~8
条件 1：感觉疲倦吗？	Y	N	N	N
条件 2：感兴趣吗？	—	Y	Y	N
条件 3：感觉糊涂吗？	—	Y	N	—
动作 1：重读		√		
动作 2：继续			√	
动作 3：跳下一章				√
动作 4：休息	√			

决策表突出优点：能把复杂问题按照各种可能的情况全部列举出来，简明并避免遗漏。利用决策表能设计出完整测试用例集合，把条件理解为输入，动作理解为输出，降低设计难度并减少测试用例冗余。

【例 8.9】 以三角形组成问题构造决策表并设计测试用例。

(1) 确定规则个数。决策表有 4 个条件，每个条件可取两个值，故有 $2^4 = 16$ 种规则。

(2) 列出所有的条件桩和动作桩。

(3) 填入输入项与动作项。

(4) 得到初始决策表并化简，得三角形组成问题决策表，如表 8.12 所示。

表 8.12　三角形组成问题决策表

	规则 1~8	规则 9	规则 10	规则 11	规则 12	规则 13	规则 14	规则 15	规则 16
条件： c1：a,b,c 构成三角形？	N	Y	Y	Y	Y	Y	Y	Y	Y
c2：a＝b？	—	Y	Y	Y	Y	N	N	N	N
c3：a＝c？	—	Y	Y	N	N	Y	Y	N	N
c4：b＝c？	—	Y	N	Y	N	Y	N	Y	N
动作： a1：非三角形	√								
a2：一般三角形									√
a3：等腰三角形					√		√		
a4：等边三角形		√							
a5：不可能			√	√		√			

决策表一般适用于集成、系统和验收测试级别。根据代码的不同，如果组件是负责一组决策逻辑时，此技术也可用于这类组件的组件测试。当需求定义采用流程图和业务规则表时，特别适合使用这种技术。决策表也是需求定义的一种技术，有些需求规格规范说明已经

采用了这种形式。即便需求不是以流程图或决策表描述,条件组合可能用叙述的方式表达。重要的是在设计决策表时应该考虑所有的条件组合,包括那些没有写明但确实存在的条件组合。为了设计一个有效的决策表,测试人员必须能够获得在规范或测试准则内所有条件组合的期望结果。只有当所有参与交互的条件都考虑到了,决策表才成为一个好的测试设计工具。

决策表的局限在于:找出所有参与交互的条件具有挑战性,尤其当需求定义不完善或者根本不存在时。准备了一组条件但发现期待的结果还是未知,这样的例子并不少见。

假定所有可能的条件组合都记录在列中,并且不存在复合条件,则决策表的最小测试覆盖是每列有一个测试用例。从决策表导出测试用例时,考虑应该测试的边界条件也很重要。这些边界条件可能会导致对需要充分测试的软件增加一定数量的测试用例。充分的边界值分析、等价类划分是与决策表技术相互补充的。

决策表能发现的典型缺陷包括对特定条件组合不正确的处理导致意想不到的结果。在建立决策表的时候,可以发现在规格规范说明中的缺陷。最常见的缺陷是遗漏(没有有关在特定情况下应该如何反映的信息)和矛盾。测试也能发现某些条件组合没有处理或处理不当。

下面小结下决策表法的应用。

(1) 适于有以下特征的应用程序:if-then-else 逻辑关系突出;输入变量之间存在逻辑关系;涉及输入变量子集的计算;输入与输出之间存在因果关系。

(2) 适于使用决策表设计测试用例的情况:规格说明以决策表形式给出,或较容易转换为决策表;条件的排列顺序不会也不应影响执行的操作;规则的排列顺序不会也不应影响执行的操作;当某一规则的条件已经满足并确定要执行的操作后,不必检验别的规则;如果某一规则的条件要执行多个操作任务,则这些操作的执行顺序无关紧要。

(3) 当决策表规模较大时,若有 n 个判定的条件,在决策表中就会有 $2n$ 个规则产生,这基于对每个条件取真、假值。此时,可通过扩展条目决策表(条件使用等价类)、代数简化表的方法,将大表"分解"为小表,以减小决策表的规模,有利于简化设计测试用例。

8.1.4   基于状态的测试

视频讲解

在很多情况下,测试对象输出结果或行为方式不仅要受当前输入数据的影响,同时还与测试对象的当前运行执行情况或其之前的事件,或之前输入数据有关。为说明这些关系引入状态图概念,即状态机的图解表示。状态机是一种概念机器(如程序、逻辑电路等),其中状态数量和输入信号有限且固定。一个有限状态机由状态、转换、输入和输出组成。状态图表示了一个系统所拥有的初始状态、历史状态、当前状态及下一状态(结束状态或特殊状态),显示从一个状态转换为另一个状态的事件或状况。

状态转换图也称功能图分析,是以功能图模型的方式表示程序的功能说明。功能图模型由状态转换图和逻辑功能模型所构成,可表示一个功能的实现顺序或变化的状态,能很好地发现并调整有效操作(输入数据)的序列,有利于发现及调整测试用例顺序。特别是在软件更新或软件形式修改后,需获得相应标准文档较困难时,采用状态转换图能清晰、准确地表达。在状态转换图中,由输入数据和当前状态决定输出数据及后续状态。状态图通常由状态转换(迁移)图和布尔函数(逻辑关系)组成。状态图用状态与迁移来描述。一个状态指出了数据输入的位置(或时间),迁移则指明状态的改变,同时依靠判定表或因果图表示的逻辑功能。

下面通过堆栈的实例问题说明状态转换图的几种不同状态:初始状态、空状态、非空状态、满状态、结束状态。堆栈的状态图如图8.7所示。

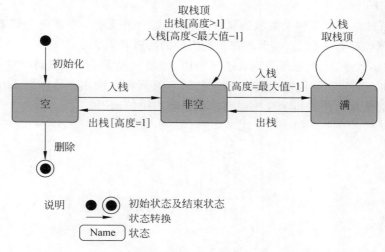

图8.7 堆栈的状态图

当程序系统因历史原因(执行进程)而导致不同状态表现时,就需要应用状态转换测试法进行测试。应用状态转换测试法,其测试对象可为一个具有不同系统状态的完整系统,或面向对象系统中具有不同状态的类。被测对象可由初始状态转换到其他的不同状态,通常由事件驱动。事件可以是一个函数的调用或某种操作。

根据堆栈操作的规则说明,可定义堆栈在什么样的状态下调用什么样的程序函数(push、pop、top等),同时也必须明确当一个元素加入到状态为"full"的堆栈中时,堆栈将如何进行(push)处理。此时,函数功能一定是与处于"filled"状态时不一样。程序须能根据堆栈状态提供不同功能。测试时被测试对象状态起决定性作用。例如,测试堆栈可接受字符串(string)类型。下面是一个测试用例。

前置条件:堆栈初始化。其状态为empty(空状态)。

输入:push("hello")。

期望结果:堆栈中已有"hello"。

后置条件:堆栈的状态已变为filled(非空状态)。

注意:此例没有考虑堆栈的其他一些功能(如显示堆栈最大高度值、当前高度值等),因为这些调用并不改变堆栈状态。

应用状态转换法进行测试用例设计一般分为以下两个步骤。

(1) 将状态图转换为状态树。

(2) 依据状态树进行测试用例设计。

其中,第一步中状态转换图转换为转换树的规则如下。

(1) 将初始状态或开始状态转换作为状态树的根。

（2）从开始状态出发到任意一个可达状态的每个可能的转换，转换树都包含从根出发到达一个代表此状态的下一个后续状态的节点的分支。

（3）对转换树中每个叶节点（新增节点），重复（2），直到满足下面两个结束条件之一为止。

① 与叶节点相关的状态已出现过一次从初始状态对应于状态图中的一遍循环，即根到叶节点的连接上。

② 结束条件与叶节点相关的状态是一个结束状态，并无更多状态转换需要考虑。在状态转换时，需覆盖所有的状态，包含状态转换图中的所有转换。

在堆栈的实例中，由状态图得到状态转换树，如图 8.8 所示。从根到叶节点总共有 8 条不同路径；每条路径可设计为一个测试用例，即一系列函数调用。每个状态至少都到达过一次，每个函数根据状态转换的规则说明在相关状态中被调用。

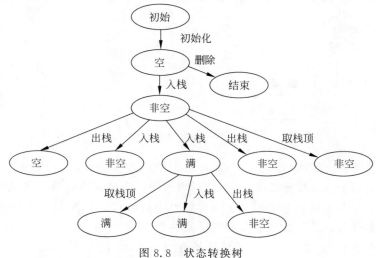

图 8.8　状态转换树

使用状态图（树）设计测试用例应注意如下事项。

（1）在设计基于状态图（树）的测试用例时应考虑以下信息。

① 测试对象的初始状态（组件或系统）。

② 测试对象的输入。

③ 期望输出或期望行为。

④ 期望的结束状态。

（2）在测试用例针对每个期望的状态转换时需定义以下内容。

① 状态转换之前的状态。

② 触发状态转换的所有触发事件。

③ 在状态转换时触发的期望反应。

④ 接下来的期望状态。

为设计所需测试用例可将有限状态机（状态图）转换为包含特定转换序列的转换树。将可能具有无限多状态序列的循环状态，转换为不含循环的相应数目的状态转换树。

依据上述原则该实例共 8 条不同路径，据此设计 8 个测试用例，调用和执行 8 个函数。

（3）测试完成准则。

定义测试强度和测试准则：每个状态至少到达过一次，执行过一次。每个状态及与此状态相关函数至少执行一遍。对测试对象描述期望行为与实际行为比较。

（4）状态转换法的测试应用价值。

状态转换法适合进行系统性测试，如 GUI 的各种测试。

【例 8.10】 一项订单预订、生成、支付、提交票据过程的程序测试。其状态转换图如图 8.9 所示。设计该程序测试用例。

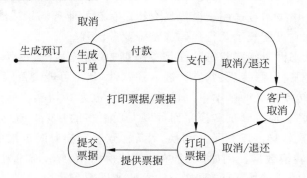

图 8.9 订单状态转换图

根据订单预订、生成、支付、提交票据过程的状态转换图，通过分析可得以下 4 条不同路径。

第 1 条：起始（根）→生成订单→支付→打印票据→提交票据

调用函数（操作）：生成预订、付款、打印票据/票据、提供票据。

第 2 条：起始（根）→生成订单→客户取消

调用函数（操作）：生成预订、取消。

第 3 条：起始（根）→生成订单→支付→客户取消

调用函数（操作）：生成预订、付款、取消。

第 4 条：起始（根）→生成订单→支付→打印票据→客户取消

调用函数（操作）：生成预订、付款、打印票据、取消/退还。

因此设计 4 个测试用例并执行测试。

状态转换测试用于测试软件通过有效或无效的转换进入和退出定义的状态的能力。事件引起软件从一个状态转移到另一个状态并执行相应的行动。事件可以是满足某些影响转换路径的条件。例如，用有效用户名和密码组合的登录事件与用无效密码组合的登录事件引起的转换是不同的。状态转换可以用显示所有状态间有效转换的状态转换图来追踪，也可以用显示所有有效和无效转换的状态转换表来跟踪。组件或系统会对同一个事件有不同的反应，依赖于当前条件或以前的历史（例如，自系统初始化以来发生的事件）。以往的历史可以用状态的概念来概括。状态转换图显示了可能的软件状态，以及软件如何进入、退出和状态之间的转换。转换是由事件（例如，用户在字段中输入数值）触发的。该事件触发了一个转换。如果同一事件可以触发来自相同状态的两个或多个不同的转换，则该事件可能由一个守护条件所限制。状态的改变可能触发软件采取行动（例如，输出计算或错误信息）。

状态转换测试用于测试有定义的状态和引起状态转换的事件（如变化的屏幕）的软件，可以用于任一个测试级别。嵌入式软件、Web 软件和任何类型的状态转换软件都是这类测试技术的理想候选对象。控制系统，如交通信号控制系统，也是这类测试的理想对象。

　　状态转换表可以显示所有有效的转换和状态之间可能无效的转换，以及事件、守护条件和有效转换触发的动作。状态转换图通常只显示有效的转换，同时排除无效的转换。设计的测试可以是覆盖一个典型的状态序列，执行所有的状态，执行每一个转换，执行特定的转换序列，或者测试无效的转换。状态转换测试可以用于基于菜单的应用，并在嵌入式软件行业中得到广泛应用。该技术也适用于模拟具有特定状态的业务场景或测试屏幕导航。状态的概念是抽象的——它可能表示几行代码或整个业务流程。

　　定义状态表或状态图时确定状态往往是最困难的部分。当软件有一个用户界面，为用户显示的各种画面经常被用来定义状态。嵌入式软件，状态可能会依赖于硬件所处的状态。除了状态本身，状态转换测试的基本单位是单个转换，也为 0-切换。简单测试所有转换，会发现一些状态转换缺陷，通过测试转换序列可以发现更多的缺陷。连续两次转换的序列被称为 1-切换，连续三次转换的序列是 2-切换，等等。这些转换有时也被命名为 N-1 切换，其中，N 代表将走过的转换数目。例如，一个单一的转换（0-切换），描述为一个 1-1 切换。

　　相对于其他类型的测试技术而言，这个技术的测试覆盖率分层次。可接受的最低覆盖率是到过每个状态和遍历每一个转换。100% 的转换覆盖（又称 100% 的 0-切换覆盖或 100% 的逻辑分支覆盖）将保证访问了每个状态和遍历每个状态转换，除非系统设计或状态转换模型（图或表）有缺陷。根据状态和转换之间的关系，它可能需要不止一次穿越一些转换以执行一次其他转换。"n-切换覆盖"指覆盖状态转换的数目。例如，100% 的 1-切换覆盖要求每个由两次成功转换组成的有效序列至少被测试了一次。这样的测试可以发现 100% 的 0-切换覆盖遗漏的失效。"往返覆盖"在转换序列形成循环的情况下适用。实现 100% 往返覆盖意味着从任何状态出发又回到原来相同状态的所有循环被测试到。这必须测试循环中包含的所有状态。尝试包括所有无效的转换可以达到一个更高的覆盖率。覆盖要求和状态转换测试的覆盖集必须确定是否包括无效的转换。

　　该技术发现的典型缺陷包括在目前状态不正确的处理，这可能是以前的状态处理不正确的或不支持的转换、没有出口的状态、所需的状态与转换不存在等情况所引起的结果。在创建状态机模型时可能发现在规格说明文档中的缺陷。此种技术可以发现的缺陷中最常见的类型是遗漏（没有提供在某些情况下应该发生什么的信息）和矛盾。

8.1.5　基于用例的测试

　　用例测试是指模拟系统行为提供事务性的、基于场景的测试。用例定义了参与者和系统之间为达到某种目的进行的互动。参与者可以是用户也可以是外部系统。测试可以从用例中推导出来，用例是用来设计软件项之间交互的一种特殊方式，包含用例所代表的软件功能的需求。用例关联了参与者（用户、外部硬件或其他组件或系统）和对象（用例所应用的组件或系统）。

　　每个用例描述了对象可以与一个或多个参与者协作执行的一些行为。只要合适，用例可以用交互和活动来描述，也可以用前置条件、后置条件和自然语言来描述。参与者与对象之间的交互可能会触发对象状态的改变。交互也可以通过工作流、活动图或业务流程模型的图形表示。如图8.10所示是用户使用银行ATM机器取钱的用例图。这个例子中与用户相关的用例是"取钱""请求输入PIN"和"吞卡"，系统内的用例用椭圆来表示。用例之间可以是包含关系，也可以是扩展关系。用例"取钱"与用例"请求输入PIN"是包含关系，用例"取钱"包含用例"请求输入PIN"，它们必须共同组合才能完成一个完整功能。而用例"请求输入PIN"与用例"吞卡"是扩展关系，用例"吞卡"是用例"请求输入PIN"的扩展，而扩展的用例不一定发生是可选的。

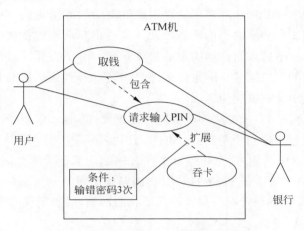

图8.10　用户使用ATM取钱用例图

　　用例测试一般被用于系统测试和验收测试级别。视集成水平高低也可以被用于集成测试，视组件的行为甚至也可以被用于组件测试。用例测试常作为性能测试的基础，因为它更接近于系统的真实使用。用例中描述的场景有可能会被分配给虚拟用户来生成系统实际的负载。

　　用例必须与真实使用相吻合才能保证测试的有效性。这类信息应该来自用户或用户代表。用例如果不精确地反映实际用户的行为就降低了用例的价值。精确定义不同的替代路径（流）对测试的覆盖率很重要。用例可以作为指导书，但不是完整的测试定义，因为它也许不能提供所有需求的清晰定义。在其他建模过程中用例也是非常有用的，例如从用例描述到画出流程图、从用例描述到改善测试的正确性以及对用例本身的验证。

　　用例包括其基本行为的可能变化，包括异常行为和错误处理（系统对编程、应用和通信错误的响应和恢复，如触发错误消息）。设计的测试是为了验证已定义的行为（基本的、异常的或替代的，以及错误处理）。

　　用例的最小覆盖为：每个基本流（正向）一个测试用例，每个备选流一个测试用例，备选流包括例外和失效路径，备选流有时也表示为基本流的扩展，如图8.11所示。覆盖率百分比为测试的路径除以基本流和备选

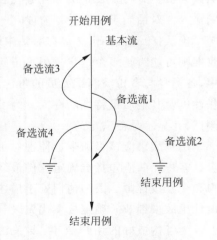

图8.11　基本流和备选流

流的和。覆盖范围可以用已测试的用例行为除以总的用例行为进行测量，通常以百分比表示。

该技术发现的缺陷包括定义的场景处理不当、错过的备选流处理、现有条件下处理不正确或处理不恰当或不正确的错误报告。

8.1.6 基于用户故事（敏捷开发）的测试

在一些敏捷方法中，如 Scrum，需求是以用户故事的形式呈现的，主要描述在一个迭代中可以设计、开发、测试和演示的小的功能单元。这些用户故事包括要实现的功能描述、非功能性标准以及用户故事完成所必须满足的验收标准。用户故事（User Story）是一个用来确认用户和用户需求的简短描述：作为什么用户，希望如何，这样做的目的或者价值何在。用户故事在软件研发中又被描述为需求。

用户故事通常的格式为：作为一个<角色>，我想要<功能>，以便于<商业价值>。因此，一个好的用户故事就包括这三个要素：①角色：使用者；②功能：需要完成什么样的功能；③价值：为什么需要这个功能，这个功能带来什么样的价值。举两个例子："作为招聘网站注册用户，我想要查看最近 3 天发布的招聘信息，以便于我看到最新的招聘信息""作为一个网站管理员，我想要统计每天有多少人访问了我的网站，以便于我的赞助商了解我的网站会给他们带来什么收益。"

另外，用户故事还需要遵循 3C 原则：卡片（Card）、会话（Conversation）和确认（Confirmation）。用户故事的 3C 原则由 Ron Jeffries 在 2001 年提出，直到今天仍被奉为用户故事的基本原则。

卡片（Card）：卡片是用来描述用户故事的物理介质。卡片描述了需求、紧急性、期望的开发和测试周期，以及故事的验收准则。由于将要用于产品待办列表中，用户故事描述应尽可能的精确。

对话（Conversation）：对话解释了软件将会如何使用。对话可以是书面的或口头的。测试人员拥有与开发人员和业务代表不同的观点，可以为交换想法、观点和经验带来有价值的输入。对话始于发布计划阶段，并一直持续到用户故事被排入开发进程中。

确认（Confirmation）：在对话中讨论的验收准则被用于确认用户故事的完成。这些验收准则可能跨越多个用户故事。正向和逆向的测试应该被用于覆盖验收准则。在确认过程中，各类参与者扮演测试人员的角色。这可能包括开发人员，也包括关注性能、安全性、互操作性以及其他质量特性的专家。为了确认一个用户故事的完成，已定义的验收准则应该被测试，并显示是被满足的。

用户故事应该很清晰地体现对用户或客户的价值，最好的做法是让客户团队来编写故事。客户团队应包括能确定软件最终用户需求的人，可能包括测试者、产品管理者、真实用户和交互设计师。因为他们处于描述需求的最佳位置，也因为随后他们需要和开发者一同设计出故事细节并确定故事优先级。

为了构造好的用户故事，要关注六个特征。一个优秀的故事应该具备以下特点，如图 8.12 所示。

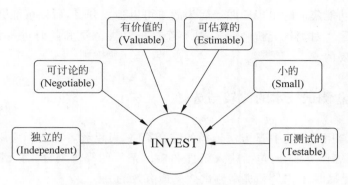

图 8.12 用户故事的六个特征

（1）独立的（Independent）：尽量避免故事间的相互依赖。在对故事排列优先级时，或者使用故事做计划时，故事间的相互依赖会导致工作量估算变得更加困难。通常可以通过两种方法来减少依赖性：①将相互依赖的故事合并成一个大的、独立的故事；②用一个不同的方式去分割故事。

（2）可讨论的（Negotiable）：故事卡是功能的简短描述，细节将在客户团队和开发团队的讨论中产生。故事卡的作用是提醒开发人员和客户进行关于需求的对话，它并不是具体的需求本身。一个用户故事卡带有了太多的细节，实际上限制了和用户的沟通。

（3）对用户或客户有价值的（Valuable）：用户故事应该很清晰地体现对用户或客户的价值，最好的做法是让客户编写故事。一旦一个客户意识到这是一个用户故事并不是一个契约而且可以进行协商的时候，他们将非常乐意写下故事。

（4）可估算的（Estimable）：开发团队需要去估计一个用户故事以便确定优先级、工作量，安排计划。但是让开发者难以估计故事的问题可能来自：开发人员缺少领域知识，开发人员缺少技术知识，故事太大了。

（5）小的（Small）：一个好的故事在工作量上要尽量小，最好不要超过 10 个理想人/天的工作量，至少要确保的是在一个迭代或 Sprint 中能够完成。用户故事越大，在安排计划、工作量估算等方面的风险就会越大。

（6）可测试的（Testable）：故事必须是可测试的。成功通过测试可以证明开发人员正确地实现了故事。如果一个用户故事不能够测试，那么就无法知道它什么时候可以完成。一个不可测试的用户故事例子：用户必须觉得软件很好用。

用户故事主要用于敏捷和类似迭代和增量的环境。它们用于功能测试和非功能测试。用于所有级别的测试，期望开发人员在交付代码给下一级测试（例如，集成测试、性能测试）之前向测试团队成员演示为用户故事实现的功能。

该技术的局限性在于因为故事是功能的小增量，有可能要求有驱动程序和桩，以实现交付的功能件测试。这通常需要编程能力和使用有助于测试的工具，如 API 测试工具。创建驱动程序和桩通常是开发人员的责任，虽然技术测试分析师也可以参与编码，并利用 API 测试工具。如果像大部分敏捷项目那样使用持续集成模型，对驱动和桩的需求将降至最低。用户故事的最低覆盖为验证每个定义的验收标准都已满足。

该技术发现的缺陷类型通常是该软件没有提供指定功能的功能性缺陷。也可能在新故事与已经存在的功能集成时出现问题。因为故事可以独立开发,所以可能会发现性能、接口和错误处理的问题。对测试分析师而言,执行个体的功能测试和随时进行新故事发布的集成测试是非常重要的。

8.1.7 黑盒测试技术的比较与选择

以下是几种常用的黑盒测试方法选择的综合策略,可供读者在实际应用过程中参考。

- 首先进行等价类划分,包括输入条件和输出条件的等价划分,将无限测试变成有限测试,这是减少工作量和提高测试效率最有效的方法。
- 在任何情况下都必须使用边界值分析方法。经验表明,用这种方法设计出的测试用例发现程序错误的能力最强。
- 如果程序的功能说明中含有输入条件的组合情况,则一开始就可选用判定表法。
- 如果测试对象输出结果或行为方式不仅要受当前输入数据的影响,同时还与测试对象的当前运行执行情况或其之前的事件,或之前输入数据有关,则需要采用基于状态的测试方法。
- 对于业务流清晰的系统,可以利用用例/场景法贯穿整个测试案例过程,在用例中综合使用各种测试方法。
- 对照程序逻辑,检查已设计出的测试用例的逻辑覆盖程度。如果没有达到要求的覆盖标准,应当再补充足够的测试用例。

8.2 基于缺陷的测试技术

基于缺陷的测试设计技术是以发现的缺陷类型为基础,根据已知的缺陷类型来系统地获取测试用例的技术。软件缺陷包含以下这些属性。

- 缺陷标识(Identifier):标记某个缺陷的一组符号。每个缺陷必须有唯一的标识。
- 缺陷类型(Type):根据缺陷的自然属性划分的缺陷种类,一般包括功能缺陷、用户界面缺陷、文档缺陷、软件配置缺陷、性能缺陷、系统/模块接口缺陷等。
- 缺陷严重程度(Severity):因缺陷引起的故障对软件产品的影响程度。
- 缺陷优先级(Priority):缺陷必须被修复的紧急程度。
- 缺陷状态(Status)缺陷通过一个跟踪修复过程的进展情况。
- 缺陷起源(Origin):缺陷引起的故障或事件第一次被检测到的阶段。
- 缺陷来源(Source):引起缺陷的起因。
- 缺陷根源(Root Cause):发生错误的根本因素。

8.2.1 基于缺陷的技术

与基于规格说明的测试,即从规格说明导出测试用例的技术不同,基于缺陷的测试根据缺陷分类(也可以是分类列表)导出测试用例,而这个分类也许和要测试的软件本身完全无关。分类可以包括缺陷类型、根源、失效症状和其他缺陷相关数据等清单。基于缺陷的测试也可以把识别的风险和风险场景清单作为测试的基础。该测试技术允许测试人员针对特定的缺陷类型，也可以通过对已知和常见的特定类型缺陷的分类系统地测试。测试分析师运用分类数据决定测试目标，找出特定类型的缺陷。通过这些信息，如表 8.13～表 8.19 所示，如果缺陷存在，则测试分析师可生成能触发失效的测试用例和测试条件。

缺陷严重性和缺陷优先级是表征软件缺陷的两个重要因素，它影响软件缺陷的统计结果和修正缺陷的优先顺序，特别在软件测试的后期，将影响软件是否能够按期发布。对于软件测试初学者或者没有软件开发经验的测试工程师而言，对这两个概念的理解及其作用和处理方式往往理解得不彻底，实际测试工作中不能正确表示缺陷的严重性和优先级从而影响软件缺陷报告的质量，不利于尽早处理严重的软件缺陷，甚至可能影响软件缺陷的处理时机。

表 8.13　缺陷类型

缺陷类型	描述
F-Function	影响了重要的特性、用户界面、产品接口、硬件结构接口和全局数据结构。且设计文档需要正式的变更，如逻辑、指针、循环、递归、功能等缺陷
A-Assignment	需要修改少量代码，如初始化或控制块，如声明、重复命名，范围、限定等缺陷
I-Interface	与其他组件、模块或设备驱动程序、调用参数、控制块或参数列表相互影响的缺陷
C-Checking	提示的错误信息，不适当的数据验证等缺陷
B-Build/package/merge	由于配置库、变更管理或版本控制引起的错误
D-Documentation	影响发布和维护，包括注释
G-Algorithm	算法错误
U-User Interface	人机交互特性：屏幕格式，确认用户输入，功能有效性，页面排版等方面的缺陷
P-Performance	不满足系统可测量的属性值，如执行时间、事务处理速率等
N-Norms	不符合各种标准的要求，如编码标准、设计符号等

表 8.14　缺陷严重程度

缺陷严重等级	描述
Critical	不能执行正常工作功能或重要功能，或危及人身安全
Major	严重地影响系统要求或基本功能的实现，且没有办法更正（重新安装或重新启动该软件不属于更正办法）
Minor	严重地影响系统要求或基本功能的实现，但存在合理的更正办法（重新安装或重新启动该软件不属于更正办法）
Cosmetic	使操作者不方便或遇到麻烦，但它不影响执行工作功能或重要功能

表 8.15　缺陷优先级

缺陷优先级	描述
Resolve Immediately	缺陷必须被立即解决
Normal Queue	缺陷需要正常排队等待修复或列入软件发布清单
Not Urgent	缺陷可以在方便时被纠正

表 8.16　缺陷状态

缺 陷 状 态	描　　述
Submitted	已提交的缺陷
Open	确认"提交的缺陷"，等待处理
Rejected	拒绝"提交的缺陷"，不需要修复或不是缺陷
Resolved	缺陷被修复
Closed	确认被修复的缺陷，将其关闭

表 8.17　缺陷起源

缺 陷 起 源	描　　述
Requirement	在需求阶段发现的缺陷
Architecture	在架构阶段发现的缺陷
Design	在设计阶段发现的缺陷
Code	在编码阶段发现的缺陷
Test	在测试阶段发现的缺陷

表 8.18　缺陷来源

缺 陷 来 源	描　　述
Requirement	由于需求的问题引起的缺陷
Architecture	由于架构的问题引起的缺陷
Design	由于设计的问题引起的缺陷
Code	由于编码的问题引起的缺陷
Test	由于测试的问题引起的缺陷
Integration	由于集成的问题引起的缺陷

表 8.19　缺陷的根源

缺 陷 原 因	描　　述
目标	错误的范围，误解了目标，超越能力的目标等
过程、工具和方法	无效的需求收集过程，过时的风险管理过程，不适用的项目管理方法，没有估算规程，无效的变更控制过程等
人	项目团队职责交叉，缺乏培训。没有经验的项目团队，缺乏士气和动机不纯等
缺乏组织和通信	缺乏用户参与，职责不明确，管理失败等

　　严重性，顾名思义就是软件缺陷对软件质量的破坏程度，反映其对产品和用户的影响，即此软件缺陷的存在将对软件的功能和性能产生怎样的影响。在软件测试中，软件缺陷的严重性应该从软件最终用户的观点做出判断，即判断缺陷的严重性要为用户考虑，考虑缺陷对用户使用造成的恶劣后果的严重性。

　　优先级表示修复缺陷的重要程度和应该何时修复，是表示处理和修正软件缺陷的先后顺序的指标，即哪些缺陷需要优先修正，哪些缺陷可以稍后修正。确定软件缺陷优先级，更多的是站在软件开发工程师的角度考虑问题，因为缺陷的修正顺序是个复杂的过程，有些不是纯粹的技术问题,而且开发人员更熟悉软件代码,能够比测试工程师更清楚修正缺陷的难度和风险。

正确处理缺陷的严重性和优先级不是件非常容易的事情,对于经验不很丰富的开发人员经常会发生如下的情形。

将比较轻微的缺陷报告成较高级别的缺陷和高优先级,夸大缺陷的严重程度,经常给人"狼来了"的错觉,将影响软件质量的正确评估,也耗费开发人员辨别和处理缺陷的时间。

将很严重的缺陷报告成轻微缺陷和低优先级,可能掩盖很多严重的缺陷。如果在项目发布前,发现还有很多由于不正确分配优先级造成的严重缺陷,将需要投入很多人力和时间进行修正,影响软件的正常发布。或者这些严重的缺陷成了漏网之鱼,随软件一起发布出去,影响软件的质量和用户的使用信心。

对于缺陷的严重性,如果分为 4 级,则可以参考下面的方法确定。

- 非常严重的缺陷,如软件的意外退出甚至操作系统崩溃,造成数据丢失。
- 较严重的缺陷,如软件的某个菜单不起作用或产生错误的结果。
- 软件一般缺陷,如本地化软件的某些字符没有翻译或者翻译不准确。
- 软件界面的细微缺陷,例如,某个控件没有对齐、某个标点符号丢失等。

对于缺陷的优先性,如果分为 3 级,则可以参考下面的方法确定。

- 高优先级,如软件的主要功能错误或者造成软件崩溃、数据丢失的缺陷。
- 一般优先级,如影响软件功能和性能的一般缺陷。
- 低优先级,如对软件的质量影响轻微或出现概率很低的缺陷。

基于缺陷的测试可以用于任何测试级别,通常用于系统测试居多。对不同类型的软件有标准的缺陷分类。这种与产品类型无关的测试有助于利用工业标准知识获得特定的测试。坚持使用工业标准分类,就可以对所有项目,甚至是在整个组织内对缺陷有关的度量进行跟踪。

基于缺陷的测试局限性在于存在多个缺陷分类,但也许只是关注某类测试,如易用性。重要的是要采用已有的适合被测软件的分类法。新的创新软件有可能没有现成的分类法。有些组织对可能的或常见的缺陷有自己的分类法。不管采用什么分类法,重要的是在开始测试之前定义期望的覆盖。

基于缺陷的技术也提供覆盖准则,以决定测试是否可以结束。作为比较特殊的技术,基于缺陷技术相比基于规格说明的技术,其覆盖准则的系统性要弱一些。它先给出覆盖准则,而具体覆盖的界限如何定才有意义则要酌情而定。覆盖准则并不意味整个测试集已完成,仅仅指所考虑的缺陷已不需要做基于此技术的任何测试。

该方法发现的缺陷类型通常取决于所使用的分类法。如果采用用户界面类,大多数发现的缺陷可能与用户界面相关,但作为副产品在具体测试中可以发现其他缺陷。

8.2.2　缺陷分类法

缺陷分类法是分类的缺陷类型列表。这些列表可以很通用,作为高层次的指南,也可以是非常具体的。例如,一个用户界面缺陷的分类可能包含通用项,如功能、错误处理、图形显示和性能。详细分类包括所有可能的用户界面对象（特别是图形用户界面）的列表，并可以指定这些对象有哪些不当处理。

1. 文本字段

（1）不接受有效数据。

（2）接受无效数据。

（3）未验证输入长度。

（4）未检出特殊字符。

（5）用户的错误消息不够详细。

（6）用户无法纠正错误数据。

（7）规则不适用。

2. 日期字段

（1）不接受有效日期。

（2）没拒绝无效日期。

（3）未验证日期范围。

（4）精密数据处理不正确（例如，hh:mm:ss）。

（5）用户无法纠正错误数据。

（6）规则不适用（例如，结束日期必须大于起始日期）。

有许多缺陷分类，从可以购买到的正式分类到那些由各种组织为特定目的而设计的分类。内部开发的缺陷分类，也可用于针对特定组织内的常见缺陷。当创建一个新的缺陷分类或为客户定制一个缺陷分类时，首先确定目标或分类的目的很重要。例如，我们的目标可能是识别已在生产系统中发现的用户界面问题或识别输入字段处理的相关问题。

创建一个分类的步骤如下。

（1）创建目标，并确定所需的详细级别。

（2）选择一个给定的分类作为基础。

（3）定义在组织内部和（或）从外部实践中经历过的值和共同的缺陷。

分类越详细，开发和维护它的时间也就越多，但它会带来测试结果的高复用性。详细分类可以是有冗余的，这让测试团队能够分解测试但不损失信息或覆盖。一旦选择了适当的分类，就可以用来生成测试条件和测试用例。以风险为基础的分类，可以帮助测试把重点放在一个特定的风险领域。分类也可用于非功能性测试，例如，易用性、性能等。分类列表可以从各种刊物、IEEE、互联网中获得。

视频讲解

8.3　基于经验的测试技术

基于经验的测试利用测试人员的技能和直觉，以及他在类似应用程序或技术方面的经验。这些测试能有效地发现缺陷，但不像其他技术那样适用于实现特定的测试覆盖率或生成可重复使用的测试程序。在系统文件质量很差，测试时间被严格限制或测试团队对被测系统的了解非常深入专业的情况下，基于经验的测试相对于结构化的方法而言是一个很好的选择。基于经验的测试可能不适用于需要详细测试文档、重复性高或能够准确评估测试覆盖率的测试。当使用启发式方法时,测试人员通常使用基于经验的测试,而且测试方法不是预先计划的,更多是对事件的反应。此外,执行和评价几乎是同步进行的并发任务。

基于经验的测试技术利用开发人员、测试员和用户的产品经验来设计、实施和执行测试。这类技术通常与黑盒测试技术和白盒测试技术相结合。在应用基于经验的测试技术时,测试用例来自测试人员的技能和直觉,以及他们在类似应用和技术方面的经验。这些技术有助于识别其他更系统化的技术难以识别的测试。根据测试人员的方法和经验,该技术可以实现的覆盖率和有效性会截然不同。这些技术难以评估覆盖率,也难以度量。

基于经验的测试技术的共同特征是:测试条件、测试用例和测试数据的获取源自测试依据,可能包括测试员、开发人员、用户和其他干系人的知识和经验。知识和经验包括软件的预期使用、它的环境、可能的缺陷以及这些缺陷的分布。常用的基于经验的技术将在本节讨论。

8.3.1 错误推测法

错误推测法是指在测试程序时,人们可以根据经验或直觉推测程序中可能存在的各种错误,从而有针对性地编写检查这些错误的测试用例的方法。错误推测方法的基本思想:列举出程序中所有可能有的错误和容易发生错误的特殊情况,根据这些情况选择测试用例。例如,在组件测试时曾列出的许多在模块中常见的错误、以前产品测试中曾经发现的错误等,这些就是经验的总结。还有,输入数据和输出数据为 0 的情况,输入表格为空格或输入表格只有一行,这些都是容易发生错误的情况,可选择这些情况下的例子作为测试用例。总之,就是进行错误的操作。错误推测法的要素共有三点,分别为:经验、知识、直觉。关于如何使用的问题,本书提炼出以下两点。

(1) 列举出程序中所有可能有的错误和容易发生错误的特殊情况。

(2) 根据错误的特殊情况选择测试用例。

例如,测试手机终端的通话功能,可以设计各种通话失败的情况来补充测试用例。

- 无 SIM 卡插入时进行呼出(非紧急呼叫)。
- 插入已欠费 SIM 卡进行呼出。
- 射频器件损坏或无信号区域插入有效 SIM 卡呼出。
- 网络正常,插入有效 SIM 卡,呼出无效号码(如 1、888、333333、不输入任何号码等)。
- 网络正常,插入有效 SIM 卡,使用"快速拨号"功能呼出设置无效号码的数字。

例如,测试一个对线性表(如数组)进行排序的程序,可推测列出以下几项需要特别测试的情况。

- 输入的线性表为空表。
- 表中只含有一个元素。
- 输入表中所有元素已排好序。
- 输入表已按逆序排好。
- 输入表中部分或全部元素相同。

经验是错误推测法的一个要素，即带有主观性，这就决定了错误猜测法的优缺点。

其优点包括：

（1）充分发挥人的直觉和经验。

（2）集思广益。

（3）方便使用。

（4）快速容易切入。

其缺点包括：

（1）难以计算测试的覆盖率。

（2）可能丢失大量未知的区域。

（3）带有主观性且难以复制。

当使用错误推测法时，测试人员运用经验来猜测代码在设计和开发中可能出现的潜在错误。当识别了预期的错误以后，测试分析师选出最好的方法来诱发缺陷。例如，如果测试人员预计该软件在无效的密码输入时将出现失效，测试将被设计成输入各种不同的值来验证密码字段错误是否存在并形成导致测试运行时产生失效的缺陷。除了作为测试技术外，错误推测法也可以用在风险分析上，以确定潜在的失效模式。

错误推测法主要用于集成和系统测试，但可以用于任何测试级别。这种技术经常与其他技术一起使用以扩大现有测试用例的范围。错误推测法也可以在新版本发布后，在执行更严格的测试和脚本测试之前使用，用以有效地检测常见的失误和错误。清单和分类有助于指导测试。

该技术的局限主要在于覆盖率难以评估，很大程度上依赖于测试分析师的能力和经验。这种方法最好由经验丰富、熟悉被测试代码常见缺陷类型的测试人员来使用。错误推测法很常用，但经常没有记录，因此可能不如其他形式的测试有利于重现。

当使用分类法时，覆盖由适当的数据故障和缺陷类型来决定。没有分类的话，覆盖率受限于测试人员的经验知识以及可用的测试时间。这种技术的错误发现量将取决于测试人员能否把握好问题区域。

该技术发现的典型缺陷通常在测试分析师定义的特定分类或"猜测"中，而这些缺陷用基于规格说明的测试方法可能不会被发现。

8.3.2　基于检查表测试

当采用基于检查表的检测技术时，经验丰富的测试分析师使用一个高层次的、广义的检查清单，罗列针对产品验证需要注意的、检查的或提醒的事项，或验证产品的规则或标准。这些清单的建立基于一系列标准、经验和其他因素。用户界面标准检查表作为测试应用程序的基础，是基于检查表测试的一个例子。

在基于检查表的测试中，测试人员设计、实现和执行测试，以覆盖检查表中的测试条件。作为分析的一部分，测试人员创建一个新的检查表或扩展现有的检查表，但测试人员也可以不加修改地使用现有的检查表。这样的检查表可以建立在经验、了解什么对用户是重要的，或者理解软件为什么以及如何失败的基础之上。测试人员可以创建检查表以支持各种测试类型，包括功能测试和非功能测试。在缺乏详细测试用例的情况下，基于检查表的测试可以提供指南和一定程度的一致性。由于这些是概要性的检查表,实际测试中可能会出现一些变化,从而扩大覆盖率,但降低重复性。

在一个熟悉被测软件或熟悉检查表覆盖的领域并具有经验丰富的测试团队在项目中采用基于检查表的测试是非常有效的(例如,测试人员有可能熟悉用户界面测试,但不熟悉特定的被测软件,同样可以成功地运用用户界面检查表)。因为检查表是高层次的,而且往往缺乏通用测试用例和测试过程中的具体步骤,测试人员的知识可以用来填补空白。从检查表中删除具体步骤,不仅维护成本低,而且可以应用到多个类似的版本。检查表可用于任何级别的测试,也可用于回归测试和冒烟测试。

基于检查表测试的局限性在于高级别检查表的特性可能会影响测试结果的重复性。不同测试人员对检查表的理解有可能不一样,从而完成检查事项的方式也不一样。即使使用相同的检查表,也可能会导致不同的结果。这可能会导致覆盖面更广,但重复性有时会被牺牲。检查表也可能导致对达到的覆盖水平过于自信,然而实际上基于检查表的测试很大程度上有赖于测试人员的判断。检查表可以从更详细的测试用例中导出,往往随着时间的推移越来越大。检查表需要维护以确保该清单覆盖了被测试软件的重要方面。

由于检查表比较抽象,基于检查表测试的覆盖率会因执行检查表的测试人员不同而出现不同的结果。用这种方法发现的典型缺陷包括通过数据的改变、顺序内步骤的变化或工作流程变更而引起的失效。由于在测试过程中允许组合新的测试数据和流程,使用检查表可以帮助测试保持新鲜度。

8.3.3 探索性测试

探索性测试在测试执行期间动态地设计、执行、记录和评估非正式的(不是预先定义的)测试。测试结果用于更多地了解组件或系统,并为可能需要更多测试的区域创建测试。探索性测试有时使用基于会话的测试来构建活动。在基于会话的测试中,探索性测试是在规定的时间内进行的,测试人员使用包含测试目标的测试章程来指导测试。测试人员可使用测试会话表记录所采取的步骤和发现。探索性测试的特点是测试人员边学习有关的产品和它的缺陷,边计划、设计和执行测试,并报告结果。测试人员在执行过程中动态调整测试目标并准备少量文档。探索性测试在规格说明很少或不充分或测试时间压力大的情况下是非常有用的。探索性测试是其他更正式测试技术的有益补充。

探索性测试主要特征是测试用例执行结果会影响后续测试用例的设计与执行;需要为测试构建虚拟模型(包含程序如何工作、其行为如何或应产生何种行为,测试关注点为发现模型中没有或与以前发现的不一样的程序的有关信息与动态行为)。良好的探索性测试是有计划的、互动的和创造性的。这种技术只需要少量的有关被测系统的文档,通常使用在没有文档或文档不适用于其他测试技术的时候。探索性测试常作为其他测试技术的补充或作为开发额外测试用例的基础。

探索性测试的局限性在于很难管理和安排时间表。覆盖率是零星的,可重复性差。在测试会话中使用章程指定覆盖区域,使用时间盒(time-boxing)规定测试所允许的时间,是一个用于管理探索性测试的方法。在测试会话或一系列会话结束时,测试经理可能会举行一次汇报会,收集测试结果,并决定下次测试会话的章程。汇报会不适合大型测试团队或大型项目。在测试管理系统中准确地跟踪探索性会话也有一定困难,有时创建测试用例其实就是探索性会话,这允许对分配给探索性测试的时间和计划的测试覆盖与其他测试工作量一起进行跟踪。

由于探索性测试的可重复性较差,这也导致发生问题时,需要记录步骤来重现失效。有些组织使用具有捕获/回放功能的自动化测试工具,记录探索性测试所采取的步骤。这提供了探索会话(或任何基于经验的测试会话)所有活动的完整记录。通过细节的挖掘,找到失效的真正原因可能很乏味,但至少有一个涉及所有步骤的记录。

该技术可以创建章程指定任务、目标和交付,然后计划试探性会话以实现这些目标。章程也可以确定测试的重点,什么是测试会话的范围,哪些资源应致力于完成计划的测试。会话可以用来把重点放在特定的缺陷类型和无需形式化脚本就可以测试的其他潜在问题区域。

探索性测试中发现的典型缺陷是脚本化功能测试所遗漏的场景问题,功能边界之间的问题和与工作流程相关的问题,有时也能发现性能和安全问题。

8.4　白盒测试技术（基于结构的测试技术）

视频讲解

白盒测试技术(也称为结构的或基于结构的技术)基于对架构、详细设计、内部结构或测试对象代码的分析。与黑盒测试技术不同,白盒测试技术关注测试对象的结构和处理过程。白盒测试是基于测试对象的内部结构的测试技术,如图 8.13 所示。

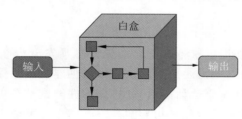

图 8.13　白盒测试示意图

白盒测试技术的共同特点包括:测试条件、测试用例和测试数据的获取源自测试依据,可能包括代码、软件架构、详细设计或有关软件结构的任何信息资源;覆盖度量的依据是所选的结构(如代码或接口)中已测试的项;说明通常作为确定测试用例预期结果的依据。

软件开发及测试人员使用白盒测试方法,主要想对程序模块进行这样一些检查:对程序模块的所有独立的执行路径至少测试一次;对所有的逻辑判定,取"真"与取"假"的两种情况都至少测试一次;在循环的边界和运行界限内执行循环体;测试内部数据结构的有效性等。

白盒测试的实施步骤如下。

- 测试计划阶段:根据需求说明书,制定测试进度。
- 测试设计阶段:依据程序设计说明书,按照一定规范化的方法进行软件结构划分和设计测试用例。
- 测试执行阶段:输入测试用例,得到测试结果。
- 测试总结阶段:对比测试的结果和代码的预期结果,分析错误原因,找到并解决错误。

白盒测试技术可以应用在所有测试级别,但本节讨论的与代码相关的技术常用在组件测试级别上。

8.4.1 语句覆盖及其覆盖率

语句覆盖(Statement Coverage)的测试目标是运行若干测试用例,使被测试的程序的每一条可执行语句至少执行一次。这里所谓"若干个",自然是越少越好。测试主要集中在测试对象语句上。用例执行需满足事先定义的最小数目或所有语句。如要求覆盖所有语句而有些语句任何测试用例都无法覆盖,则出现不可达代码语句。覆盖第一步是将源代码转换为控制流图。控制流图中节点是覆盖关注点。

选择足够的测试用例,使程序中每个可执行语句至少执行一次。说明示例程序如下。

```
if  ((A>1) AND (B=0))   then    X=X/A
If  ((A=2) OR (X>1))    then    X=X+1
```

其中,AND、OR 为逻辑运算符。

程序流程图和控制流图如图 8.14 所示,图中控制流图边用 A、B、C、D、E、F 表示。

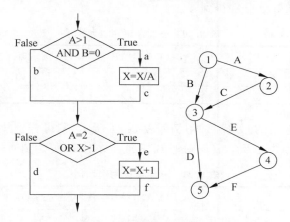

图 8.14　程序流程图和控制流图

如上例,设计一个能通过路径 acef 的测试路径即可实现语句覆盖。即当 A=2,B=0,X=3 时,程序按流程图上路径 ace(流图上路径 ACEF 或 1-2-3-4-5)执行,即程序段中 4 个语句均得到执行,完成语句覆盖。

语句覆盖可保证程序中每个语句都得到执行但并不能全面检验每个语句,即它并非一种充分检验方法。当程序段中两个判定逻辑运算存在问题时,如第一个判定运算符"AND"错写成运算符"OR",这时仍使用该测试用例,则程序仍按流程图上路径 ace 执行;当第二个条件语句中 X>1 误写成 X>0 时,上述测试用例也不能发现该错误。语句覆盖也称为C0 覆盖,是较弱的覆盖准则。

小结一下语句覆盖的优点和缺点。它的优点在于很直观地从代码中得到测试用例,无须细分每条判定表达式。缺点是对于隐藏的条件和可能到达的隐式分支是无法测试的。它只运行一次,而不考虑其他情况。

测试完成准则定义:满足语句覆盖率。覆盖率以测试执行的语句数除以测试对象中可执行语句的总数来衡量,通常以百分比表示。

语句覆盖率＝(被执行语句的数量／所有语句数量)×100%

8.4.2 判定覆盖及其覆盖率

判定覆盖(又称为分支覆盖)测试基于判定结果执行的代码。要做到这一点,测试用例遵循从判定点触发的控制流(例如,对于 IF 语句,一个用于真的结果,一个用于假的结果;对于一个 CASE 语句,所有可能的结果都需要测试用例,包括默认结果)。

分支覆盖是比语句覆盖强的覆盖测试。通过执行测试用例,使程序每个判定至少都获得一次"真"值和"假"值,即要使程序中每个取"真"分支和取"假"分支至少均经历一次。对示例,设计两测试用例,使通过路径 acef(流图上路径 ACEF 或 1-2-3-4-5)和 bd(流图上路径 BD 或 1-3-5),或通过路径 acd(ACD 或 1-2-3-5)及 bef(BEF 或 1-3-4-5),即可达到分支覆盖标准。

一种情形:若选用的两组测试用例如表 8.20 所示,则可分别执行路径 acef 和 bd,使两判断 4 分支 a,c,e,f 和 b,d 分别得到覆盖。

表 8.20　一组测试用例示例

测试用例	A,B,X	(A>1) AND (B=0)	(A=2) OR (X>1)	执行路径
测试用例 1	2　0　3	真(T)	真(T)	acef(ACEF)
测试用例 2	1　0　1	假(-T)	假(-T)	bd(BD)

另一种情形:若选用的两组测试用例如表 8.21 所示,则可分别执行流程图上路径 acd(流图路径 ACD 或 1-2-3-5)及 bef(流图上 BEF 或 1-3-4-5),可达到对 4 个分支的覆盖。

表 8.21　一组测试用例示例

测试用例	A,B,X	(A>1) AND (B=0)	(A=2) OR (X>1)	执行路径
测试用例 3	3　0　1	真(T)	假(-T)	acd(ACD)
测试用例 4	2　1　3	假(-T)	真(T)	bef(BEF)

注意:两组测试用例在满足判定覆盖同时还完成语句覆盖,判定覆盖比语句覆盖更强。可发现在空分支中遗漏语句。100%分支覆盖可保证 100%语句覆盖,反之不然。但此时仍存在一个问题,即如程序段中第 2 个判定条件 X>1 误写为 X<1,执行测试用例 4(执行路径 abe)并不影响其结果。这表明仅满足判定覆盖仍无法确定判断内部条件错误。

当实现 100%的语句覆盖时,它确保代码中的所有可执行语句至少已测试过一次,但无法保证所有判定逻辑都已测试过。语句测试提供的覆盖率通常小于判定测试。当达到100%的判定覆盖率时,便会执行所有的判定结果,包括测试真的结果和假的结果,即使没有明确的假的语句(如没有 ELSE 的 IF 语句)。语句覆盖有助于发现代码中其他测试没有执行到的缺陷。判定覆盖有助于发现代码中的缺陷,在这些缺陷中,其他测试没有同时覆盖判定为真和假的情况。达到 100%的判定覆盖可以保证达到 100%的语句覆盖(反之则不然)。分支覆盖具有更有效的覆盖准则。要求测试每个判定的结果,如 IF、CASE 语句中的所有可能。控制流图边是分支覆盖关注点。分支覆盖又称判定覆盖,也称 C1覆盖。

下面小结一下判定覆盖测试的优点和缺点。它的优点在于判定覆盖是比语句覆盖更强的测试能力,比语句覆盖要多几乎一倍的测试路径。它无须细分每个判定就可以得到测试用例。缺点是往往大部分的判定语句是由多个逻辑条件组合而成,若仅判断其最终结果,而忽略每个条件的取值,必然会遗漏部分测试路径。

判定覆盖更为广泛的含义:使每个判定获得每种可能的结果至少一次。测试完成准则定义:每个分支分别对待,对分支的组合没有特别的要求。覆盖率是以通过测试执行的判定结果的数量除以测试对象中判定结果的总数来测量,通常以百分比表示。

8.4.3 条件覆盖及其覆盖率

如判定是由逻辑运算符连接的几个条件确定的,则测试中需考虑条件复杂性、条件组合时的不同需求和相应测试强度。

1. 分支条件测试

运行被测程序使程序中每个判断的每个条件所有可能值至少执行一次,并且每个可能的判断结果也至少执行一次,即要求各个判断的所有可能的条件取值组合至少执行一次。

分支条件测试目标是每个原子条件都需取到"真""假"两值。在测试对象源代码中,一个条件可包含多个原子条件。示例程序若采用测试用例 1、5,就可达到分支条件测试,如表 8.22 所示。

表 8.22 分支条件测试用例示例

测试用例	A,B,X	执行路径	覆盖条件	(A>1)AND (B=0)	(A=2)OR (X>1)
测试用例 1	2 0 3	acef	T1,T2,T3,T4	真(T)	真(T)
测试用例 5	1 1 1	bd	-T1,-T2, -T3,-T4	假(-T)	假(-T)

2. 条件组合覆盖

在极少数情况下,可能需要测试所有可能的判定内所包含的真/假数值组合。这种穷尽级别的测试被称作条件组合覆盖,也称为 C2 覆盖。所需的测试数目依赖于判定语句中的原子条件个数,同时该测试数目可以由计算 2^n 来确定,n 是未重叠的原子条件个数。运用之前提及的相同例子,需要以下测试来实现条件组合覆盖。

这种测试技术历来被用于测试嵌入式软件,因为这种软件需要确保其很长一段时间内的运行稳定可靠和不崩溃(例如,电话交换机期望能持续正常运行 30 年)。

该方法的局限性在于因为测试用例的数目可以直接通过包含所有原子条件的真值表计算得出,所以能容易地确定这个级别的覆盖,并且这种方法所需的测试用例的绝对数量非常庞大。

下面比较白盒测试中常用的几种技术语句覆盖、分支覆盖、条件组合覆盖的特点,如表 8.23 所示。

表 8.23　白盒测试常用技术比较

覆盖率层次		测试数据	测试用例
C2	条件组合覆盖	提供所有输入项目可能发生的排列组合候选数据,保证 C2 的测试强度	所有条件的可能组合至少覆盖一次
C1	分支覆盖	考虑两项间相互影响的基础上,提供每个输入项可能发生的候选数据	每个分支的 True/False 至少覆盖一次
C0	语句覆盖	每个输入项目可能发生的数据保证最低限度的覆盖,不考虑与其他项目的相互影响,只保证自己的输入可能候补值	每条语句都被执行;True/False 的某个执行即可

8.4.4　路径测试

虽然有的覆盖准则提到经历路径这一问题,但并未涉及路径的覆盖。路径能否被全面覆盖是测试的重要问题。因程序要得到正确结果就必须保证程序总是沿着特定路径顺利执行。当程序中每条路径都经受检验才能使程序受到全面检验。任何有关路径分析的测试都可称为路径测试。

路径测试是从程序入口开始执行所经历各语句的完整过程。它基于结构的测试,完成路径测试的理想状况是做到路径完全被覆盖。对较简单程序实现完全路径测试可行,但如果程序中出现较多判定和较多循环时,则路径数目将会急剧增加,可能为一个庞大数字,测试覆盖这么多的路径有时无法实现。为解决该问题,必须把覆盖路径数量压缩到一定限度,如对程序中循环体只执行一次。路径覆盖的目的是设计足够多的测试用例要求遍历测试对象的所有不同路径。

逻辑路径测试是一种穷举路径的测试方法。软件系统通常贯穿程序路径数量很大,即使其每条路径都经过测试,仍可能存在缺陷或错误,原因如下。

- 穷举路径测试无法检查出程序本身是否违反设计规范,即程序本身是否是错误的。
- 穷举路径测试不能查出因遗漏路径而导致的程序出错。
- 穷举路径测试发现不了与数据相关的错误情形。

路径测试须遵循以下原则才能达到测试目的。

- 保证一个模块中的所有独立路径至少被测试过一次。
- 所有逻辑值均需测试真(True)、假(False)两种情况。
- 测试将检查程序的内部数据结构,并保证其结构的有效性。
- 在取值的上下边界处,即在可操作范围内运行所有的循环。

为满足路径覆盖,须首先确定具体路径及路径个数。下面给出路径更为概括的表示方法及路径计算。定义如下规则。

(1) 弧 a,b 相乘,表示为 ab。表明路径先经历弧 a,再经历弧 b,弧 a 和弧 b 先后相接。

(2) 弧 a 和弧 b 相加,表示为 a+b。表明两弧为“或”关系,是并行路径。在图 8.15 中,节点 2 和节点 3 有两弧相连(弧 b 和弧 c),是并行的;弧 d 和弧 e 也为并行。控制流中,共 4 条路经(abdf、abef、acdf、acef),可用加法连接,得整个路径:abdf+abef+acdf+acef。

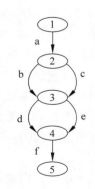

图 8.15　控制流图

（3）在路径表达式中，将所有弧均以数值 1 代替，再进行表达式的相乘和相加运算，最后得到的数值为该程序路径数。程序中所含路径数和程序复杂程度直接关联，即程序越复杂其所包含路径数就越多。

路径测试包括识别贯穿于代码中的路径，然后创建相关测试来覆盖这些路径。原则上，测试每一条贯穿于系统的独特路径都是非常有用的。然而，在任何重要系统中，由于代码中存在循环而使得测试用例的数目会变得非常庞大。

尽管如此，如果将无限循环的问题放置一边，实行路径测试还是现实的。为了应用这种技术，建议沿着软件模块的入口到出口的尽可能多的路径去创建测试用例。为了简化这个可能复杂的任务，可以通过使用以下流程来系统化地实现路径测试。

（1）先挑选从入口到出口最简单的、有意义的功能的路径。

（2）挑选每条额外的路径作为之前路径的微小变异。对于每个后续的测试，每个路径中尽可能只改变一个分支。尽可能优先选择短的路径而不是长的路径。尽可能优先选择那些更有意义的功能路径，而不是无意义的功能路径。

（3）仅仅当要求满足覆盖率的时候，挑选那些无意义的功能路径。这样的路径可能是不相关的且应该受到质疑的。

（4）运用直觉来选择路径（也就是说，哪条路径是最可能被执行到的）。

注意，使用这种策略，可能会重复执行某些路径段。这个策略的关键点是代码中每个可能的分支至少测试过一次，也可能多次。

下面小结下路径覆盖测试的优点和缺点。它的优点在于路径覆盖是经常要用到的测试覆盖方法，它比普通的判定覆盖准则和条件覆盖准则覆盖率都要高。该方法适用于局部路径测试，如上述定义，往往会使用在安全关键软件中。这对本章中介绍的其他方法是一个很好的补充，因为它着眼于贯穿软件的路径而不仅仅是单个的判定。其局限性在于虽然有可能使用控制流程图来确定路径，在现实中还是需要利用工具对复杂模块的路径进行计算。该方法创建足够的测试来覆盖所有路径（不考虑循环），这已经保证达到了语句和分支覆盖。与分支测试相比较，路径测试仅增加相对少的测试数目，却提供了更彻底的测试。

它的缺点是路径覆盖不一定能保证条件的所有组合都覆盖。由于路径覆盖需要对所有可能的路径进行测试（包括循环、条件组合、分支选择等），那么需要设计大量、复杂的测试用例，使得工作量呈指数级增长。

8.4.5　基本路径测试

在实践中，一个不太复杂的程序，其路径可能都是一个庞大的数字，要在测试中覆盖所有的路径是不现实的。所以，只得把覆盖的路径数压缩到一定限度内。基本路径测试就是这样一种测试方法，它在程序控制流图的基础上，通过分析控制构造的环形复杂性，导出基本可执行路径集合，从而设计测试用例的方法。设计出的测试用例要保证在测试中程序的每一个可执行语句至少执行一次。

如图 8.16 所示，程序流程图用来描述程序控制结构，可将流程图映射到一个相应的流图（假设流程图的菱形决定框中不包含复合条件）。在控制流图中，每一个圆称为流图的节点，代表一个或多个语句。一个处理方框序列和一个菱形决策框可被映射为一个节点。流图中的箭头称为边或连接,代表控制流,类似于流程图中的箭头。

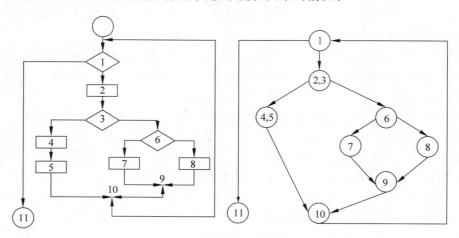

图 8.16 程序流程图与控制流图

基本路径测试具体方法如下。

对复杂性程度高的程序做到覆盖所有路径(测试所有可执行路径)是不可能的。根据前面所说的独立路径概念,某一程序的独立路径是指从程序入口到程序出口的多次执行中,每次至少有一个语句集(运算、赋值、输入/输出或判断)是新的或未被重复的。若用流图描述,独立路径就是在从入口进入流图后,至少走过一个弧。

在不能做到覆盖所有路径的前提下,如某一程序的每个独立路径都被测试过,可以认为程序中每个语句都被检验了,即达到语句覆盖,这种测试即通常所说的基本路径测试方法。

从基本集导出的测试用例保证对程序中每条执行语句至少执行一次。

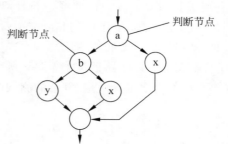

图 8.17 判断节点

基本路径测试用例设计步骤如下。

(1) 绘制程序控制流图。

(2) 通过分析环形复杂性,计算圈复杂度,导出程序基本路径集合中的独立路径条数,这是确定程序中每个可执行语句至少执行一次所必需的测试用例数目的上界。给定流图的圈复杂度 $V(G)$,定义为 $V(G)=P+1$,P 是流图 G 中判断节点的个数,如图 8.17 所示。

(3) 导出测试用例:根据环形复杂性和程序结构设计用例数据输入和预期结果。

(4) 准备测试用例:确保基本路径集中的每一条路径的执行。

【例 8.11】 利用基本路径测试方法测试下面的程序。

(1) 请画出流图。

(2) 计算环路复杂度。

(3) 写出测试路径、设计测试用例。

```
# include< iostream. h >
void    add( int i,int j, int k, int m)
```

```
   {
1  int s = 100;
2  if (i < 9)
3  {
4      if ((j > 5)&&(k < 9))
5      {
6          s = s + 1;
7      }
8      else
9      if ((i == 6)||(m > 3))
10     {
11         s = s + 3;
12     }
13     else
14         s = s + 2;
15 }
16 else
17 s = s - 1;
18 }
```

（1）程序流图如图 8.18 所示。

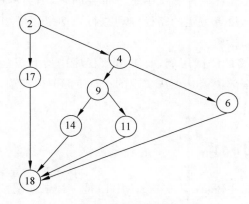

图 8.18　程序流图

（2）计算环路复杂度。

$$V(G) = 3 + 1 = 4$$

（3）测试路径及测试用例如表 8.24 所示。

表 8.24　测试用例

测试用例	i,j,k,m	执行路径
测试用例 1	10,6,6,6	2、17、18
测试用例 2	8,6,8,4	2、4、6、18
测试用例 3	6,6,10,4	2、4、9、11、18
测试用例 4	8,5,10,2	2、4、9、14、18

8.4.6　几种常用覆盖的比较

语句覆盖：在测试时，首先设计若干个测试用例，然后运行被测程序，使程序中的每个语句至少执行一次；语句覆盖的测试可能给人们一种心理满足，以为每个语句都经历过，似乎可以放心了；实际上，语句覆盖在测试被测试程序中，除去对检查不可执行语句有一定作用外，并没有排除被测程序包含错误的风险；必须看到，被测程序并非语句的无序堆积，语句之间的确存在着许多有机的联系。

判定覆盖（分支覆盖）：设计若干测试用例，运行被测程序，使得程序中每个判断的取真分支和取假分支至少经历一次，即判断的真假值均曾被满足；同样，只做到判定覆盖仍无法确定判断内部条件的错误。

条件覆盖：设计若干测试用例，执行被测程序以后，要使每个判断中每个条件的可能取值至少满足一次；但覆盖了条件的测试用例不一定覆盖了分支。

判定-条件覆盖：判定-条件覆盖要求设计足够的测试用例，使得判断中每个条件的所有可能至少出现一次，并且每个判断本身的判定结果也至少出现一次；不过忽略了路径覆盖的问题，而路径能否全面覆盖在软件测试中是个重要问题，因为程序要取得正确的结果，就必须消除遇到的各种障碍，沿着特定的路径顺利执行。如果程序中的每一条路径都得到考验，才能说程序受到了全面检验。

路径覆盖：设计足够多的测试用例，要求覆盖程序中所有可能的路径；许多情况下路径数是个庞大的数字，要全部覆盖是无法实现的；即使都覆盖到了，仍然不能保证被测程序的正确性。

8.5　基于模型的测试

基于模型的测试（Model-Based Testing，MBT）是一种根据模型来设计测试的高级测试方法。基于模型的测试方法将被测试对象的某个方面用模型来描述，利用模型的信息产生测试用例和脚本，可自动执行生成的用例和脚本。基于模型的测试支持并拓展了传统测试设计技术，如等价类划分、边界值分析、决策表、状态转换测试和用例测试等传统测试设计技术。基于模型的测试的基本思想是通过以下内容提高测试设计和测试实现活动的质量和效率。

* 基于项目的测试目标设计一个综合的 MBT 模型。通常这个综合的 MBT 模型是利用工具完成的。
* 将模型作为一种测试设计规格说明提供给测试工程师。这时模型应该包含高度格式化和详细的信息，这样才能保证能从模型自动导出测试用例。
* MBT 模型以及它的工件应该是与组织的过程紧密结合的，也应该与方法、技术环境、工具，以及任何特定的生命周期过程紧密结合。

8.5.1 将 MBT 集成到软件开发生命周期

对于软件开发生命周期模型,考虑两种主要的分类:顺序模型,例如 V-模型;迭代-增量模型,例如敏捷开发模型。在这两类模型中,MBT 都应该从根本上与项目的测试目标相适应,这样,使用 MBT 的优势才能在实现测试目标中体现出来。

在构建软件开发生命周期时会有很多不同方式的组织架构,在测试过程中采用 MBT 方法时需要根据不同情况适当地调整。例如,根据项目的测试目的,MBT 在一个项目中可能专注于验收测试,而在另一个项目中可能专注于自动化系统测试。

以下各点对于顺序软件开发生命周期和迭代软件开发生命周期都适用。

1. 测试级别

由于 MBT 能对复杂的功能需求和预期行为进行抽象,通常会用在较高测试级别(集成测试、系统测试、验收测试)。MBT 偶尔也被用于组件测试。但是有的 MBT 方法是基于解析代码注释的技术,就可以被用于组件测试。

2. 测试类型

MBT 模型可以描述系统的预期行为和(或)系统的环境。因此,MBT 主要使用在功能测试中。增强的或专用的 MBT 模型可以用于非功能测试(如安全测试、负载/压力测试、可靠性测试)。

测试工程师通常负责 MBT 模型,但是也可以选择跟其他人员共享 MBT 模型。例如,模型(或其他部分)可以分享给非技术的利益相关者,他们可以用于确认并验证需求。开发人员出于自动化的目的可能对模型感兴趣,特别是当在持续集成中使用 MBT 模型导出的自动化脚本时,这些导出的自动化脚本可以对持续集成提供早期的、持续的反馈。

在顺序的软件开发生命周期中,MBT 的特别活动包括:通过对风险评估,考虑相关的项目环境和测试目标,将基于模型的测试作为项目测试策略的一部分进行集成,包括从需求到 MBT 模型元素的追溯性信息。

在项目中尽早实施 MBT 建模:

- 激励利益相关者的沟通。
- 使得能在早期发现不清晰的、不完整的和不一致的需求。

适应测试计划的活动和角色包括:

- 新的测试件的元素(例如,MBT 模型、测试选择准则)。
- MBT 活动的进展报告。

8.5.2 MBT 建模

在测试相关活动中,MBT 模型非常适合用来描述需要测试什么,适合用于利益相关者之间的沟通,总结测试设计相关的所有信息。模型也能在一定程度上适用于测试管理活动。

开发一个 MBT 模型的目标是生成(或识别出)测试用例。MBT 模型应该为此后的测试用例生成提供必要的信息。例如,可以根据项目测试目标选择合理的测试用例,允许生成测试结果参照物,并且能支持需求和生成的测试用例的双向追溯。下面考虑三种典型的模型。

(1) 系统模型:系统模型描述了将要被实现的系统。根据该模型生成的测试用例可以检查系统是否与模型一致。系统模型的例子有用于面向对象系统的类图,或者描述系统反应的状态和状态转换的状态图(可参照 8.1.4 节)。

(2) 环境模型/使用模型:环境模型描述了系统的环境。环境模型的例子包括马尔可夫链模型,该模型描述了期望的系统使用模式。

(3) 测试模型:测试模型是一种(一个或多个)测试用例的模型。典型的测试模型包括测试对象的预期行为以及对测试对象的评价。测试模型的例子有(抽象)测试用例描述或用图形表述测试规程。

一个 MBT 模型通常会综合几个或全部这些主题。例如,一个 MBT 模型可以描述测试对象,包括数据元素和在一个给定的环境中测试对象的使用方式。

MBT 模型的关注点可以是结构、行为,或者综合这两个方面。

- 结构模型描述了静态结构。结构模型的例子有类图和接口规格说明或针对数据建模的分类树。
- 行为模型描述了动态交互。行为模型的例子包括活动图或描述活动和工作流的业务处理模型,以及描述系统输入输出的状态图。

一个 MBT 模型通常结合了结构方面(如描述测试对象接口)和行为方面(如测试对象的期望行为)。当开发一个 MBT 模型时,重要的是要考虑到测试目标。因为测试目标将会决定模型的主题和关注点。在表 8.25 中,可以看到测试目标和针对测试目标所应具有合适的模型特征。

表 8.25　测试目标及其合适的模型特征

测　试　目　标	模　型　例　子	主题	关注点
验证是否正确地实现了业务工作流	一个描述工作流的业务处理模型	系统	行为
验证在特定的状态下,系统是否按要求给出了正确的反应	一个 UML(统一建模语言)状态机	系统	行为
验证接口的可用性	用来描述接口结构(结构模型)	系统	结构
测试对象的功能符合用户所期望的使用方式	一个用来描述用户行为的使用模型	环境	行为
验证系统的配置	一个使用分类树的数据模型	数据	结构

8.5.3　建模语言

模型是通过建模语言来展示的。建模语言通过以下几种方式来定义。

(1) 根据概念(也称为抽象语法,经常是用文字描述的形式,但是有时候也会用元模型来定义)。

(2) 根据语法(也称为具体语法,经常根据语法规则来定义)。

（3）根据语义（通常根据静态和动态语义来定义）。

图形化建模语言通过图形来表现模型，例如，类图、时序图或者 UML 里面的状态机图。有很多种建模语言能用于构建 MBT 模型。为了选择一个好的"适合目的"的语言，测试工程师需要了解不同 MBT 建模语言的主要特征。

1. 建模概念

不同的建模语言支持的概念集是不同的。根据测试目标的不同，模型可以展示结构信息（如架构、组件、软件接口），数据信息（如软件中被动对象的格式和语义）或者行为信息（如场景、交互、对软件中活动对象的执行）。

2. 形式化

一个建模语言的形式化程度可以从有限的形式化到完全形式化。后者是最严格的，可以让模型能进行全面分析；而前者往往更具有可操作性。至少，一个建模语言应该有一个正式的语法（如包括结构化文本或结构化表）。它也可以有一个正式定义的语义。

3. 描述形式

建模语言可以使用不同的描述形式，可以从文字到图形形式，也可以二者结合。图形方式通常更方便用户使用并且易懂；而文字形式通常更易于工具的使用，可以高效地编写和维护。

建模语言的分类如下。

（1）针对结构模型的建模语言。

这类建模语言支持对软件的结构化元素的定义和说明，例如，对接口、组件和层级结构的定义和说明。结构化建模语言的例子有 UML 构件图。

（2）针对数据模型的建模语言。

这类建模语言支持对数据类型和值的定义和说明。数据模型的建模语言的例子包括 UML 类图和值的定义和说明。

（3）针对行为模型的建模语言。

这一类的建模语言支持事件、行动、反应和（或）软件交互的定义和说明。这类建模语言的例子包括 UML 活动图或交互图，状态机或业务过程建模符号，如图 8.19 所示。

（4）集成语言。

通常情况下，建模语言不局限于某个方面，而是为多个方面提供概念。一个例子是 UML 本身，这些不同的图可以通过组合来表示软件的不同方面。

MBT 建模语言的选择与初始的项目目标紧密相关，考虑此项目开发和需测试的软件，同样还涉及正在开发的软件的系统属性。在综合考虑后，就能得到一系列的建模语言准则。这需要在基于相关系统特有属性的基础上评估这些准则，遵守以下必需的准则。

（1）状态图用来描述一个控制/命令行形式的测试对象的期望行为。

（2）活动图用来描述一个信息系统端对端测试的工作流。

（3）决策表和因果图用来描述系统测试的业务规则。

（4）时序模型用来描述在与时序有关的测试用例中测试对象的反应。

（5）特征模型用来描述软件产品线环境中的变化。

另外，建模语言与项目目标之间的关系更多的例子还包括：

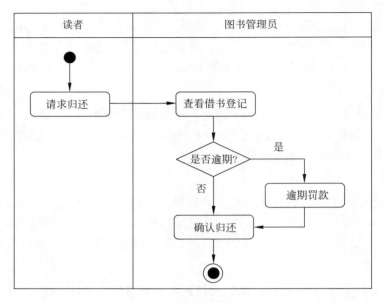

图 8.19　带泳道的 UML 活动图

（1）对于人身财产安全性关键（safety-critical）和信息安全性关键（security-critical）软件进行认证的非功能性要求，一般需要把软件需求与代码和测试用例连接起来。

（2）对于为了审计和认证而进行过程文档化的非功能性要求，需要模型支持方便文档化的注释。

8.6　测试用例设计案例

某软件公司的带薪年假计算方法如下：职工在该公司累计工作不满 3 年的，年休假为10 天；已满 3 年不满 5 年的，年休假为 12 天；已满 5 年不满 10 年的，年休假为 16 天；已满10 年的，年休假为 20 天。根据员工的不同服务年限来计算年假，可得到四个有效等价类和三个无效等价类，如表 8.26 所示。

表 8.26　有效等价类和无效等价类

程序参数	等　价　类
员工服务年限	有效等价类： $0 < x < 3$ $3 \leqslant x < 5$ $5 \leqslant x < 10$ $10 \leqslant x < 60$
	无效等价类： $x \leqslant 0$：员工在公司的服务年限不可能是负值或 0 $x \geqslant 60$：在该公司服务年限大于 60 是不可能的 NaN：员工在公司的服务年限不可能是非数值

结合等价类划分方法和边界值分析法,设计测试用例如表 8.27 所示。

表 8.27　测试用例

测试用例编号	输入数据	期望输出
1	0.5	10
2	3	12
3	5	16
4	10	20
5	0	工作年限应为非负数值,请重新输入
6	60	工作年限过长,请重新输入
7	abc	工作年限应为非负数值,请重新输入

在测试用例设计时,可以采用如下综合策略。

- 根据需求规格说明书使用等价类划分方法设计基本的测试用例。
- 输入或输出数据优先考虑采用边界值分析方法,因为该方法发现程序错误的能力较强。
- 对照程序逻辑,检查已设计出的测试用例的逻辑覆盖程度,如果没有达到要求的覆盖标准,应当再补充足够的测试用例。
- 如果需求规格说明中含有输入条件的组合情况,则一开始就可选用决策表法。
- 软件测试人员根据实际经验列出可能的错误或易出错的情况,多考虑异常场景的测试用例,如除数为零、空表、负数值的开方、程序逻辑内的非正常操作等情况。

后期优化测试用例时,可对测试用例进行分解与合并;并总结之前项目经验并吸取教训,持续改进测试用例;在测试时还可以利用发散思维构造测试用例,重点考虑边界值、非法输入及异常场景。

8.7　本章小结

测试设计技术的选择基于很多因素,包括下列因素:组件或系统的类型、组件或系统的复杂性、法律法规标准、客户或合同的需求、风险级别、风险类型、测试目标、可用的文档、测试人员的知识和技能、可用的工具、时间和预算、软件开发生命周期模型、软件期望的使用方式、以前测试组件或系统所使用测试技术的经验、在组件或系统中期望发现的缺陷类型等。

有些技术更适用于特定的环境和测试级别,而有些则适用于所有的测试级别。在创建测试用例时,测试员通常使用测试技术的组合来实现测试工作的最佳结果。在测试分析、测试设计和测试实施活动中使用测试技术的范围,可以从非常非正式(很少甚至没有文档)到非常正式。适当的正式程度取决于测试周境,包括测试和开发过程的成熟度、时间限制、安全或合规要求、相关人员的知识和技能,以及所遵循的软件开发生命周期模型。

基于缺陷和经验的技术需要将有关缺陷知识和其他测试经验应用到目标测试中,以提高缺陷发现率。形式从没有预先计划的快速测试到有计划的测试会话到脚本化的测试。在下列情况下有特别的价值:无规格说明、被测系统文档质量很差、没有足够的时间允许设计和创建测试、测试人员有丰富的领域和(或)专业知识和经验、多样化脚本测试以最大限度地提高测试覆盖率、对操作失效进行分析等。

　　基于缺陷和经验的测试与基于规格说明的技术结合使用非常有用，因为通过其他测试技术可以弥补测试覆盖中的弱点。正如基于规格说明的技术，没有哪一个技术完美到可以适用所有情况。重要的是测试分析师要了解每种技术的优缺点，并能考虑项目类型、进度、获取的信息、测试人员的技能和其他可以影响选择的因素，选择最好的技术或技术组合。

　　基于结构技术的选择是根据被测试系统的实际情况决定应达到的基于结构测试的覆盖级别。越重要的系统越需要高级别的覆盖。一般情况下，所需的覆盖级别越高，也需要更多的时间和资源来达到该覆盖级别。通常，测试人员应该根据被测软件系统的实际情况来选择基于结构的测试方法。

　　本章介绍了测试设计技术，针对不同测试对象解决不同测试领域的问题。

　　(1) 黑盒测试技术主要有等价类划分法、边界值分析法、决策表法、状态转换法等。各种测试方法可满足不同特征的测试对象的测试需求。

　　(2) 白盒测试技术主要解决程序覆盖问题和路径遍历问题。根据被测对象与所选技术确定测试强度。语句覆盖、分支覆盖是覆盖测试的最低标准，更强的覆盖需要应用更强测试，如条件测试、条件组合测试等。

　　白盒测试允许观察"盒子"内部，不像黑盒测试那样把系统理解为一个"内部不可见的盒子"，不需要明白内部结构。为了完整地测试一个软件，这两种测试都是不可或缺的。一个产品在其概念分析阶段直到最后交付给用户期间往往要经过多种测试。

　　(3) 路径能否被全面覆盖是测试的重要问题。路径完全覆盖是测试的理想状况，但很多情况下不可能实现。路径覆盖的目的是设计足够的测试用例为测试代表达到覆盖程序所有可能路径。

　　(4) 软件失效的严重程度和预期的风险能够指导测试技术的选择和测试强度的确定。

　　(5) 应该明确测试对象的类型，根据测试对象选择合适的测试技术。测试对象本身特征预测是测试技术首选问题。行业标准与法规也会要求使用特定测试技术与覆盖准则。

第9章

软件测试管理

视频讲解

9.1 组织和项目周境的软件测试

各种类型的软件组织,无论是拥有成千上万名员工的大型软件企业,还是只有几人的初创公司或工作室,软件测试都是必需的工作内容。通常,只有在成熟度较高的组织中,才能建立可靠而稳定的软件测试体系。在成熟度低的组织中,软件测试活动缺乏连贯性,很难和软件开发活动协同配合,会降低软件测试的效率和有效性。

行业经验表明,任何测试策略、方针、计划、方法、过程都不能适应所有情形。为了确保多个软件测试得以顺利开展,成熟的组织既要统筹考虑组织层面的测试策略与方针,又要兼顾各项目差异化的测试需求和不同的软件测试工作切入时机。

软件测试的周境涉及很多要素,包括组织机构、组织级测试方针、组织级测试策略、软件项目等。为了确保高质量软件,组织机构根据软件标准(包括国际标准、国家标准、行业标准)把软件测试纳入到组织的统一监管之下,订立组织级测试方针和组织级测试策略。软件机构同时对多个软件项目进行开发维护。针对每一个软件项目,组织机构建立项目计划,把测试计划作为项目计划的一部分。结合项目特点,根据组织级测试方法、组织级测试策略和项目测试需求,制订项目测试计划。项目测试计划还可以进一步细化为子过程测试计划。每一个子过程测试计划和特定类型的测试、某层次的测试工作相关。子过程测试计划、项目测试项目统称为测试计划。测试计划之中,以测试策略的形式详细定义了如何开展测试的细节。测试策略指明了测试时要执行的测试级别、测试类型,指出测试执行时采用的测试方法、测试技术、测试自动化等级、测试停止标准。其中,测试技术包括静态测试技术和动态测试技术。测试级别包括组件测试、集成测试、系统测试和验收测试。根据软件质量属性不同,细化得到各种类型的测试,如功能测试、性能测试、兼容性测试、可靠性测试、移植性测试、安全性测试等。软件测试的周境如图9.1所示。

测试方针是用业务术语表达了组织对软件测试的管理期望和方法,适用于所有参与测

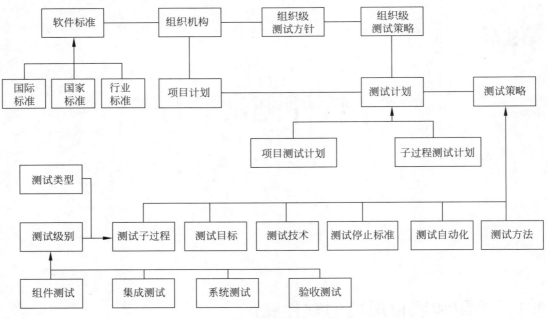

图 9.1 软件测试的周境

试的人员,但主要对象是高层管理者。测试方针还指导了有关组织级测试策略的制定和组织级测试过程的实施。组织级测试方针的创建、实现和维护由组织级测试过程定义。

组织级测试策略表达了对组织内运行的所有项目执行测试管理过程和动态测试过程的要求和约束。当组织内各项目间性质上存在较大差异时,可制定多个组织级测试策略。组织级测试策略与组织级测试方针保持一致,并描述如何执行测试。组织级测试策略的创建、实施和维护也由组织级测试过程定义。

测试管理过程中对执行测试的过程提出管理要求。对已识别项目风险和约束条件进行分析,并考虑组织级测试策略,提出项目级测试策略。在策略中定义和详细阐述要执行的静态和动态测试、总体人员配置、平衡给定约束、要完成的测试工作范围和质量要求等方面,并记录在项目测试计划中。在测试期间,执行监测活动以确保测试按计划进行,并确保风险得到正确处理。同时,如果需要对测试活动进行任何变更,则向相关测试过程或子过程发出控制指令。在监测和控制期间,可定期生成测试状态报告,以告知利益相关方测试进度。项目测试的总体结果记录在项目测试完成报告中。

基于项目,测试策略通常会将测试项目构建成多个测试子过程。测试子过程可以与软件生存周期阶段相关联,和(或)关注于特定质量属性。测试子过程可包括静态测试和动态测试。测试管理过程贯穿每个测试子过程。测试子过程从测试策划开始,测试监测和控制活动贯彻于整个测试子过程,监测活动获取的信息可能会导致策划进行适当重审。

测试子过程很少只包含一轮动态测试或静态测试。测试子过程重复执行多轮次时,称为回归测试。

9.2 测试组织

9.2.1 测试角色

开展测试工作的人员角色有很多种,包括测试总监、测试经理、测试员、(软件)用户。测试实战中,一个人可能扮演一个或多个测试角色。例如,小张作为项目经理,负责某项目的测试统筹工作,还作为测试人员执行集成测试工作。

- 测试总监负责组织级测试管理工作。
- 测试经理专注于特定软件项目的测试工作,协调资源做好项目测试管理工作。
- 测试员负责开发测试可交付成果,并完成与动态测试过程相关的过程。
- (软件)用户是使用软件的人。通常,用户进行验收测试,包括用户验收测试和产品软件的 α 测试、β 测试。

9.2.2 测试组织和测试独立性

测试应尽可能客观。通常,开发者发现自己工作中的缺陷比独立测试人员找到相同缺陷更困难。

下列场景中测试独立性逐步提升。

- 开发者测试自己的产品。
- 测试由不是开发本产品的开发者设计和执行,例如,开发者同一组织的另一位开发者。
- 测试由与开发者同一组织的测试人员设计和执行,并向同一经理汇报。
- 测试由独立于开发组织的测试人员设计和执行,但仍然是内部的。
- 测试由外部组织(顾问)雇用的测试人员设计和执行,但与开发者在同一组织中工作。
- 测试由外部组织中的测试人员设计和执行(第三方测试)。

独立测试的目的是在项目的时间、预算、质量和风险限制范围内,在设计测试和生产测试项的人员之间获得尽可能多的独立性。组织级测试策略应确定组织中必要的测试独立性程度,并在项目测试计划和当前测试子过程计划中继承。风险较高的情况通常会导致更高的独立性。

9.3 测试过程管理

为了提高组织机构的软件测试能力,ISO/IEC/IEEE 29119:2013 标准和 GB/T 38634—2020 标准倡导软件组织建立完善的软件测试体系,从组织层面、软件项目层面、特定的测试工作三个层次上构建软件测试体系(图 9.2),包括组织级测试过程、测试管理过程、子测试过程。组织级测试过程定义了组织级测试方针和组织级测试策略。中间层为测试管理活动,包括项目测试管理、阶段测试管理、类型测试管理。底层为子测试过程,指导特定层次、特定类型的测试如何开展。

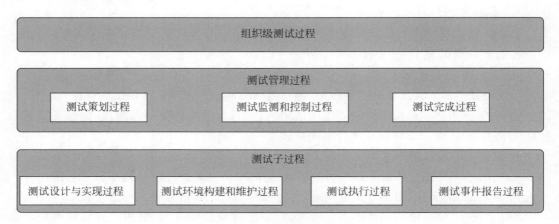

图 9.2 三层架构的软件测试过程体系

9.3.1 组织级测试过程

组织级测试过程用来开发和管理组织级测试规格说明。组织级别测试规格说明包括组织级测试方针、组织级测试策略。其中,组织级测试方针描述了组织机构高层的测试目标、测试范围,具有跨越多个软件项目的约束力;组织级测试策略定义了组织机构如何开展项目测试所需的测试方法、测试技术、测试最佳实践等内容。

组织级测试过程(图 9.3)包含组织级测试规格说明的建立、评审和维护活动,还包括组织级依从性监测。其目标是开发和维护组织级测试规格说明,并通过组织依从性监测确保组织级测试规格说明被严格执行。

1. 开发组织级测试规格说明

开发组织级测试规格说明要完成如下任务。

- 通过研讨会、访谈等方式从组织内的当前测试实践和利益相关方中进行识别出组织级测试方针和测试策略,整理形成组织级测试规格说明。
- 把组织级测试规格说明传达给组织机构的相关涉众。
- 组织级测试规格说明的内容必须得到相关涉众的一致同意。

2. 监测和控制组织级测试规格说明的使用

此活动包括如下任务。

- 监测组织级测试规格说明的使用情况,以确定其是否在组织内部被有效地使用。
- 采取适当措施,鼓励利益相关方行为与组织级测试规格说明的要求保持一致。

3. 更新组织级测试规格说明

此活动包括以下任务。

- 评审组织级测试规格说明的使用反馈。
- 考虑组织级测试规格说明的使用和管理的有效性,确定和批准任何改进其有效性的反馈和变更。

- 如果组织级测试规格说明的变更已确定并得到批准,则应实施这些变更。
- 组织级测试规格说明的所有变更应在整个组织内传达,包括所有利益相关方。

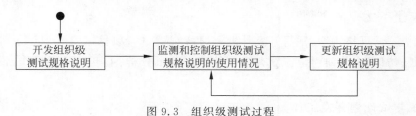

图 9.3　组织级测试过程

9.3.2　测试管理过程

测试管理过程适用于整个软件项目的测试管理,也用于各测试阶段(如组件测试、集成测试)的测试管理,以及各种测试类型(如性能测试、功能测试)的管理。测试管理过程包括测试策划过程、测试监测和控制过程、测试完成过程三个环节,如图 9.4 所示。

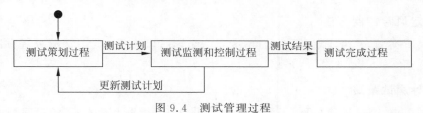

图 9.4　测试管理过程

测试管理过程需要与组织级测试过程一致,例如,组织级测试方针和组织级测试策略。根据实施情况,测试管理过程可能会对组织级测试过程产生反馈。

1. 测试策划过程

测试策划过程用于制定测试计划。制订测试计划需要执行如图 9.5 所示的各项活动。通过执行定义的活动可以获得测试计划的内容,并将逐步制定测试计划草案,直至形成完整的测试计划。由于此过程的迭代性质,测试策划过程中的各项活动都可能被迭代进行。

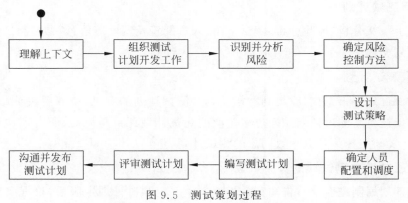

图 9.5　测试策划过程

测试过程中,测试计划要根据计划执行的结果以及新增的信息进行变更。根据变更的规模和性质,需要重新执行图 9.5 中的活动来维护测试计划。

2. 理解上下文

以组织级测试规格说明、项目开发计划、软件产品文档、项目风险登记记录等材料为基础,通过调研、访谈、会议研讨等方式开展软件测试需求分析、上下文分析工作,识别并描述测试周境。

3. 组织测试计划开发工作

此活动需要完成如下任务：根据上下文分析结果,识别出测试计划中需要执行的活动;确定参与测试活动的利益相关者,和这些利益相关者充分沟通。

4. 识别并分析风险

以项目风险登记表为基础,评审先前发现的风险,识别出软件测试相关风险、可以通过测试处理的风险。对测试风险进行分类,确定各个风险要素的发生概率、严重程度,记录风险分析结果。

5. 确定风险控制方法

根据风险类型、发生概率、严重程度,为每一个测试风险项确定其风险处理方法,整理形成风险处理预案。

6. 设计测试策略

以测试需求、测试风险、组织级测试规格说明为基础,设计测试策略,明确测试目标、测试阶段划分、测试类型定义,选择合适的测试方法、测试技术,明确测试环境与测试工具、测试完成标准,拟定测试监测和控制的指标,对测试所需资源进行初步估计,整理形成测试策略。

7. 确定人员配置和调度

根据测试策略的描述,识别出测试人员的角色和技能要求。对测试任务进行测试人员分配。如果当前测试人员或人员技能不足,确定测试人员招聘需求和必要的培训、认证需求。

8. 编写测试计划

把测试上下文分析、风险分析、测试策略、人员配置及调度等信息,参照测试计划模板整合到测试计划文档中。

9. 评审测试计划

开展测试计划评审工作,收集利益相关方对测试计划的意见,协商解决分歧,并根据利益相关方的反馈更新测试计划。通过多轮次的测试计划评审与协商,所有利益相关方共同参与,最终开发利益相关各方一致同意的测试计划。

10. 沟通并发布测试计划

把测试计划编制进度及时告知利益相关方。一定测试计划定版后,根据实现商定版本及发布策略将测试计划发布出去,使得利益相关各方都能方便地访问测试计划文档。

9.3.3　测试监测和控制过程

测试监测和控制过程检查测试是否按照测试计划以及组织级测试规格说明(如组织级测试方针、组织级测试策略)进行。如果存在重大偏差,则将采取措施以纠正或弥补由此产生的偏差,如图 9.6 所示。

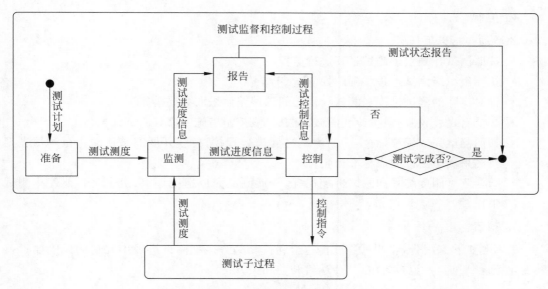

图 9.6　测试监测与控制过程

该活动对测试子过程进行监测和控制,应用于单个测试阶段,也可用于特定测试类型的测试。在后一种情况下,它被用作动态测试过程描述的动态测试的监测和控制的一部分。当作为整个项目的测试监测和控制的一部分应用时,它将直接与用于管理项目的单个测试阶段和测试类型的测试管理过程交互。

测试监测和控制过程的目的是确定测试进度能否按照测试计划以及组织级测试规格说明(如组织级测试方针、组织级测试策略)进行。它还根据需要启动控制操作,并确定测试计划的必要更新。

1. 准备

此活动包括以下任务。

- 如果测试计划或组织级测试策略尚未定义测试测度,需要制订适当的测试测度来监测测试计划的执行进度。
- 如果测试计划或组织级测试策略尚未定义这些方法,确定新的和变更风险的合适方法。
- 应建立监测活动,例如测试状态报告和测试测度收集,以收集测试计划和组织级测试策略中确定的测试测度。

2. 监测

此活动需要完成如下任务。

- 对子测试过程进行测度,以此来监测测试计划的进度情况。
- 发现实际的测试进度和测试计划存在偏差时,记录阻碍测试进度的因素。
- 识别并分析风险,与利益相关方沟通风险情况,协商确定需要通过测试活动来缓解的风险要素。

3. 控制

此活动包括以下任务。

- 按照测试计划对子测试过程进行监控。
- 执行组织级测试过程收到的控制指令。
- 针对实际的测试进度和测试计划之间的偏差而采取必要措施。
- 必要时,发出控制质量改变测试方法、风险控制措施或修订测试计划。
- 参照测试完成标准,对实际的测试进度进行管控,持续开展测试活动直至测试进度及结果满足测试完成标准为止。
- 结合测试测度结果和测试进展情况,开展测试完成情况评审,决定是否要停止测试工作。

4. 报告

编写测试状态报告,将测试进度传达给利益相关方。把测试进展中发现的风险要素及其变化记录到风险登记报告中,并传达给利益相关方。

9.3.4 测试完成过程

测试完成过程(图 9.7)是测试活动完成后执行的,总结测试项目的经验教训,使测试环境恢复到测试前状态,整理并归档测试制品,编写测试总结报告。

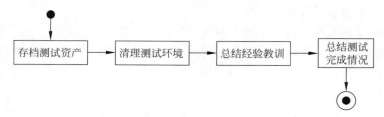

图 9.7　测试完成过程

测试完成过程的目的是提供有用的测试资产供以后使用,让测试环境保持良好状态,记录测试项目结果,总结测试经验教训。常见的测试资产包括测试计划、测试用例文档、测试脚本、测试工具、测试数据,等等。

1. 存档测试资产

识别出可复用的测试资产,将可复用的测试资产有效地管控起来以备其他项目使用。把可复用的测试资产记录到测试完成报告中,并传达给利益相关方。

2. 清理测试环境

把测试环境恢复到预先定义的状态，为其他项目的测试工作做准备。

3. 总结经验教训

总结测试过程中的经验教训，包括测试最佳实践、测试活动中发现的各类问题、后续的改进措施，等等。将测试经验教训记录下来，整合形成测试完成报告，并发布给利益相关方。

4. 总结测试完成情况

收集整理测试文档，包括但不限于测试计划、测试状态报告、测试完成报告、事件报告。编写并评审测试完成报告，使之获得利益相关者一致同意。发布测试完成报告，便于利益相关者查阅和访问。

9.3.5　测试子过程

测试子过程用于特定测试阶段（如组件测试、集成测试、系统测试、验收测试）或特定测试类型（如性能测试、兼容性测试、易用性测试）时开展测试工作。

测试子过程利用测度度量手段实现测试过程量化表达形成测试测度，为测试管理过程提供即时反馈。测试管理过程根据测试测度结果向测试子过程下发控制指令，从而对测试子过程进行调整。

测试测度是测试子过程的输出和测试监测和控制过程的输入。测试测度用于向测试管理人员报告测试的状态和进度。例如，测试测度可以用来指示测试管理中测试团队已经执行了多少测试用例。控制指令是测试管理过程的输出和动态测试过程的输入（图9.8），并且可以在动态测试过程的任何活动期间起作用。控制指令对应于测试管理人员的指令，指示测试团队如何进行动态测试。例如，向测试团队提供控制指令，指导他们为新功能设计追加测试用例，这些新程序功能已由测试经理分配给了他们的团队。

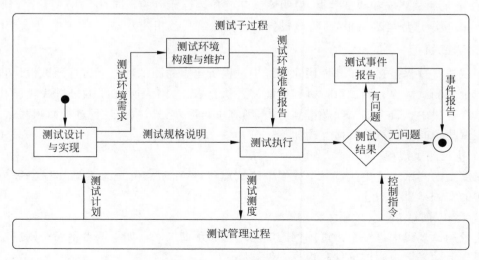

图 9.8　测试子过程

1. 测试设计与实现

测试设计与实现过程用于获取测试用例和测试规程，通常记录在测试规格说明中，但可能会立即执行。该过程要求测试人员应用一种或多种测试设计技术来导出测试用例和测试规程，最终目标是达到测试完成准则，通常用测试覆盖率测度来描述。许多情况都可能导致此过程中的活动之间的迭代。需要注意，在某些情况下它可能会重用以前设计的测试资产，尤其是正在进行的回归测试。

测试设计和实现过程要执行的测试活动包括分析测试依据、组合生成特征集、导出测试条件、导出测试覆盖项、导出测试用例、导出测试集、导出测试规程，并汇总形成测试规格说明。

2. 测试环境构建与维护

测试环境构建与维护过程用于建立和维护测试执行的环境，并将其状态传达给所有的利益相关者。测试环境需求最初在测试计划中描述，但测试环境的详细组成通常只有在测试设计和实现过程开始后才会变得清晰。测试过程中，可以根据测试结果、测试过程效率情况对测试环境进行变更，进行测试环境维护工作。

维护测试构建与维护过程的产出品包括测试环境、测试数据、测试环节准备报告、测试数据准备报告、测试环节变更报告等测试制品。

建立测试环境时，根据测试计划、测试设计和实现过程中导出的测试环境需求、测试工具要求，开展如下工作。

- 为测试环境制定计划，指明测试环境需求、接口、进度和成本。
- 设计测试环境。
- 搭建测试环境，并准备好测试环境所需的测试数据、测试工具。
- 在测试环境中安装和配置测试项目。
- 验证测试环境是否符合已识别的测试环境要求。
- 记录测试环境和测试数据，说明测试环境和运行环境的异同点。
- 编写测试环境准备报告，将该报告内容传达给利益相关方。

3. 测试执行

测试执行过程是在测试环境构建与维护过程所建立的测试环境上运行测试设计和实现过程产生的测试规程。测试执行过程可能需要执行多次，因为所有可用的测试规程可能不会在单个迭代中执行。如果问题得到解决，则宜重新进入测试执行过程进行回归测试。

测试执行时要执行的具体互动如下。

1）执行测试规程

在就绪的测试环境中执行一个或多个测试规程，然后观察并记录测试规程中每一个测试用例的实测结果。

2）比较测试结果

比较测试规程中每一个测试用例的实测结果和预期结果。如果两者不相符则启动测试事件报告活动来记录测试事件和报告软件缺陷。

3）编写测试执行报告

根据测试执行情况，编制测试执行日志、测试执行报告。

4. 测试事件报告

测试事件报告过程将识别测试不通过、测试执行期间发生的异常及意外事件、回归测试通过与否等情况记录下来,生成测试事件报告,并把测试事件报告传达给利益相关者。

9.4 测试管理的支持工作流

9.4.1 软件项目管理与软件测试

项目管理对整个软件项目进行策划和控制,其工作范畴涵盖测试管理。测试活动的估算、风险分析和进度安排应与整体项目策划统一。项目计划是项目管理过程中的信息项,因此在用于管理测试项目时,它是测试管理过程的输入。在测试项目过程中,测试经理会分析从详细的测试活动中收集的测量结果,并将其传达给项目经理,以便在项目周境中进行分析。这可能引发测试项目的项目计划变更,更新的项目计划和相应的指令应发布到测试项目中,以帮助确保测试项目得到控制。当测试子过程或测试项目完成时,向项目经理提供一份总结测试子过程或测试项目的过程和结果的完成报告。

9.4.2 配置管理与软件测试

配置管理是测试交互的另一组支持过程。配置管理的目的是建立和维护工作产品的完整性。好的做法是在运营使用之前对组织或项目的配置管理系统进行测试,以确定其是否符合组织或项目要求。配置管理过程包括产品周期内所选工作产品、系统组件和系统的唯一标识、受控存储、发布审核、变更控制和状态报告。配置管理的对象称为配置项。配置管理过程是事件驱动的,即都是依据各自的过程独立启动的。

测试过程中的工作产品可以纳入配置管理,包括:

- 组织级测试规范(如测试方针、组织级测试策略);
- 测试计划;
- 测试规范;
- 测试环境配置项,如测试工具、测试数据(库)、驱动、桩模块。

提供给测试过程的配置项是过程需要作为输入并纳入配置管理的工作产品。从测试过程传递的配置项是测试过程产生的工作产品,其需要纳入配置管理。例如,组织级测试过程可以产生测试方针和组织级测试策略,其被纳入配置管理。项目测试经理可以从配置管理中获取项目计划,并作为项目测试计划的基础,随后该项目测试计划纳入配置管理。执行测试子过程的测试人员可以从配置管理中获取需求规格说明,并作为测试规格说明的基础,该测试规格说明随后纳入配置管理。

为了能够复现问题以便进一步分析,最好的做法是(在可能的情况下)使配置管理系统足够全面和健壮,以便在将来的任何时候都可以在恰好与以前相同的条件情况下进行回归测试。只要在组织级测试策略或项目计划中明确异常,就可以从重复性需求中排除某些类型的测试,例如组件测试。测试过程的配置管理报告宜提供分析事件进度和状态所需的详细措施。

9.5　测试成熟度模型集成 TMMi

随着软件规模、复杂度越来越高,软件高质量快速交付成为一项艰巨任务。如何提高测试效能,保障软件质量,是软件机构面临的棘手问题。许多机构通过采用诸如 CMM、CMMI、ISO 标准改善软件过程,然而这些标准对软件测试的关注度都不高。为此,非营利性组织 TMMi 基金会提出测试成熟度模型集成(Test Maturity Model Integration,TMMi),倡导通过测试过程的持续改进来提升软件质量。TMMi 以美国伊利诺伊理工大学开发的 TMM 框架为基础,借鉴了 CMMI、Gelperin 和 Hetzel 的测试模型演化、Beizer 测试模型以及 IEEE 829、ISTQB 标准中关于软件测试的相关论述和观点。

TMMi 框架是测试过程改进的指南和参考框架。作为 CMMI 1.2 版本的互补模型,TMMi 对测试经理、测试工程师、软件质量专家解决软件测试相关问题提供技术指导。在 TMMi 中,软件测试的演进是一个从无序且不明确的测试过程,发展到一个以缺陷预防为主要目标的成熟可控的过程。

9.5.1　TMMi 的测试成熟度级别

在 TMMi 各个级别,规定了成熟度级别和测试过程改进的路径,如图 9.9 所示。每个级别都有一组过程域,组织需要实施这些过程域来达到成熟度级别提升的目标。实践证明,组织每次关注测试过程改进中可控数量的过程域上的投入可以使之竭尽全力,并且随着组织的改进这些域也日益成熟。因为每个成熟度级别都是下一个级别的基础,试图跳过一个成熟度级别往往适得其反。然而,必须牢记测试过程改进的努力应集中于组织的经营环境需要,较高的成熟度级别过程域可能涉及组织或项目当前的需要。

1. 1 级:初始级别

在 TMMi 1 级,测试是一个混沌、不明确的过程,通常被认为是调试的一部分。组织一般不提供一个稳定的环境去支持过程。在这些组织中,成功依赖于组织中人员的能力和英雄主义,而不是经过验证的过程。测试是在编码完成后自发开展的。测试和调试交错进行,以消除系统里的缺陷。这个级别的测试目的是要表明,该软件运行时没有重大故障。产品发布时对质量和风险没有足够的可见度。这样,产品往往不能满足需求,不稳定并(或)太慢。在测试时,缺少资源、工具和受过良好培训的员工。在 TMMi 1 级,并没有明确的过程域。TMMi 1 级的组织有过度承诺倾向、在危机时放弃过程,以及无法重复它们的成功。此外,产品往往不能按时发布,预算超支并无法达到期望的交付质量。

2. 2 级:已管理级

在 TMMi 2 级,测试成为一个已管理的过程,并且明确地与调试分开。TMMi 2 级所表现的秩序有助于确保久经考验的实践在有压力的时期被保留下来。尽管如此,测试仍然被很多项目干系人认为是在编码之后的一个项目阶段。在测试过程改进的背景下,建立了一个全公司或全项目的测试策略,也制订了测试计划。在测试计划中定义了测试途径,该途径是基于一个产品的风险评估结果。风险管理技术经常被用于基于文档化需求来识别产品风

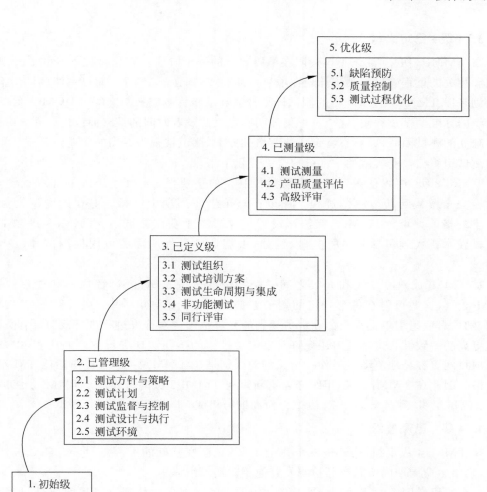

图 9.9　TMMi 框架

险。测试计划定义了什么是必需的测试,何时、如何以及由何人完成。与项目干系人建立承诺并根据需要进行修改。测试被监督和控制,以确保它是按照计划来执行,并且保证发生偏差时可以采取措施。工作产品的状态和测试服务的交付对管理人员是可见的。测试设计技术应用于根据规格生成和选择的测试用例。但是,测试可能仍然在开发生命周期中相对较晚的阶段开始,例如,在设计或甚至在编码阶段。

在 TMMi 2 级,测试是多级别的,如组件、集成、系统和验收测试级别。在组织范围或项目范围的测试策略中,为每个确定的测试级别定义了特定的测试目标。测试和调试的过程是有区别的。

在 TMMi 2 级组织的主要测试目的是验证产品满足特定的需求。在这个 TMMi 等级的很多质量问题是因为测试在开发生命周期的后期进行才发生的。缺陷从需求和设计传递到代码中。到目前为止还没有正式的评审程序能解决这一重要问题。编码之后以执行为基础的测试仍然被很多相关干系人认为是首要的测试活动。TMMi 2 级的过程域包括测试方针与策略、测试计划、测试监督与控制、测试设计与执行、测试环境。

3. 3 级：已定义级

在 TMMi 3 级中，测试不再局限在编码之后的一个阶段。它完全被集成到了开发生命周期和相关的里程碑里。测试计划在项目前期完成，如在需求阶段，制订主测试计划。主测试计划是以 TMMi 2 级所获得的测试计划技能和承诺为基础来制定的。TMMi 3 级的基础是组织的标准测试过程集，这个过程集被明确定义并随着时间的推移而改进。在该级别中，拥有独立的测试团队，并且有特定的测试培训方案，测试被视为专门的职业。测试过程改进作为测试组织已接受实践的一部分完全制度化下来。

TMMi 3 级，组织认识到评审在质量控制中的重要性；实施了正式的评审程序，但是还没有完全覆盖到动态测试过程。评审在整个生命周期中进行。专业的测试人员参与了需求规格的评审。TMMi 2 级测试设计主要集中于功能测试，在 TMMi 3 级测试设计和测试技术扩大到包括非功能测试，例如，根据业务目标所需的可用性测试和（或）可靠性测试。

在 TMMi 成熟度 2 级和 3 级之间一个关键的区分是标准、过程描述和规程的范围。TMMi 2 级，这些可能在每个特定的例子上是相当不同的，如一些个别项目。在 TMMi 3 级，个别项目或组织单元都只能在裁剪规则的允许范围内对标准过程进行裁剪，因此这些项目有更高的一致性。这种裁剪还允许对已定义过程的不同实现进行有效的比较，以及让人员在项目间更容易地流动。另外一个关键的区别是在 TMMi 3 级，过程描述比 TMMi 2 级更严格。因此在 TMMi 3 级，组织必须重新审视 TMMi 2 级的过程域。TMMi 3 级的过程域有：测试组织、测试培训方案、测试生命周期与集成、非功能测试、同行评审。

4. 4 级：已测量级

在 TMMi 4 级组织，测试是一个完全定义、有良好基础的可测量过程。测试被认为是评估，它由生命周期内所有产品检查及其他相关活动组成。

一个组织范围内的测试测量方案会被实施，可以用来评估测试过程的质量，评估生产率，并监督改进。测量已纳入组织的测量库，以支持基于事实的决策。测试测量方案还用于预测测试性能和成本。关于产品质量，测量方案的存在使一个组织能够通过定义质量需求、质量属性和质量度量来实现产品质量评价过程。（工作）产品的评价是使用质量属性的量化指标，如可靠性、易用性和可维护性。产品质量目标在整个生命周期可用量化术语来理解并针对已定义的目标来管理。评审和审查，被认为是测试过程的一部分，用来在生命周期早期测量产品质量，并作为正式控制质量的阶段点。同行评审，作为一个缺陷检测技术，变成与产品质量评估过程域保持一致的产品质量测量技术。TMMi 成熟度 4 级包含：建立同行评审（静态测试）和动态测试之间协作的测试途径，使用同行评审结论和数据来优化测试途径，目的是使测试更有效率和有效果。同行评审已完全与动态测试过程集成，例如，一部分的测试策略，测试计划和测试途径。TMMi 4 级的过程域包括测试测量、产品质量评估、高级评审。

5. 5 级：优化级

TMMi 从 1 级到 4 级所有测试改进目标的实现都为测试创造了一个组织的基础架构，它支持完全的已定义和已测量的过程。在 TMMi 成熟度 5 级，组织基于统计控制过程的定量认知，具备了持续过程改进的能力。提高测试过程性能是通过过程和技术的增量和创新的改进来进行的。对测试方法和技术进行了不断地优化，并持续关注细微调整和过程改进。

一个持续优化的测试过程，在 TMMi 中被定义为：

- 已管理的、已定义的、已测量的、有效率和有效果的；
- 统计控制的和可预测的；
- 关注于缺陷预防；
- 自动化支持被视为资源的有效利用；
- 能够支持技术从行业转移到组织；
- 能够支持测试资产的重复使用；
- 专注于过程改变，实现持续改进。

为了支持测试过程基础架构的持续改进，并识别、计划和实现测试改进，通常会正式成立一个永久的测试过程改进小组，小组成员都接受过能提高他们技能的专业训练，从而获得帮助组织成功所需的技能和知识。在很多组织中，这个小组被称为测试过程组（TPG）。在 TMMi 3 级，当测试组织被引入时开始正式支持测试过程组。在 TMMi 4 级和 5 级，随着更多高级别的实践被引入，责任也增加了，例如，确定可重用的测试（过程）资产，开发和维护测试（过程）资产库。

建立缺陷预防过程域，是为了识别和分析在开发生命周期中出现的缺陷的一般原因，并制定措施以防止今后再发生类似的缺陷。测试过程性能的异常，是过程质量控制的一部分，对它们进行分析，以查明它们的原因，作为缺陷预防的一部分。目前，测试过程通过质量控制过程域来进行统计管理，包括统计抽样、测量置信水平、可信度和可靠性驱动测试过程。测试过程的特点是基于抽样的质量测量。

在 TMMi 5 级，测试过程优化过程域引入了微调机制，不断改进测试。有一个既定的规程来识别过程改进，同时也通过选择和评价新的测试技术来识别过程改进。支持测试过程的工具，在以下方面都起到了作用：测试设计、测试执行、回归测试、测试用例管理、缺陷收集和分析等。组织中的过程和测试件的重复使用也是常见的做法，并由测试（过程）资产库支持。

TMMi 5 级有三个过程域，分别是缺陷预防、质量控制、测试过程优化。这三个过程域是高度相关联的。例如，缺陷预防过程域支持质量控制过程域，如分析过程性能的异常值和进行缺陷因果分析，并实施预防缺陷再次发生的实践。质量控制过程域有助于测试过程优化过程域，测试过程优化过程域支持缺陷预防过程域和质量控制过程域，例如，通过实施测试改进建议来支持缺陷预防过程域和质量控制过程域。所有这些过程域，依次需要低级别过程域完成时所获得的实践来支持。在 TMMi 5 级，测试是一个以预防缺陷为目的的过程。

9.5.2　TMMi 的结构

TMMi 定义了 5 个测试成熟度级别，如图 9.10 所示。每个成熟度级别涉及多个过程域，表明一个机构的测试过程改进应该集中关注哪些要点。过程域界定了要达到某个成熟度级别必须解决的问题，需要开展哪些测试相关实践。当实践全部得以执行后，该过程域相关的活动将得到大幅改进。满足某个成熟度级别及其低成熟度级别的所有过程域之后方可认定机构的测试过程达到了该成熟度级别。例如,一个机构达到 TMMi 3 级,说明该机构已满足和 TMMi 2 级 TMMi 3 级的所有过程域。

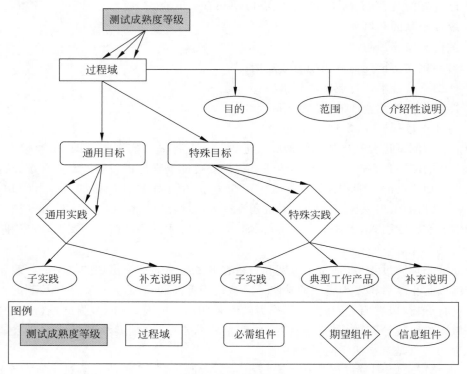

图 9.10　TMMi 结构

描述过程域时还要描述其必需组件、期望组件和信息组件。

1. 必需组件

必需组件描述了一个机构为了满足一个过程域而必须实现什么,包括通用目标和特殊目标。评价一个过程域是否已实现的基本依据是目标的满足情况。通用目标描述了使得一个过程域的过程得以制度化而必须呈现的特性。通用目标的说明可以出现在所有过程域中。特殊目标是指为满足某过程域而必须呈现的独一无二的特性。

2. 期望组件

期望组件描述了为实现一个必需组件要开展的活动。期望组件引导测试过程评价和测试过程改进,包括通用实践、特殊实践。只有当各种实践(活动)在机构的过程计划及实施中得以体现,才可认为目标得到满足。

通用实践是指对通用目标达成起到重要作用的活动。特殊实践是指对一个过程域的特殊目标实现至关重要的活动。

3. 信息组件

信息组件提供一些详情信息来帮助机构思考如何实现必需组件和期望组件。过程域典型的信息组件是过程域的目的、范围、介绍性说明,还包括子实践、典型工作产品、补充说明、例子、参考信息等。

其中,信息组件"目的"说明了该过程域的目的;"范围"界定了过程域所解决的测试实践;过程域的介绍性说明描述过程域相关的主要概念;子实践是特殊实践的详细说明,为解释和实施一个特殊实践起到指导作用。

9.6　本章小结

为了确保软件测试的顺利进行,组织机构要统筹协调组织层面、项目组层面和测试执行层面的各类要素,在充分理解软件测试周境的基础上建立可靠而稳定的软件测试体系。软件测试体系设计重点在于测试组织的建立、测试过程的管理。

测试过程管理要兼顾软件机构、软件项目组和具体测试工作的要求,建立组织级测试过程、测试管理过程、子测试过程,并做好测试过程管理和软件项目管理、软件配置管理的协同联动工作。

本章首先介绍软件测试周境,阐明软件测试体系相关要素。在此基础上重点讲解软件测试过程和测试能力成熟度集成 TMMi。TMMi 框架是测试过程改进的指南和参考框架,为软件机构的测试过程评价、测试过程持续改进提供方法指导和行动指南。TMMi 把软件机构的测试能力划分为初始级、已管理级、已定义级、已测量级、优化级 5 个级别。

第10章

软件测试工具

视频讲解

测试工具可以用于支持一种或多种测试活动。这些工具包括：直接用于测试的工具，如测试执行工具、测试数据准备工具；帮助管理需求、测试用例、测试规程、自动化测试脚本、测试结果、测试数据和缺陷等的工具，以及报告和监督测试执行的工具；用于调查和评估的工具；任何对测试有帮助的工具（从这个意义来说，电子表格也是测试工具）。

根据实际情况，测试工具可以有如下一个或多个目的：对于可自动重复性任务，或手工方式需要大量资源的任务，可改进其测试活动的效率（如测试执行、回归测试）；在整个测试过程中，通过支持手工测试活动来提高测试活动效率；通过更多测试一致性和更高缺陷重现性，来改进测试活动质量；无法通过手工执行的自动化活动（例如，大规模性能测试）；增加测试的可靠性（如大数据的自动比较或行为模拟）。

工具可以按照多种规则进行分类，例如，目的、价格、许可证模式（如商业或开源）和使用的技术等。可以按照测试工具能支持的测试活动来进行分类。有些工具明确支持或主要支持一种活动；有些工具可以支持多种活动，但将它们分类到联系最紧密的那一类活动中。同一家供应商的测试工具，尤其是那些为了协同工作而设计的测试工具，可能会被集成到一个套件中。某些类型的测试工具本身是植入式的，这意味着测试的实际结果可能会受到影响。例如，由于使用性能测试工具执行了额外的指令，可能导致实际的响应时间的不同；或者使用覆盖工具可能得到了曲解的代码覆盖。使用植入式工具导致的结果也称为探测影响。某些测试工具提供的支持可能更适合开发人员（如在进行组件和集成测试时使用的工具）。

仅仅获得工具不能保证成功。引入组织的新工具都需要投入工作量才能获得真正且持续的成效。测试中使用工具具有潜在的收益和机会，但是同样存在风险。使用工具支持测试执行的潜在收益包括：减少重复性的手工工作来节省时间（如执行回归测试、环境设置/卸载、重新输入相同测试数据、代码规则检查）；更好的一致性和可重复性（如测试数据按照一致的方式产生，用工具按照相同的顺序和频率执行测试，以及从需求一致地获取测试）；更客观的评估（如静态测量、覆盖）；更容易得到测试的相关信息（如关于测试进展、缺陷发生率和性能的统计和图表）。

另外,使用工具支持测试也存在潜在风险:对工具抱有不切实际的期望(包括功能性和易用性);低估首次引入工具所需的时间、成本和工作量(包括培训和额外的专业知识);低估从工具中获得较大和持续收益所需付出的时间和工作量(包括测试过程所需的变更和使用工具方法的持续改进);低估对工具生成的测试资产进行维护所需的工作量;对工具过分依赖(替代测试设计或执行,或者对一些更适合手工测试的方面却使用自动测试工具);忽视对测试资产的版本控制;忽视多个重要工具之间的关联和互操作性问题,例如,需求管理工具、配置管理工具、缺陷管理工具,以及其他从不同供应商获得的工具;工具供应商破产、停止维护工具或将工具卖给其他供应商的风险;供应商对工具的支持、升级和缺陷修复支持不力;开源工具项目中止的风险;工具可能不支持新平台或新技术的风险;工具所有权可能不清晰的风险等。

10.1　测试管理工具

10.1.1　测试管理及其工具

测试管理工具是指帮助完成制定测试计划,跟踪测试运行结果等的工具。测试管理工具在软件开发过程中,对测试需求、计划、用例和实施过程进行管理、对软件缺陷进行跟踪处理。一个小型软件项目可能有数千个测试用例要执行,使用捕获/回放工具可以建立测试并使其自动执行,但仍需要测试管理工具对成千上万个杂乱无章的测试用例进行管理。测试管理工具用于对测试进行管理。一般而言,测试管理工具对测试计划、测试用例、测试实施进行管理,还包括缺陷跟踪管理工具等。

测试管理工具可用于制订测试计划、测试用例设计、测试用例实现、测试实施以及测试结果分析,从独立或全局角度对各种测试活动进行有效管理和控制。让测试人员随时了解软件需求变更,并对测试计划、测试设计、测试实现、测试执行和结果分析的影响因素进行全方位测试管理。测试管理工具一般具有下列功能。

- 可处理针对测试计划、执行和结果数据的收集。
- 具有独立性和集成特性的测试管理功能。
- 让整个项目团队获得信息共享的访问。
- 所包含的 API 可让测试者为不同输入类型制作接口程序配件。

通过使用测试管理工具,测试人员或开发人员可以更方便地记录和监控每个测试活动、阶段的结果,找出软件的缺陷和错误,记录测试活动中发现的缺陷和改进建议。通过使用测试管理工具,测试用例可以被多个测试活动或阶段复用,可以输出测试分析报告和统计报表。有些测试管理工具可以更好地支持协同操作,共享中央数据库,支持并行测试和记录,从而大大提高测试效率。管理工具适用于整个软件开发生命周期中的所有测试活动。支持测试和测试件管理的工具如下。

- 测试管理工具和应用生命周期管理工具(IBM Rational TestManager、ALM、Test Director)。
- 需求管理工具(例如,与测试对象的可追溯性 Rational DOORS)。
- 缺陷管理工具(Rational ClearQuest、Track Record)。

- 配置管理工具(Rational ClearCase、GIT)。
- 持续集成工具(将在第11章具体讲述)。

10.1.2　测试管理工具应用实例

某软件公司不同的研发部门或小组都采用相同的产品开发设计、评审、文档管理、质量管理的IT开发平台,使得各个模块开发出来能顺利对接,保持规范化,提高流程的执行效率。

在研发流程执行过程中,IT系统起到非常重要的作用,是保证整个流程正常运转的重要基础设施。它用数字化技术提取流程中的公共部分,做成电子流程,改进流程的执行效率和标准化程度。下面列举的是某软件公司研发工作中常用的工具,涉及版本配置管理、文档管理、测试管理、变更管理和技术审查等方面。

Rational ClearCase是IBM Rational公司开发的配置管理工具。该系统的Multi Site功能支持全球多个工作地点同时开发,实现资源共享,如图10.1所示。

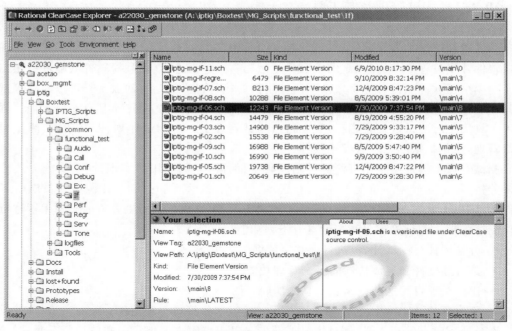

图 10.1　配置管理工具 Rational ClearCase

文档管理工具Compass支持设置用户读取访问及修改文档的权限和存储文档的历史记录,如图10.2所示。

技术评审工具FTR:利用这一技术评审电子流程,研发人员可以很方便地进行技术评审,并能够自动采集评审过程数据、生成评审意见等,如图10.3所示。

变更管理工具IBM Rational ClearQuest:IBM公司开发的变更管理工具,能提供问题跟踪、过程控制及变更要求的管理,如图10.4所示。

测试管理数据库TestTracker可以记录测试用例、测试用例和需求之间的对应关系和测试执行情况结果等,如图10.5所示。

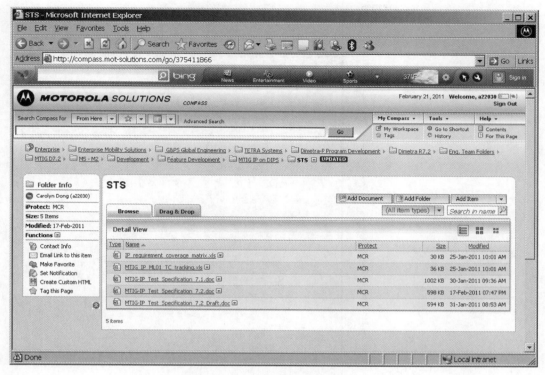

图 10.2 文档管理工具 Compass

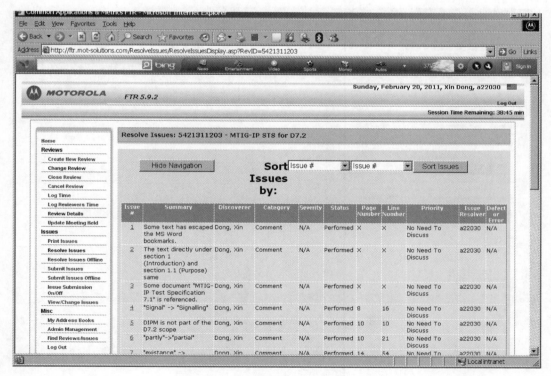

图 10.3 技术评审工具 FTR

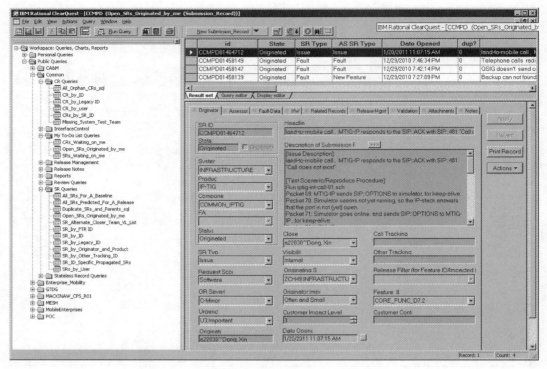

图 10.4　变更管理工具 IBM Rational ClearQuest

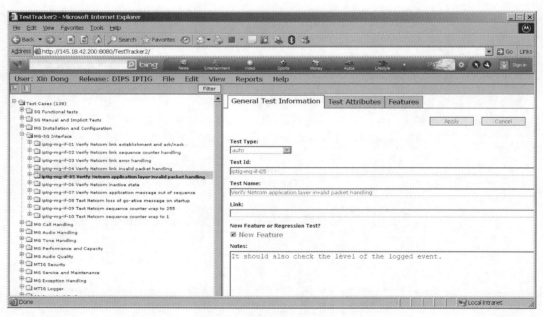

图 10.5　测试管理数据库 TestTracker

10.1.3　测试管理工具的特殊考虑

测试管理工具通常需要有与其他工具和表格的接口,原因包括:生成符合组织所需格式的有用信息,维护需求管理工具中针对需求的一致可追溯性,链接到配置管理工具中测试对象版本信息等。

当使用集成工具时(如应用生命周期管理),由于包含组织中其他团队使用的测试管理模块(可能还有缺陷管理系统)以及其他模块(如项目进度和预算信息),需要特别认真的考虑。

10.2　测试设计及执行工具

10.2.1　测试设计与测试数据准备工具

测试设计是说明测试将被测试的软件特征或特征组合的方法,并确定选择相关测试用例过程。测试设计和开发需要的工具类型有测试数据生成器、基于需求的测试设计工具、捕获及回放、覆盖分析、脚本生成等。测试设计工具用来帮助生成测试所需的测试用例和测试数据。这些工具可以针对特定格式的需求文档、模型(如 UML)或由测试人员提供的输入进行处理,测试设计工具通常被设计和构造成能与特定格式和特定产品协同工作,例如,特定的需求管理工具。测试设计工具能为测试人员提供信息,用来决定测试类型,以达到预定的测试覆盖率、信心或产品风险缓解活动。例如,分类树工具基于选定的覆盖准则能产生(并且显示)测试用例组合集合以达到完全覆盖,测试人员可以利用这些信息确定必须执行的测试用例。

测试数据(桩数据、驱动数据、测试用例)生成工具可自动生成测试数据,减轻测试人员设计工作负担及消除或减少人工生成数据的偏差。路径测试数据生成器是常用测试数据生成工具。测试数据准备工具提供以下几方面优势。一些测试数据准备工具能分析诸如需求文档,或者甚至源代码来决定测试中的数据,以达到覆盖水平。其他测试数据准备工具能从实际系统获取数据,然后对其"清洗"或"匿名化"以去除任何个人隐私信息,同时保证数据的内部完整性。处理后的数据能用于测试,并可避免安全漏洞或误用个人隐私信息的风险。这对于需要大规模的真实数据场合是非常重要的。另外一些数据生成工具能通过给定输入参数集合来生成测试数据(如用于随机测试中)。其中有些需要测试人员分析数据库结构来决定需要输入的内容。

测试数据生成工具非常有用,测试数据生成工具可以为被测程序自动生成测试数据,减轻人们在生成大量测试数据时所付出的劳动,同时还可避免测试人员对一部分测试数据的偏见。常用的测试数据生成工具有:Bender & Associates 公司提供的功能测试数据生成工具 SoftTest,Parasoft 公司提供的 C/C++组件测试工具 Parasoft C++ test 等。Aonix 公司提供了一种基于需求和设计的测试数据生成工具 Validator/Req、StP/SE 和StP/UML。

10.2.2　测试执行及评估工具

测试执行和评估是执行测试用例并对测试结果进行评估的过程，包括选择用于执行的测试用例、设置测试环境、运行所选择的测试、记录测试执行过程、分析潜在的软件故障并测量测试工作的有效性。评估类工具对执行测试用例和评估测试结果这一过程起辅助作用。

测试执行和评估类工具有：捕获/回放、覆盖分析、存储器测试。在所有测试级别中，测试人员主要使用测试执行工具运行测试和检查测试结果。使用测试执行和评估类工具的目的有以下几种。

- 为了削减成本（在工作和（或）时间方面）。
- 为了运行更多的测试。
- 为了在多种环境中运行相同的测试。
- 为了使测试执行更具可重复性。
- 为了运行那些靠人工无法运行的测试（如大规模数据确认测试）。

这些目的通常重叠成主要目的：提高覆盖率，同时降低成本。

在自动化回归测试中，测试执行和评估类工具的投资回报通常是最高的，主要是因为回归测试只需低级别维护并且被重复执行。自动冒烟测试中也可以有效地使用自动化，因为会频繁地使用冒烟测试并且需要快速地获得结果，尽管维护成本可能更高，但能通过自动化途径来评估持续集成环境中的新构建。测试执行工具通常用于系统和集成测试级别中。有些工具也可能用于组件测试级别，特别是 API 测试工具。凭借最适用的工具将有助于提高投资回报率。

测试执行和评估类工具是通过执行一组编程语言写的指令来工作的，这种编程语言通常称为脚本语言。工具的指令是非常详细的，包括特定的输入、输入的顺序、使用特定值作为输入和期望的输出。这能使得详细脚本能在被测软件（SUT）中变化自如，特别是当工具与图形用户界面（GUI）进行交互时。大部分测试执行工具包括一个比较器，用于比较实际的结果与保存的期望结果。

测试执行自动化（类似编程）的趋势从详细的低层指令向更高层语言、应用库、宏和子程序方向发展。关键字驱动和动词驱动（action word-driven）设计技术捕获一系列指令并通过特定的"关键字"或"动词"来引用这些指令。这使得测试人员可以用人类语言编写测试用例，而忽略底层的编程语言和低级别函数。当被测软件的功能和接口改变时，采用这种模块化编写技术将更容易维护。下面将讨论有关自动化脚本中使用关键字的更多内容。

模型能用来指导关键字或动词的产生。通过观察业务流程模型，通常业务流程模型已经包含在需求文档中，测试人员确定必须进行测试的关键业务流程。同时确定流程的步骤，包括在处理过程中可能会出现的决策点，这些决策点可以成为动词，并从关键字或动词电子表格中获得和使用测试自动化。业务流程建模是一种文档化业务流程的方法，能用来识别这些关键流程和决策点。可以人工建模或通过工具来建模，工具建模是基于业务规则和流程描述作为输入的操作。

当决定测试自动化,必须评估每个候选的测试用例或候选的测试套件,以观察是否值得自动化。许多失败的自动化项目是由于轻易地采用人工测试用例来自动化,没有检查是否能从自动化获得实际收益。对给定的测试用例集(测试套件),可以通过优化来采用包括人工、半自动化和全自动化测试。

当实施测试执行自动化项目时,应考虑收益及风险两个方面。可能的益处包括:自动化测试执行时间将变得更可预测;使用自动化测试后,在项目后期的回归测试和缺陷确认将变得更快和更可靠;通过使用自动化工具,加快测试人员或测试团队的地位和技术的增长;自动化对迭代和增量开发生命周期特别有帮助,可以对每一个构建或迭代提供更好的回归测试;某些测试类型的覆盖仅当采用自动化工具时才有可能(如大规模数据确认工作);对大规模数据输入、转换和比较测试工作,测试执行自动化比人工测试有更高的性价比,提供更快和一致的输入和确认。

可能的风险包括:不完全的、无效的或不正确的人工测试可能被"原封不动"自动化;当被测软件变更时,测试件可能很难维护,且需要许多的更改;直接由测试人员参与测试的执行可能会减少和导致较少的缺陷发现;测试团队可能没有足够的技能来有效地使用自动化工具;非关键的对整个测试覆盖没有贡献的测试可能被自动化了,因为它们存在且稳定;当软件稳定后,测试可能就徒劳无功了(杀虫剂悖论)。

在测试执行自动化工具展开阶段,原封不动地对人工测试用例自动化通常是不明智的,应重新定义测试用例以更好地使用自动化。这包括格式化测试用例、考虑重用模式、通过使用变量替代硬编码数值来扩展输入,以及利用测试工具的所有益处。测试执行工具通常有能力横贯复合测试、聚合测试、重复测试和改变执行次序,以及提供分析和报告机制。

对许多测试执行自动化工具,要产生高效率的和有效的测试(脚本)和测试套件,编程技能是必需的。如果没有很仔细的设计,通常大型的自动化测试套件的更新和管理是非常困难的。适当的测试工具、编程技术和设计技术的培训,对于确保测试工具能发挥最大效益是非常重要的。在测试计划阶段,花时间定期人工执行自动化测试用例以获得测试工作的知识、验证正确的操作,以及评审输入数据正确性和覆盖是很重要的。

随着社会进步、科技发展及软件应用范围的增广,软件规模越来越大。软件不仅在规模上快速地发展扩大,而且其复杂性也急剧地增加,规模达到千万行的大型软件系统层出不穷。规模及复杂性的与日俱增使其错误产生概率大大增加,其中潜在的缺陷与故障所造成的损失不断发生。大型软件系统中的关键构件的质量问题可能造成严重损失或灾难,因此质量问题已为开发软件和应用软件的关注焦点。软件缺陷具有"难以看到"和"难以抓到"的特征,很有必要引入软件测试来提高软件质量。而且软件测试并非一次就能完成,通常需要多次执行,其工作量和时间耗费巨大。对可靠性要求更高的大型软件系统,其测试工作已占到整个软件项目工作量的 $50\%\sim60\%$。传统的手工测试虽然仍为基本方式,但自动化测试得到了越来越广泛的运用。作为软件测试的重要策略与技术手段,自动化测试可实现人工测试无法实现或难以实现的测试及更高的测试质量与效率。目前越来越多的软件测试必须引入自动化测试技术才能保障顺利完成,在许多情况下特别是在规模较大及复杂性较高的大型软件系统自动化测试中能发挥较大作用。

自动化测试是把以人为驱动的测试行为转换为机器执行的一种过程。通常,在设计了测试用例并通过评审之后,由测试人员根据测试用例中描述的规程一步步执行测试,得到实际结果与期望结果的比较。在此过程中,为了节省人力、时间或硬件资源,提高测试效率,便引入了自动化测试的概念。

实施自动化测试之前需要对软件开发过程进行分析,以观察其是否适合使用自动化测试。通常需要同时满足以下条件。

1. 需求变动不频繁

测试脚本的稳定性决定了自动化测试的维护成本。如果软件需求变动过于频繁,测试人员需要根据变动的需求来更新测试用例以及相关的测试脚本,而脚本的维护本身就是一个代码开发的过程,需要修改、调试,必要的时候还要修改自动化测试的框架,如果所花费的成本不低于利用其节省的测试成本,那么自动化测试便是失败的。

项目中的某些模块相对稳定,而某些模块需求变动性很大。我们便可对相对稳定的模块进行自动化测试,而变动较大的仍是用手工测试。

2. 项目周期足够长

自动化测试需求的确定、自动化测试框架的设计、测试脚本的编写与调试均需要相当长的时间来完成,这样的过程本身就是一个测试软件的开发过程,需要较长的时间来完成。如果项目的周期比较短,没有足够的时间去支持这样一个过程,那么自动化测试很难实现。

3. 自动化测试脚本可重复使用

如果费尽心思开发了一套近乎完美的自动化测试脚本,但是脚本的重复使用率很低,致使其间所耗费的成本大于所创造的经济价值,自动化测试便成为测试人员的练手之作,而并非是真正可产生效益的测试手段了。

另外,在手工测试无法完成、需要投入大量时间与人力时也需要考虑引入自动化测试,如性能测试、配置测试、大数据量输入测试等。

常用的测试执行工具有以下几种。

Unified Functional Testing(UFT)原名 QTP。使用 UFT 执行重复的手动测试,主要用于回归测试和测试同一软件的新版本。因此在测试前要考虑好如何对应用程序进行测试,例如,要测试哪些功能、操作步骤、输入数据和期望的输出数据等。主要针对 GUI 应用程序,包括传统的 Windows 应用程序,以及越来越流行的 Web 应用。它可以覆盖绝大多数的软件开发技术,简单高效,并具备测试用例可重用的特点。其中包括:创建测试、插入检查点、检验数据、增强测试、运行测试、分析结果和维护测试等方面。

WinRunner 是一款企业级的功能测试工具,用于检测应用程序是否能够达到预期的功能及正常运行。通过自动录制、检测和回放用户的应用操作,WinRunner 能够有效地帮助测试人员对复杂的企业级应用的不同发布版进行测试,提高测试人员的工作效率和质量,确保跨平台的、复杂的企业级应用无故障发布及长期稳定运行。企业级应用可能包括 Web 应用系统、ERP 系统、CRM 系统等。这些系统在发布之前、升级之后都要经过测试,确保所有功能都能正常运行,没有任何错误。如何有效地测试不断升级更新且不同环境的应用系统,是每个公司都会面临的问题。

Rational Robot 是业界顶尖的自动化功能测试工具之一,可以在测试人员学习高级脚本技术之前帮助其进行成功的测试。它集成在测试人员的桌面 IBM Rational Test Manager 上,在这里测试人员可以计划、组织、执行、管理和报告所有测试活动,包括手动测试报告。这种测试和管理的双重功能是自动化测试的理想开始。

10.2.3　测试执行工具的特殊考虑

测试执行工具使用自动化的测试脚本执行测试对象。为了获得可观收益，经常需要为这类工具投入很多工作量。

通过记录测试工程师的手工动作而捕捉到测试脚本，看起来似乎很吸引人，但是这种方法不适合大量的测试脚本。捕获的脚本只是用特定数据和动作来线性表示每个脚本的一部分。当发生意外事件时，这类脚本是不稳定的。这种工具最新利用"智能"图像捕获技术，提升了这类工具的有效性。尽管随着系统用户界面随时间演进，生成的脚本还需要持续维护。

数据驱动的方法是将测试输入和期望结果分离，并存放在一个电子表格中，这样可以使用更通用的测试脚本读取输入数据，从而用不同的数据执行相同的测试脚本。不熟悉脚本语言的测试工程师可以为这些预先定义好的测试脚本生成新的测试数据。

在关键字驱动的测试方法中，通用脚本处理系统通过执行操作的关键字（也称为行为字）调用关键字脚本用于处理相关联的测试数据。测试工程师（即使不熟悉脚本语言）能够定义测试使用的关键字和相关联数据来适应被测软件。关键字（有时被称为动词）经常（但不局限于）用来表示系统的高层业务交互（如"取消订单"）。每个关键字一般用来表示在测试中操作者和系统之间的一组详细交互。关键字序列（包括相关的测试数据）用于特定的测试用例。测试自动化中，一个关键字可被实现为一个或多个可执行的测试脚本。工具读入用关键字序列编写的测试用例，调用相应的测试脚本来实现关键字功能。脚本被实现成高层模块方法，能够更容易映射到特定关键字。当然，实现这些模块脚本是需要编程技能的。

关键词驱动测试自动化的主要优点如下。

- 关键字关联到特定应用或业务领域，能被该领域专家定义。可以使得编制测试用例规范说明的任务更有效。
- 主要的领域专家能从自动化测试用例执行（一旦关键字像脚本一样执行）中获益，而无须了解底层的自动化代码。
- 使用关键字编写测试用例更容易维护，因为在被测软件细节变更后很少需要修改。
- 测试用例规范说明独立于它们的实现。可以使用各种脚本语言和工具来实现关键字。

自动化脚本（实际的自动化代码）使用的关键字/动词信息通常由开发者或测试人员来编写，而测试分析师则创建和维护关键字/动词数据。当关键字驱动自动化在系统测试阶段进行时，代码开发应尽早地在集成阶段开始。在迭代环境下，测试自动化开发是一个持续的过程。

一旦创建了输入关键字和数据，测试分析师通常负责执行关键词驱动测试用例，并且分析任何可能发生的失效。当发现一个异常时，测试分析师必须调查失效的原因，以确定问题是出在关键字、输入数据、自动化脚本本身，还是出在被测试的应用。通常故障排除步骤的第一步是人工使用相同的数据执行相同的测试，观察失效是否在应用本身。如果这步没有显示失效,测试人员应该检查导致失效的测试序列,以确定问题是否发生在前面的步骤(有可能通过产生不正确的数据),但直到后面的过程才显现出问题来。如果测试分析师不能确定失效的原因,故障排除信息将转给测试人员或开发人员做进一步分析。

上面这些测试方法都需要有脚本语言方面的专业技术人员(测试工程师、开发人员或测试自动化专家)。无论使用什么脚本技术,都需要比较每次测试的预期结果和实际结果,可以是动态的(测试执行时)或者存储用于后期(测试执行结束后)比较。

基于模型的测试(Model Based Testing,MBT)工具能够将功能说明以模型的方式呈现出来,如活动图。该任务通常是通过系统设计人员来开展的。MBT工具通过解释模型来生成测试用例说明,并且存储到测试管理工具和(或)通过测试执行工具执行。

测试执行自动化项目有时不能达到预期目标。分析原因有可能是由于测试工具的使用灵活性不够,测试团队的编程技能不足,或让测试执行自动化解决一个不切实际的问题。认识到所有测试执行自动化像软件开发项目一样,需要管理、努力、技能和专注是非常重要的。要花时间在创建可支撑的架构,遵循恰当的设计实践,提供配置管理,以及遵循好的编程实践。自动化测试脚本可能存在缺陷,因此必须被测试。为了性能,脚本有可能需要调优。除了开发人员外,使用工具执行脚本的人通常也必须考虑工具的可用性。有可能需要设计工具和使用者之间的接口,以提供访问测试用例的途径,逻辑上是给测试员使用,但也为工具提供了可存取性。

10.3　静态测试工具

10.3.1　静态测试及其工具

静态测试是指不运行被测程序本身,仅通过分析或检查源程序的语法、结构、过程、接口等来检查程序的正确性。对需求规格说明书、软件设计说明书、源程序做结构分析,对流程图分析、符号执行来找错。静态测试通过程序静态特性的分析,找出欠缺和可疑之处,例如,不匹配的参数、不适当的循环嵌套和分支嵌套、不允许的递归、未使用过的变量、空指针的引用和可疑的计算等。静态测试结果可用于进一步的查错,并为测试用例选取提供指导。

静态测试包括代码检查、静态结构分析、代码质量度量等。它可以由人工进行,充分发挥人的逻辑思维优势,也可以借助软件工具自动进行。代码检查包括代码走查、桌面检查、代码审查等,主要检查代码和设计的一致性,代码对标准的遵循、可读性,代码的逻辑表达的正确性,代码结构的合理性等方面;可以发现违背程序编写标准的问题,程序中不安全、不明确和模糊的部分,找出程序中不可移植部分、违背程序编程风格的问题,包括变量检查、命名和类型审查、程序逻辑审查、程序语法检查和程序结构检查等内容。

在实际使用中,代码检查比动态测试更有效率,能快速找到缺陷,发现 $30\% \sim 70\%$ 的逻辑设计和编码缺陷;代码检查看到的是问题本身而非征兆。但是代码检查非常耗费时间,而且代码检查需要知识和经验的积累。代码检查应在编译和动态测试之前进行,在检查前应准备好需求描述文档、程序设计文档、程序的源代码清单、代码编码标准和代码缺陷检查表等。静态测试具有发现缺陷早、降低返工成本、覆盖重点和发现缺陷的概率高的优点以及耗时长、不能测试依赖和技术能力要求高的缺点。

缺陷发现的越晚,修正的成本就越高,测试阶段修正缺陷的成本是编码阶段约四倍的关系。为了减少成本,缺陷被发现的越早越好。在编程阶段,静态的分析代码就能找到代码的缺陷,是很多人的梦想。这个梦想在 21 世纪初变成了现实。以 PolySpace、Klocwork、Coverity 为代表的静态分析软件,实现了只要静态分析代码,就可以发现代码的 Bug,例如,数组越界、除数为 0、缓冲区溢出等。下面将以 Klocwork 为例介绍静态测试工具。

10.3.2 静态测试工具应用实例

Klocwork 通过静态分析的方法,自动检测代码内存泄漏、空指针引用、缓冲区溢出、数组越界等运行错误,功能强大,能明显改进项目代码质量。Klocwork 基于专利技术分析引擎开发的,综合应用了多种近年来最先进的静态分析技术。与其他同类产品相比,Klocwork 产品具有很多突出的特征。

- Klocwork 支持的语言种类多,能够分析 C、C++ 和 Java 代码。
- 能够发现的软件缺陷种类全面,既包括软件质量缺陷,又包括安全漏洞方面的缺陷,还可以分析对软件架构、编程规则的违反情况。
- 能够分析软件的各种度量。
- 支持 SVN、GIT 等代码管理工具。
- 能够分析大小型软件,笔者所在的项目就是有上千万行代码的。
- 支持检查规则自定义。
- 可以与行覆盖率、复杂度等现有的持续集成(Continuous Integration,CI)工具一起使用,做到代码静态检查工具在项目中落地。

Klocwork 能检测到的 C/C++ 代码中的内存泄漏种类有以下四种,如表 10.1 所示。

表 10.1 Klocwork 解析的 C/C++ 的内存泄漏

种类代码	标题	描述
MLK.MIGHT	可能的内存泄漏	程序未释放先前分配的内存,在某些路径上可能会丢失对动态内存的引用
MLK.MUST	内存泄漏	程序未释放先前分配的内存,此时对动态内存的引用已丢失
CL.MLK	构造函数的内存泄漏	在构造函数中执行动态内存分配的类应在析构函数中使用 delete 释放内存
CL.MLK.VIRTUAL	可能的析构函数内存泄漏	如果在析构函数中分配内存,则基类必须具有虚拟析构函数。 基类的析构函数定义为虚函数,当利用 delete 删除指向派生类定义的对象指针时,系统会调用相应的类的析构函数。而不将析构函数定义为虚函数时,只调用基类的析构函数

在实际项目中，检测到的内存泄漏如图 10.6 所示。

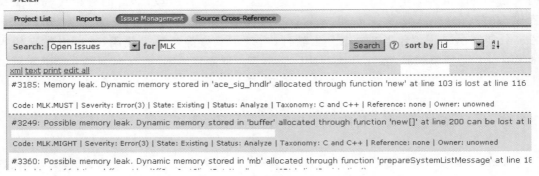

图 10.6　Klocwork 检测出的内存泄漏问题列表

由此得出内存泄漏问题的柱状图，如图 10.7 所示。

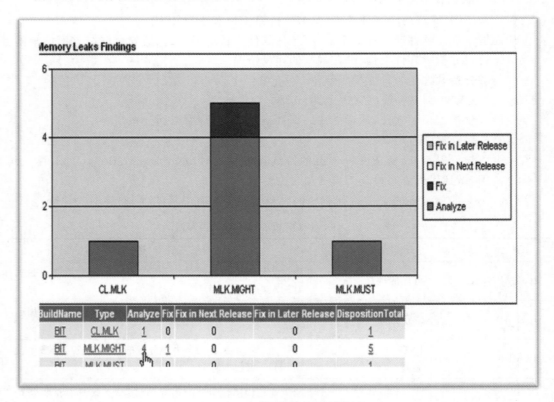

图 10.7　内存泄漏问题的柱状图

Klocwork 的静态测试步骤，如图 10.8 所示。在修改代码后使用 Klocwork 进行代码静态测试。如果发现问题，分析相应的问题。如果确认是缺陷，修复缺陷。如果证实不是缺陷（虚警），则调整 Klocwork 的检测规则。

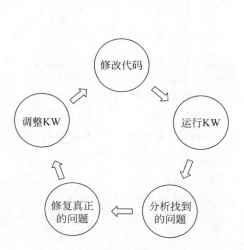

图 10.8 Klocwork 静态测试步骤

10.4 性能测试工具

10.4.1 性能测试

性能测试(Performance Testing)的目的不是去找系统错误,而是排除系统的性能瓶颈,并为回归测试建立一个基准。而性能测试的操作,实际是一个受控的测量分析过程:运行负载实验→测度性能→调试系统。在理想的情况下,被测应用在这个时候已经足够稳定,所以这个过程得以顺利进行性能测试。还有另一个目的就是建立一组被测系统的基准数据。性能测试需要通过自动化的测试工具模拟多种正常、峰值以及异常负载条件来对系统的各项性能指标进行测试。

10.4.2 性能测试及其工具

性能测试工具有两个主要的功能:生成负载,给定负载下系统响应的测量与分析。生成负载是通过预先定义的运行配置作为脚本来实现的。脚本最初可能只为单个用户而设计(可能用到录制/回放工具),然后使用性能测试工具实现特定的运行配置。实现时必须考虑每个交易/事务(或一系列交易/事务)数据的变化(数据波动)。

性能测试工具按照规定的运行配置通过模拟大量并发用户("虚拟"用户)生成一个确定量的输入数据的负载。与其他自动化脚本不同的是,许多性能测试脚本在测试执行时是在通信协议层再现用户与系统交互,而非通过图形用户界面来模拟与系统的交互。通常在一定数量上减少了单独的测试"会话"。某些负载生成工具也可以通过用户接口来控制应用程序,从而更加准确地测量系统在所生成的负载下的响应时间。

性能测试工具会提供大量的测量数据用于在测试执行期间或测试执行后的分析。这些测试工具所采用的典型的度量与所提供的报告需要关注以下方面。

- 整个测试中虚拟用户的数量。
- 由虚拟用户产生的交易/事务数量和种类以及交易/事务的输入率对特定的、由用户请求的交易/事务的响应时间。

- 系统负载对应响应时间的报告和图表。
- 对资源使用情况的报告(例如,随着时间推移的使用情况,以最小值和最大值来表现)。

性能测试工具实施时主要考虑以下因素。

- 生成负载所需的硬件和网络带宽。
- 被测试系统所使用的通信协议和测试工具的兼容性。
- 工具的灵活性以保证不同的运行配置易于执行。
- 监视、分析和报告所需的功能。

由于性能测试工具的开发需要很大的投入,性能测试工具通常都是采购的,而不是内部开发的。然而有时由于技术的限制,现有产品不能满足需求,或者需要的负载配置和实施都相对简单,也可以自行开发特定的性能测试工具。下面介绍两种常用的性能测试工具。

LoadRunner(图 10.9)作为一种预测系统行为和性能的负载测试工具,通过模拟实际用户的操作行为进行实时性能监测,来帮助测试人员更快地查找和发现问题。

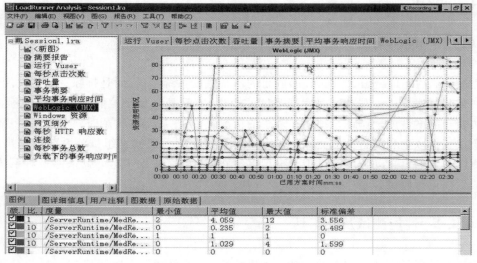

图 10.9 LoadRunner 主界面

LoadRunner 适用于各种体系架构,能支持广泛的协议和技术,为测试提供特殊的解决方案。企业通过 LoadRunner 能最大限度地缩短测试时间,优化性能并加速应用系统的发布周期。LoadRunner 提供了三大主要功能模块:虚拟用户生成(用于录制性能测试脚本)中,LoadRunner 的控制器(用于创建、运行和监控场景时),LoadRunner 分析(用于分析性能测试结果),既可以作为独立的工具完成各自的功能,又可以作为 LoadRunner 的一部分彼此衔接,与其他模块共同完成软件性能的整体测试。

JMeter(图 10.10)作为一款广泛使用的开源压力测试产品,可以用于测试静态和动态资源,如静态文件、Java 小服务程序、CGI 脚本、Java 对象、数据库及 FTP 服务器等,还能对服务器、网络或对象模拟巨大的负载,通过不同压力类别测试它们的强度和分析整体性能。另外,JMeter 能够对应用程序做功能/回归测试,通过创建带有断言的脚本验证程序返回了期望的结果。为了最大限度的灵活性,JMeter 允许使用正则表达式创建断言。JMeter 的特点包括对 HTTP、FTP 服务器及数据库进行压力/性能测试,良好的移植性,支持多线程,可分析/回放缓存和离线测试结果,可链接的取样器,具有提供动态输入到测试的功能,支撑脚本编程的取样器等。在设计阶段,JMeter 能够充当 HTTP PROXY(代理)来记录浏览器的 HTTP 请求,也可以记录 Apache Web 服务器等的日志文件来重现 HTTP 流量,并在测试运行时以此为依据设置重复次数和并发度(线程数)来进行压力测试。

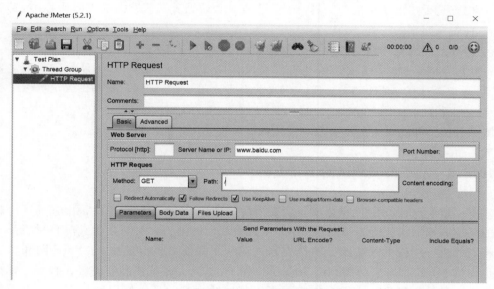

图 10.10 利用 JMeter 测试访问某网页

10.5 特定的测试工具

10.5.1 缺陷植入/错误输入工具

缺陷植入工具主要应用在代码级,系统化生成单一或某些类型的代码错误。这些工具故意在测试对象内植入缺陷,为的是能对测试套件的质量进行评估(如它们发现错误的能力)。缺陷输入工具主要考虑的是在非正常条件下测试对象的故障处理机制。错误输入工具故意给软件提供不正确的输入,以确保该软件能够正确处理。缺陷植入工具和错误输入工具主要都是测试人员在使用,但在测试新开发的代码时,开发人员也有可能使用这些工具。

10.5.2 基于网页的测试工具

各种开源和商业专用的工具,可用于网页测试。下面罗列常用的基于网页的测试工具和用途。

- 超链接测试工具用来扫描和检查在网站上是否有损坏或丢失的超链接。
- HTML 和 XML 检测工具是用来检查网站创建的页面是否符合 HTML 和 XML 的标准。

- 负载模拟器是用来测试当大量用户连接时服务器将如何应对。
- 轻量化的自动化执行工具和不同浏览器一起工作时的表现。
- 工具通过扫描服务器来检查孤儿(未链接)文件。
- HTML 特定的拼写检查。
- 级联样式表(Cascading Style Sheet,CSS)检查工具。
- 检查是否违反了标准的工具,例如,检查是否遵循美国或欧洲的无障碍标准,发现各种安全问题的工具。
- 多种开源网页测试工具检查是否违背标准。

一些包含网络蜘蛛引擎的工具也能够提供有关信息,如页面的大小、下载它们所需要的时间、页面是否存在(如 HTTP error 404),为开发人员、网站管理员和测试人员提供了有用的信息。

测试分析师和测试人员主要是在系统测试阶段使用这些工具。

10.5.3　基于模型测试的工具支持

基于模型的测试(MBT)是依靠正式模型的一种技术,如有限状态机是用来描述由软件控制的系统的预期执行行为。商业 MBT 工具通常会提供一个引擎,它允许用户执行模型。某些特定的执行线程可以被保存并作为测试用例。其他可执行模型,如 Petri 网和状态转换图也支持 MBT。MBT 模型(和工具)可以用于生成大量不同的执行路径。在一个模型中可能产生大量的执行路径,而 MBT 工具可以帮助减少其数量。使用这些工具可以提供不同的思路进行测试,从而发现一些可能被功能测试遗漏的缺陷。

10.5.4　组件测试工具和构建工具

虽然组件测试自动化工具和构建自动化工具在大多数情况下是开发人员的工具,但在很多情况下由技术测试分析师维护,特别是在敏捷开发背景下。

组件测试工具往往是为软件模型编码的编程语言定制的。例如,如果编程语言是 Java,则 JUnit 可能会用来做自动化组件测试。许多其他语言有自己特定的测试工具,这些统称为 xUnit 框架。这样一个框架为测试对象生成每一个类,从而简化了程序员需要在组件自动化测试时需要做的工作。常用组件测试工具 xUnit 系列框架根据支持的语言不同而分为 JUnit(Java)、CUnit(C++)、DUnit(Delphi)、NUnit(.NET)、PHPUnit(PHP)等。最常用的是开源的 JUnit,它是功能强大的开源 Java 组件测试工具,本质上是一个框架。所谓框架就是确定的一些规则,由开发者制定了一套条条框框,遵循此条条框框的要求编写测试代码。编写测试代码须遵循规则。因此,将 JUnit 看成一个测试平台更为确切。JUnit 相对独立于所编写的代码,测试代码的编写可优先于实现代码的编写。敏捷技术 XP 极限编程中,使 TDD(Test Driven Development)或 TFD(Test First Design)的实现有了现成方法。实际的运用流程为用 JUnit 编写测试代码→编写实现代码→运行测试→测试失败→修改实现代码→再运行测试→直到测试成功。常用的 JUnit 版本可从 JUnit 官方网站 http://junit.org 主页下载。JUnit 应用需要与开发工具集成。

对不同性质的被测对象,如 Class、JSP、Servlet、Ejb 等,JUnit 有不同的使用技巧,以下以 Class 测试为例说明。JUnit 的优势包含:可以使测试代码与产品代码分开;针对某个类的测试代码通过较少的改动便可应用于另一个类的测试;易于集成到测试者的构建过程中,JUnit 和 Ant 结合可实施增量开发;JUnit 公开源代码便于二次开发;可方便对 JUnit 进行扩展。JUnit 的编写原则是简化测试编写,包括测试框架的学习和实际测试组件编写;使测试组件保持持久性;可利用既有测试编写相关的测试。

JUnit 的特征是使用断言方法判断期望值与实际值的差异,并返回 Boolean 值;测试驱动设备使用共同的初始化变量或者实例;测试包结构便于组织与集成的运行;支持图形交互模式与文本交互的模式。其中,断言是使用 JUnit 的一个重要概念。所谓断言是指 JUnit 框架里面的若干方法,用来判断某个语句的结果是否为真或为假,是否和预期相符合。例如,assertTrue 这一方法就是用来判定一条语句或一个表达式的结果是否为真,若条件为假,那么该断言就会执行失败。

assertTrue 具体代码如下。

```
public void assertTrue(boolean condition)
{
  if (! condition){
  abort();
  }
…
}
```

若条件 condition 为假,就会调用 abort()方法终止程序的执行。先看下例:

```
int x = 3;
assertTrue(x = = 3);
```

因 x==3 的结果为真,所以该断言能通过执行。

JUnit 提供多种断言(方法),如基础断言、数字断言、字符断言、布尔断言、对象断言。JUnit 断言说明如下。

(1) assertEquals 断言。其作用是判断两个表达式的值是否相等。

基本形式:

```
assertEquals ([String message],expected,actual)
```

其中,expected 是期望值,由测试者自己制定。

(2) assertSame 断言。其作用是判断一个对象是否相同。

基本形式:

```
assertSame([String message],expected,actual)
```

若 expected 与 actual 引向同一个对象,则断言通过,否则执行失败。

(3) assertNull 断言。其作用是判断一个对象是否为空。

基本形式:

```
assertNull([String message],java.lang.object object)
```

若给定的对象为 null,则该断言通过,否则执行失败。

（4）fail 断言。其作用是立即终止测试代码的执行。

基本形式：

```
fail([String message])
```

该断言通常会放在测试的代码中某个不应该到达的分支处。

JUnit 的 assertEquals 框架组成如下。

（1）测试用例（TestCase）：对测试目标进行测试的方法与过程集合。

（2）测试包（TestSuite）：测试用例的集合，可容纳多个测试用例。

（3）测试结果描述与记录（TestResult）。

（4）测试过程中的事件监听者（TestListener）。

（5）测试失败元素（TestFailure）：每一个测试方法所发生的与预期不一致状况的描述。

（6）JUnit Framework 中的出错异常（AssertionFailedError）。

JUnit 框架是典型的 Composite 模式，如图 10.11 所示。TestSuite 可容纳任何派生自 Test 的对象；当调用 TestSuite 对象的 run()方法时会遍历所容纳的对象逐个调用它们的 run()方法，如图 10.11 所示。

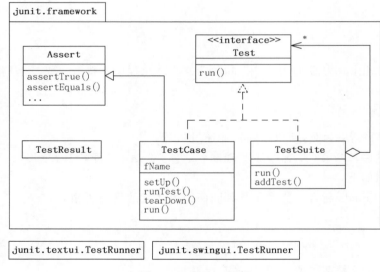

图 10.11　JUnit 框架

JUnit 中常用的接口和类如下。

（1）Test 接口：运行测试和收集测试结果。Test 接口使用 Composite 设计模式，是单独测试用例（TestCase）、聚合测试模式（TestSuite）及测试扩展（TestDecorator）共同接口。它的 public int count(TestCases)方法统计每次测试有多少单独测试用例，它的 TestResult public void run 为实例接收测试结果，run 方法执行本次测试。

（2）TestCase 抽象类：定义测试中固定的方法。TestCase 是 Test 接口的抽象实现（不能被实例化只能被继承），其构造函数 TestCase(String name)根据输入的测试名称 name 创建一个测试实例。因每一个 TestCase 在创建时都要有名称，若某测试失败了则可识别出是哪个测试失败了。

（3）assert 静态类：指一系列断言方法的集合。包含一组静态测试方法，用于期望值和实际值比对是否正确。若测试失败，assert 类则弹出 assertionFailedError 异常，JUnit 测试框架将这种错误归入 Fails 并记录，同时标志为未通过测试。如果该类方法中指定一个 String 类型的传递参数，则该参数将被当成 AssertionFailedError 异常的标识信息，告诉测试者修改异常的详细信息。其中，assertEquals(Object expected，Object actual)内部逻辑判断使用 equals()方法，这表明断言两个实例的内部值是否相等时，最好使用该方法比较相应类实例的值。assertSame(Object expected，Object actual)内部逻辑判断使用了 Java 运算符"=="，这表明该断言判断两个实例是否来自于同一个引用(Reference)，最好使用该方法对不同类的实例的值进行比对。assertEquals (String message，String expected，String actual)方法用于对两个字符串进行逻辑比对，若不匹配则显示两个字符串差异的地方。ComparisonFailure 类提供两个字符串的比对，不匹配则给出详细的差异字符。TestSuite 类可负责组装完成多个 Test Cases。待测的类中可能包括对被测类的多个测试，TestSuite 负责收集测试，使用户可在一个测试中完成全部的对被测类的多个测试。TestSuite 类实现 Test 接口，并且可包含其他的 TestSuites，可处理加入 Test 时所有弹出的异常。TestSuite 处理测试用例有规约，不遵守规约的 JUnit 将拒绝执行测试，规约如下。

- 测试用例必须是公有类(public)。
- 测试用例必须继承于 TestCase 类。
- 测试用例的测试方法必须是公有的(public)。
- 测试用例的测试方法必须被声明为 void。
- 测试用例中测试方法的前置名词必须是 test。
- 用例中测试方法无任何传递参数。

（4）TestResult 结果类和其他类与接口。

TestResult 结果类集合任意测试累加结果，通过 TestResult 实例传递每个测试的 run()方法。TestResult 在执行 TestCase 时，如失败则弹出异常。

TestListener 接口是一项事件监听规约，可供 TestRunner 类使用。它通知 Listener 的对象相关事件，包括测试开始 startTest (Test test)、测试结束 endTest (Test test)、错误增加异常 addError(Test test，Throwable t)与增加失败 addFailure(Test test，AssertionFailedError t)。

TestFailure 失败类是"失败"状况收集类，解释每次测试执行过程中出现的异常情况，toString()方法返回"失败"状况的简要描述。

下面将通过例子介绍如何运用 JUnit 进行组件测试。Java 支持面向对象，通常情况下可将程序的一个组件看成一个独立的类，因此 Java 组件测试的重点就是对这些类进行测试。通常不需要测试 get 和 set 行为，并且一个方法至少需要测试一次。编写被测 Java 程序。被测体为简单计算器类 Computer，该程序功能是实现两个整数的加、减、乘、除运算。用 Java 编辑器输入程序，以 computer.java 文件名保存并存放在指定路径中。该类中定义了两个私有成员变量 a、b 作为操作数，又定义了 4 个公有方法，实现加、减、乘、除的运算，其中除法运算有除数为零的判断。

```
public class computer
{
```

```
    private int a;                          //操作数 1
    private int b;                          //操作数 2
    public computer (int x, int y)          //构造函数初始化
    {
        a = x;
        b = y;
    }
    public int add()                        //加法运算
    {
        return a + b;
    }
    public int minus()                      //减法运算
    {
        return a - b;
    }
    public int multiply()                   //乘法运算
    {
        return a * b;
    }
    public int divide()                     //除法运算
    {
        if(b!= 0)
            return a/b;
        else
            return 0;
    }
}
```

下面利用 JUnit 框架测试计算器类。Java 编辑器输入程序,以 Testcomputer.java 文件名保存已存放到与 computer.java 文件同一路径。

```
import junit.framework. * ;
/ * 计算器的测试类 * /
public class Testcomputer extends TestCase
{
    public Testcomputer(String name)       //构造函数
    {
        super(name);
    }
    public void testadd()                  //测试加法
    {
        assertEquals(3,new computer(1,2).add());
    }
}
```

其中,测试代码各部分含义如下。

```
import junit.framework. * ;                 //引入 JUnit 框架中所有的类
public class Testcomputer extends TestCase  //定义一个公有类 Testcomputer,它继承自
//TestCase 类。TestCase 是 JUnit 框架中的基类,包含大部分测试方法和断言
public Testcomputer(String name)            //构造函数
{
```

```
        super(name);                      //使用 super 关键字直接引用父类 TestCase 的构造函数
    }
    public void testadd()                 //测试加法
    {
        assertEquals(3,new computer(1,2).add());
    }
```

testadd()为自定义的一个测试加法的方法。该方法包含一个 assertEquals 断言,期望值为 3,实际运行为 new computer(1,2).add()的结果。以上是一个 JUnit 测试框架,可仿照该框架设计编写测试代码。

编写测试代码时,建议测试类的方法最好以 test 开头,因为以 test 开头的方法均会被 JUnit 自动执行。以上代码编写完成后即可编译运行。运行两种方法:命令行方法与图形界面方法。

(1) 命令行方法:进入 DOS,切换到 Testcomputer.java 所在的路径,输入"javac Testcomputr.java"命令编译源程序,生成 Testcomputer.class 文件,输入命令执行:

```
D:\> java junit.textui.TestRunner Testcomputer.
Time:0.15
OK (1 test)
```

其中,junit.textui.TestRunner 是 JUnit 自带命令行运行器;Time 为测试执行时间;OK 表示该测试代码通过,没有断言终止。

(2) 图形界面方法:通过 JUnit 中自带的图形运行器界面运行测试。图形界面中有如下内容。

① Test class name:测试类的名称。
② Runs:通过的测试数。
③ Errors:出错的测试数。
④ Failures:运行没有通过的测试数。
⑤ Results:测试结果。

单击 Run 按钮,测试代码重新执行。据此加入减法、乘法和除法测试,代码如下。

```
import junit.framework. * ;
/ * 计算器的测试类 * /
public class Testcomputer extends TestCase
{
        public Testcomputer(String name)   //构造函数
        {
            super(name);
        }
        public void testadd()              //测试加法
        {
            assertEquals(3,new computer(1,2).add());
            assertEquals(21474648,new computer(21474647,1).add());
        }
        public void testminus()            //测试减法
        {
            assertEquals(0,new computer(2,2).minus());
```

```
        }
        public void testmultiply()              //测试乘法
        {
            assertEquals(4,new computer(2,2).multiply());
        }
        public void testdivide()               //测试除法
        {
            assertEquals(0,new computer(2,0).divide());
        }
    }
```

下面介绍下 JUnit 的高级运用之一：setup()与 teardown()方法。JUnit 的 TestCase 基类中提供两个方法：setup()和 teardown()，可将测试代码中的一些初始化定义语句放在 setup()方法中，将一些释放资源的语句放在 teardown()方法中。执行顺序是先执行 setup()方法，再执行以 test 开头的方法，最后执行 teardown()方法。其原型如下。

```
protected void setup();
protected void teardown();
```

现修改前述计算器测试类，将一些对象定义语句放入 setup()方法中。代码如下。

```
import junit.framework. * ;
/* 计算器的测试类 */
public class Testcomputer extends TestCase
{
    private computer a;
    private computer b;
    private computer c;
    private computer d;
    public Testcomputer(String name)         //构造函数
    {
        super(name);
    }
    protected void setup()                   //初始化公用对象
    {
        a = new computer(1,2);
        b = new computer(21474647,1);
        c = new computer(2,2);
        d = new computer(2,0);
    }
    public void testadd()                    //测试加法
    {
        assertEquals(3, a.add());
        assertEquals(21474648, b.add());
    }
    public void testminus()                  //测试减法
    {
        assertEquals(0, c.minus());
    }
    public void test multiply ()             //测试乘法
    {
```

```
        assertEquals(4, c.multiply());
    }
    public void test divide ()                //测试除法
    {
        assertEquals(0, d.divide());
    }
    public static void main (String [ ] args)
    {
        TestCase test1 = new Testcomputer ("testadd");
        TestCase test1 = new Testcomputer ("testminus");
        TestCase test1 = new Testcomputer ("testmultiply");
        TestCase test1 = new Testcomputer ("testdivide");
        junit.textui.TestRunner.run(test1);
        junit.textui.TestRunner.run(test2);
        junit.textui.TestRunner.run(test3);
        junit.textui.TestRunner.run(test4);
    }
    protected void teardown() throws Exception
    {
        System.out.println("free resource");
    }
}
```

程序首先定义 4 个 computer 类型变量(a、b、c、d)，然后在 setup()方法中对 4 个对象变量初始化，使得在后面的具体方法中只要引用对象名即可。最后，为测试代码添加静态的 main 方法，静态的 main 方法是 Java 的入口函数，无须实例化为具体对象，即可直接运行。在 main 方法中定义 Testcomputer 类的 4 个对象，分别访问 4 个方法，然后调用 JUnit 命令运行器执行。在 DOS 窗口中输入命令 javac Testcomputer.java 编译，输入命令 java Testcomputer 执行即可。运用 setup()、teardown()和 testcomputer()的好处是可减少重复工作量，提高代码效率。

JUnit 的编辑方式有普通模式与集成模式，前述测试代码的结构均为普通模式，JUnit 的集成模式是一种实用的代码结构。JUnit 自动运行所有以 test 开头的方法。若只想执行其中部分方法，如何进行？ 一个测试类中可包含多个测试方法，每个测试方法又可包含多个断言语句，一个测试类中能否包含其他测试类，即多个测试类之间能否集成？ 可通过 JUnit 集成来解决。解决方法是在测试类中添加静态方法，其代码为：public static testsuits()。可将所有需执行的测试方法放入其中。有了 testsuits()方法，JUnit 则不会自动运行所有以 test 开头的方法，而直接运行 testsuits()所列举的测试方法。也可将其他测试类放入该方法中，从而实现多个测试类的集成。

仍以计算器测试类为例，若现在只准备测试加法与减法，可将这两个方法加入 testsuits()方法中，其代码如下。

```
import junit.framework. * ;
/ *  计算器的测试类 */
public class Testcomputer extends TestCase
{
    private computer a;
```

```
    private computer b;
    private computer c;
    private computer d;
    public Testcomputer(String name)          //构造函数
    {
        super(name);
    }
    protected void setup()                     //初始化公用对象
    {
        a = new computer(1,2);
        b = new computer(21474647,1);
        c = new computer(2,2);
        d = new computer(2,0);
    }
    public void testadd()                      //测试加法
    {
        assertEquals(3,a.add());
        assertEquals(21474648,b.add());
    }
    public void testminus()                    //测试减法
    {
        assertEquals(-1,a.minus());
    }
    public void testmultiply ()                //测试乘法
    {
        assertEquals(4,c.multiply());
    }
    public void test divide ()                 //测试除法
    {
        assertEquals(0,d.divide());
    }
    public static Testsuite()
    {
        Testsuite suite = new Testsuite();
        suite.addTestTest(new Testcomputer ("testadd"));
        suite.addTestTest(new Testcomputer ("testminus"));
        return suite;
    }
    protected void teardown() throws Exception
    {
        System.out.println("free resource");
    }
}
```

这里添加 testsuite()方法,在该方法中新建 Testsuite 对象,并为该对象添加了 testadd()和 testminus()两个方法,这样 JUnit 就只会执行 testadd()和 testminus()方法,而不会执行乘法和除法两个方法。

在较低的层面上,调试工具可以协助手动组件测试,它允许开发人员和测试人员在执行过程中改变变量的值,并且在测试过程中逐行地扫描代码。当一个失效被测试团队报告出

来，调试工具也能够帮助开发人员分离并判断代码中的问题。

构建自动化工具通常可以使得在任何时候，一旦有组件被改变后，就会自动触发新的内部版本的构建过程。当内部版本完成后，其他工具就会自动去执行组件测试。围绕内部版本流程的自动化通常出现在持续集成的环境中。

这套工具在设置正确的情况下能对即将测试的内部版本的质量有积极的影响。如果由于程序员做的改变导致了一个缺陷，它通常会引起自动化测试的失败，在内部版本发送到测试环境前，触发机制将立即调查失败的原因。

10.6　测试工具的有效使用

10.6.1　工具选择的主要原则

在选择测试工具时，测试人员必须考虑许多不同的问题。从历史经验来看，最常见的选择是从商业供应商处购买工具。某些情况下，这也许是唯一可行的选择。但是，也可能有其他可行的选择，例如，开源工具和定制工具。不管是哪种类型的工具，测试人员都必须通过成本收益分析来仔细调查该工具在预期使用年限内的所有成本。在下面的投资回报率（Return On Investment，ROI）中会谈到这一点。

在测试过程中几乎所有的方面都有开源工具，仅举几例：从测试用例管理到缺陷追踪，再到测试用例自动化等。开源工具有一个很重要的特质，即工具本身的初始采购成本通常不高，同时也可能没有任何正式可用的支持。然而，还是有很多开源工具确实为用户提供了免费的后续跟踪来进行非传统或非正式的支持。另外，很多开源工具最初是为解决某个特定问题或针对单个问题而创建的，因此，该工具也许不能实现一个与之类似的商业工具的所有功能。正因如此，在选择开源工具之前，需要对测试团队的实际需求进行周密的分析。

使用开源工具的一个好处是，用户通常可以对工具进行修改或扩展。如果该组织有核心能力，可以修改工具，使其可以与其他工具一起工作，或改变该工具以适应测试团队的需要，可以组合多个工具来解决供应商软件不能解决的问题。当然，使用的工具越多和修改的内容越多，会导致复杂度和花费越高。测试人员必须确保测试团队不仅是为了尝试工具而去使用开源工具。和其他工具一样，使用工具的目的永远是为了获得投资正回报率。

测试人员必须理解所选工具的许可协议组合。很多开源工具的协议属于 GNU 通用公共许可的变化版本，规定软件分发的条件必须与收到软件的条件相同。当测试组为了更好地支持测试而改变测试工具时，这些改动可能需要提供给在该工具许可下的所有外部用户。测试人员应该了解组织再次发布该软件的法律后果。开发安全关键或业务关键软件的组织，或是需要遵循一定规章的组织，在使用开源工具时可能会遇到问题。尽管很多的开源工具质量很高，但其准确性往往不能被证实。而商业工具通常可以证明其准确性和对特定任务的适用性。尽管开源工具可能不比现货软件逊色，但对工具的认证可能需要使用该工具的人群去做，这样一来就会造成额外的开销。

测试组织也许会发现，有一些特定的需求是商业和开源工具都不能满足的。其原因可能是独家的硬件平台、定制的环境或被一种独特的方式修改过的工作流程。在这种情况下，如果测试团队有核心能力，测试人员不妨考虑开发一个定制工具。

开发定制工具的好处是，该工具可以满足团队的确切需要，并能在团队所要求的环境下高效地运行。工具可以被编写成在使用时能与其他工具交互的形式，并生成团队所需要的特定格式的数据。另外，自定义的工具还可能用于组织的其他项目中。但是，在计划对其他项目发布工具前，先评审使用工具的目的、目标、收益和潜在缺点是很重要的。测试人员在考虑开发定制工具时，还必须考虑可能产生的负面问题。定制工具往往依赖于开发它们的人员。因此，定制工具必须有充分的文档以便其他人员能对其进行维护。否则，在开发工具的人离开项目后，工具可能会无人问津，然后被弃用。随着时间的推移，定制工具的应用范围可能会扩展超出最初创建的动机，而这也许会导致工具的质量问题，例如，误报的缺陷报告或创建了不准确的数据。测试人员必须牢记，定制工具同样也是一款软件产品，正因如此，它也会出现其他软件产品类似的开发问题。定制工具也需要进行设计和测试，以保证它们按照预期运行。

　　测试人员有责任确保测试组织引入的所有工具对团队工作都是有附加值的，且为组织带来投资正回报。为了确保工具将实现真正的和持久的收益，在购买和开发工具前应该进行成本-收益分析。在分析中，投资回报需要考虑重复成本和临时成本，其中一些是费用成本，另一些是资源或时间成本，以及可能降低工具价值的风险。临时成本包括下列内容：定义对工具的需求以达到目标和目的；进行评价和选择正确工具和工具的供应商；采购、调整或开发工具；进行初始的工具培训；将该工具与其他工具集成；采购支持工具所需的硬件/软件等活动的成本。

　　重复成本包括下列内容。
- 持有工具。
- 许可和支持费用。
- 工具本身的维护费用。
- 由工具创建的工件的维护。
- 持续的培训和辅导。
- 将工具移植到不同的环境。
- 调整工具以适应未来的需求。
- 改进质量和过程确保已选工具的最佳使用。

　　测试人员同时应考虑任何工具固有的机会成本。花在采购、管理、培训以及使用该工具上的时间，其实可以花在实际的测试任务上，因此，直到工具上线前，可能需要更多的测试资源。在使用工具时会有很多风险，并非所有的工具都是收益大于风险的。测试人员在分析投资回报时，还应当考虑下列风险：组织的不成熟（并未准备好使用该工具）、该工具创建的工件可能难以维护，需要根据待测软件的改变持续更新、减少测试分析师在测试任务中的介入可能降低测试的价值（例如，只运行自动化脚本，可能会降低缺陷发现有效性）等。

　　最后，测试人员必须着眼于使用工具可能带来的收益。引入和使用工具可能带来下列收益：减少重复性工作；缩短测试周期（如通过自动化回归测试）；降低测试执行成本；增加某些类型的测试（如回归测试）；减少不同测试阶段的人为错误，例如，使用数据生成工具生成更有效的测试数据、使用比较工具对测试结果进行更准确的比较、使用脚本工具输入更正确的测试数据项；获取测试信息的工作量减少，例如，工具生成的报告和度量数据、复用测试资源，如测试用例、测试脚本及测试数据；增加没有工具就无法完成的测试（如性能测试、负载测试);测试人员通过实现测试自动化和组织测试,证明自身对复杂工具的理解和应用,从而提升了测试人员的地位。

总的来说,很少有测试团队只用一种工具,团队所获得的总的投资回报通常是使用所有工具的作用。工具需要共享信息,共同协作。建议建立一个长期、全面的测试工具策略。

测试工具是一个长期的投资,可能用于一个项目中的多次迭代和(或)适用于多个项目。测试人员必须从几个不同角度考虑一个预期的工具。

对于业务来说,投资正回报率是必需的。为了能在投资中获得高价值,组织应当确保这些工具的互操作性——可能包括测试工具和非测试工具的交互操作。在某些情况下,要实现互操作性,必须改善流程和工具使用的衔接能力,这可能需要一段时间来实现。

对于项目而言,工具必须是有效的(例如,在进行人工测试时避免错误,如避免数据输入时的录入错误)。工具可能需要很长时间才能获取投资正回报率。在很多情况下,投资回报可能在第二次版本发布时或维护阶段才出现,而不是在最初实施自动化的项目中。测试人员应当从应用的整个生命周期来考虑投资回报。

对于使用工具的人来说,该工具必须支持项目组成员,让他们更有效、更高效地完成自己的任务。必须考虑学习曲线,确保使用者能够在最小的压力下快速地学会使用工具。在初次引入某个测试工具时,需要对使用者进行培训和辅导。

为了确保所有观点都有考虑到,为测试工具的引入创建一个规划图是很重要的。选择测试工具的流程如下:第一步,评估组织的成熟度/成熟性;第二步,识别工具的需求;第三步,评估工具;第四步,评估供应商或服务支持商(开源工具、定制工具);第五步,识别为使用工具进行训练和辅导的内部需求;第六步,考虑目前测试团队的测试自动化技能,评估培训需求;第七步,估算成本-收益。

对于每个类型的工具,不管将在哪个测试阶段使用,测试人员应当考虑下列方面。

1. 分析

- 这个工具是否能"理解"给定的输入?
- 工具对于目的是否适用?

2. 设计

- 此工具是否能根据现有信息帮助设计测试件(例如,根据需求生成测试用例的测试设计工具)?
- 能否自动生成设计?
- 能否以可维护和可使用的格式生成或部分生成实际的测试件代码?
- 能否自动生成必要的测试数据(例如,基于代码分析生成数据)?

3. 数据及测试选择

- 工具如何选择所需数据(例如,使用哪组数据执行哪个测试用例)?
- 工具能否接受人工或自动输入的选择准则?
- 工具能否根据已选的输入来决定如何过滤产品数据?
- 工具能否根据覆盖准则来决定需要执行哪些测试(例如,提供一组需求后,工具能否顺着可追溯性来决定需要执行哪些测试用例)?

4. 执行

- 工具能否自动运行,还是需要人工介入?
- 工具如何停止和重启?
- 工具能否"领会"关联事件(例如,当缺陷报告中的测试用例已关闭,测试管理软件是否能自动更新测试用例状态)?

5. 评估

- 工具如何判断它是否收到了合适的结果(例如,工具将使用测试准则来决定响应的正确性)?
- 工具具备什么样的错误恢复能力?
- 工具能否提供充分的记录和报告?

应该在工具的选择过程中就定义工具的报告的需求。这些需求必须在工具配制过程中恰当地实现来确保通过工具跟踪的信息能以干系人易理解的方式进行汇报。

为组织选择工具所需要考虑的关键点包括:评估组织的成熟度,引入工具的优点和缺点;识别引入工具能改进测试过程的机会;了解测试对象所使用的技术,以便选择与此技术兼容的工具;了解组织内使用的构建和持续集成工具,以便确保工具的兼容与集成;根据清晰的需求和客观的准则对工具进行评估;考虑工具是否提供免费试用期(以及多长时间);评估供应商(包括培训、提供的支持及其他商业方面考虑),或非商业性工具(如开源)的支持;针对工具使用的指导和培训,识别内部需求;评估培训需求时,需要考虑工作中将直接使用工具的人员的测试(以及测试自动化)技能;考虑各种许可证模式的优缺点(如商业或开源);根据实际的情况估算成本-收益比(如果需要的话)。

作为最后一步,应进行概念验证评估,以确定该工具是否在所测试的软件和当前基础设施内有效运行,或在必要时确定为有效使用该工具而需要对该基础设施进行的修改。

10.6.2　组织引入工具的试点项目及其成功因素

完成工具选择和成功概念验证后,将选择的工具引入组织通常从试点项目开始,试点项目有以下目的:收集工具有关的深入知识,了解工具的优缺点;评估工具与现有过程以及实践的配合程度,确定哪些方面需要做修改;定义一套标准的方法来使用、管理、存储和维护工具及测试资产(例如,定义文件和测试的命名规则,选择编码标准,创建库和定义模块化测试套件);评估在付出合理的成本后能否得到预期的收益;理解希望工具收集和报告的度量,配置工具来保证度量的捕获和报告。

在组织内成功地评估、实施、部署和持续支持工具的因素包括:逐步在组织的其余部分推广工具;调整并改进过程来配合工具的使用;为工具使用者提供培训、辅导和指导;定义工具使用指南(如自动化的内部标准);实施一种在实际使用中收集工具使用信息的方法;监督工具的使用和收益;为测试团队使用工具提供支持;在所有团队内收集经验和教训。

同样重要的是保证工具在技术上和组织上集成到软件开发生命周期中,同时包括独立运作的组织和(或)第三方供应商。

10.6.3　测试工具生命周期及其度量

一个工具的生命周期分为以下四个不同的阶段,测试人员必须对这四个阶段进行管理。

(1) 获得:工具的获得必须如上文所述。在决定引入某个工具后,测试人员应当指定一人(通常是测试分析师或测试人员)来管理工具。此人应当决定工具使用的时机和方式,创建的工件如何存储,命名规则等。应当事前决定好这些内容,而不是等到要用工具了再临时去决定,做决定的时间不同,最终的投资回报率会有显著的差异。通常需要对工具的使用者进行培训。

(2) 支持与维护:需要对工具进行持续的支持和维护。维护工具的责任也许会落在工具管理员身上,或是被分配到一组特定的工具团队上。如果工具需要与其他工具一起运行,那么应该考虑数据交换和合作进程。还需要考虑工具的备份、恢复和输出。

(3) 演变:必须考虑到转换。随着时间的推移,环境、业务需求或供应商问题都可能要求对工具本身或其用途进行大的改动。例如,工具供应商也许会要求对工具进行更新,但这可能导致与其他工具合作的问题。由于业务原因导致必要的环境变动也可能会导致工具的问题。工具的运行环境越复杂,变更越会破坏其使用。在这一点上,根据工具在测试中扮演的角色,测试人员也许需要确保组织在出现突发事故时能保证服务的连续性。

(4) 退役:工具总有它的使用寿命。也就是说,工具也需要优雅地退场。工具所支持的功能需要被替代,数据需要进行保存和归档。当一个工具步入了生命周期的尽头时,或简单来讲,转换到新工具的机会和收益已经超越了成本和风险时,它(旧工具)将会退役。

在工具的整个生命周期中,测试人员负责确保工具能为测试团队顺利运作并提供持续的服务。测试人员可以设计和收集客观的度量,而这些度量来自于测试人员和测试分析师使用的工具。不同工具不仅可以捕捉宝贵的实时数据,还能减少数据收集的工作量。测试人员可以使用这些数据来管理整体的测试工作。不同的工具侧重于不同类型数据的收集。例如:

- 测试管理工具可以提供多种度量。从需求到测试用例及自动化脚本的可追溯性允许进行覆盖范围的度量。任何时间都可获取目前可用的测试、计划的测试以及当前执行的状态(通过、失败、跳过、中断、排队中)的快照。
- 缺陷管理工具可提供关于缺陷的丰富信息:目前状态、严重度和优先级、在系统中的分布等。其他富有启发性的数据如缺陷的引入和发现阶段、缺陷逃脱率等,都帮助测试人员推动过程改进。
- 静态分析工具可为发现和报告可维护性问题提供帮助。
- 性能工具可提供在系统可扩展性方面有价值的信息。
- 覆盖工具可以帮助测试人员了解系统实际进行过测试的比例。

10.6.4　常用的测试工具

业界流行的测试工具有几十种,支持的环境和语言各不相同。功能和性能测试工具种类很多,例如,接口测试类:Postman、SoupUI;Web 测试类:Selenium、WebDriver;移动

App 应用测试类：Appium；性能测试类：JMeter、Micro Focus 商业工具 LoadRunner；
Web 压力测试类：腾讯 WeTest 压测大师；测试管理类：澳大利亚商用工具 Jira、禅道、
Testlink 等。表 10.2 总结了当前国际上流行的几种测试工具和生产厂商及一些主要的集
成开发环境，读者可以从中了解和比较。

表 10.2　常用测试工具

生产厂商	工具名称	测试功能简介
Micro Focus	LoadRunner	类型：性能测试。 优点：企业级工具，简单易用，中英文网上论坛很多，非常符合 B/S/C/S 架构系统测试，国内使用最多的性能测试工具之一。 缺点：很多支持插件（如 Delphi）需要另外购买，对于复杂的性能测试要求测试员必须具有 C 语言开发经验，需要适当的培训。价格昂贵
	QuickTest Pro	类型：功能测试。 优点：轻量级测试工具，简单易用，非常符合网页的多组合、多边界测试。 缺点：中文论坛很少，国内使用者不多
	Astra LoadTest	类型：性能测试。 优点：轻量级测试工具，简单易用，非常符合网站的性能测试。 缺点：中文论坛很少，国内使用者不多
	TestDirector	类型：测试管理。 非常优秀的测试管理工具
IBM Rational	Rational Robot	类型：功能测试和性能测试。 优点：企业级工具，系统级及应用级的软件都支持，国外使用最多的测试工具之一。 缺点：中文论坛很少，价格昂贵，使用复杂，需要专门培训
	Rational XDE Tester	类型：功能测试。 优点：企业级的轻量级工具，国外使用最多的测试工具之一。 缺点：中文论坛很少，价格昂贵，需要专门培训
	Rational TestManager	类型：测试管理。 国外使用最多的测试管理工具之一
	Rational PurifyPlus	类型：白盒测试。 非常优秀的白盒测试工具，缺点是中文论坛很少，价格昂贵，需要专门培训
Compuware Corporation	QARun	类型：功能测试。 优点：轻量级功能测试工具，简单易用。 缺点：中文论坛很少，支持的插件太少
	QALoad	类型：性能测试。 优点：轻量级性能测试工具，简单易用。 缺点：中文论坛很少，支持的插件太少
	QADirector	类型：测试管理
	DevPartner Studio Professional Edition	类型：白盒测试。 国外使用最多的白盒测试工具之一。 缺点：中文论坛很少，价格昂贵，需要专门培训

生产厂商	工具名称	测试功能简介
Segue software	SilkTest	类型：功能测试。 中文论坛很少
	SilkPerformer	类型：性能测试。 中文论坛很少
	SilkCentral Test/Issue Manager	类型：测试管理。 中文论坛很少
Empirix	e-Tester	类型：功能测试。 优点：轻量级功能测试工具，简单易用。 缺点：中文论坛很少，支持的插件太少
	e-Load	类型：性能测试。 优点：轻量级性能试工具，简单易用。 缺点：中文论坛很少，支持的插件太少
	e-Monitor	类型：测试管理
Parasoft	JTest	类型：Java 白盒测试。 中文论坛很少
	C++Test	类型：C/C++白盒测试。 中文论坛很少
	.test	类型：.NET 白盒测试。 中文论坛很少
RadView	WebLOAD	类型：性能测试。 非常符合网站的性能测试，但中文论坛很少
	WebFT	类型：功能测试。 非常符合网页功能测试，但中文论坛很少
Microsoft	Web Application Stress Tool	类型：性能测试。 非常符合网站的性能测试，但中文论坛很少，且价格昂贵
Quest Software	Benchmark Factory	类型：性能测试。 很好的压力测试工具，但中文论坛很少，且价格昂贵
Minq Software	PureTest	类型：功能测试。 中文论坛很少
AutomatedQA	TestComplete	类型：功能测试。 世界排名第二的软件产品测试系统，提供系统的、自动化的、有组织的软件产品测试平台，支持基于 C++（Visual C++ and C++ Builder），Delphi，Visual Basic，VS .NET，Java 及其他网络软件。功能非常强大。 缺点：中文论坛很少，需要专门培训
Apache	JMeter	类型：性能测试。 轻量级性能测试工具，Apache JMeter 是一个 100% 的纯 Java 桌面应用，用于压力测试和性能测量。它最初被设计用于 Web 应用测试但后来扩展到其他测试，源码开放。 缺点：中文论坛很少，需要二次开发

其中,IBM Rational测试中心解决方案可构成基于Jazz平台的软件质量管理中心。一个系列化的质量管理(工具)组合,具有综合协同性特点,可满足测试项目几乎所有测试业务需求,协同完成各项测试任务。测试需求包含以下内容。

- 软件质量体系建立包括各种测试流程与方法。
- 测试需求管理的能力。
- 应用架构测试与分析的能力。
- 组件测试能力包括静态测试和动态运行时分析。
- 系统测试的能力包括性能测试、功能测试和安全测试。
- 测试过程管理的能力。
- 测试资产管理的能力。
- 测试环境管理的能力。
- 测试缺陷管理的能力。
- 实时系统或嵌入式系统的测试能力。

　　IBM Rational测试套件(测试中心)提供软件质量体系/测试方法学与流程(RMC/RUP),集成测试过程管理方案,提供自动化测试系列和测试资产管理,对软件质量度量;针对软件产品功能、可靠性、性能等全方位质量测试与控制,提供与开发无缝集成、配置管理和测试管理支持。实现基于需求测试提供需求管理工具(RequisitePro DOORS)。集成变更与缺陷管理系统(ClearQuest),确保缺陷被正确跟踪和修正,确定哪些功能测试脚本会受代码变更影响。提供三种级别软件性能诊断信息,对导致性能不佳的业务事务处理、底层客户端调用和系统资源进行分析,找出产生性能瓶颈的原因。IBM Rational测试系列工具如表10.3所示。

表 10.3　IBM Rational 测试系列工具

测 试 类 型	测试产品名称	产品功能描述
应用架构测试	IBM Rational Software Architect	对应用系统的架构进行深入的剖析,发现各种模式与反模式,系统架构重构
组件静态测试	IBM Rational Software Analyzer	基于规则的代码静态分析,主要针对 Java/J2EE 代码,也支持 C/C++的代码评审
	IBM Rational Ounce Labs	代码级静态安全测试
	IBM Rational Logiscope	基于规则的代码静态分析,主要用于 C/C++、Java 代码
组件动态测试	Purify/PureCoverage/Quantify	内存访问错误检测/代码覆盖、函数覆盖检测/性能
嵌入式测试	RTRT	嵌入式系统测试
功能测试	IBM Rational Functional Tester	基于 Web、Windows 32/Java 和.NET 应用功能测试
性能测试	IBM Rational Performance Tester	基于 Web 应用的性能测试
安全性测试	IBM Rational AppScan	对基于 Web 的应用进行安全性测试
测试需求/缺陷管理	DOORS/ClearQuest	测试需求管理和缺陷管理
测试管理	IBM Rational Quality Manager	软件测试生命周期管理平台
测试环境管理	IBM Rational Test Lab Manager	测试环境的管理以及自动化部署

续表

测 试 类 型	测试产品名称	产品功能描述
测试资产管理	IBM Rational ClearCase	对测试资产进行版本化管理
质量体系/测试方法库	RMC/Rational Unified Process	测试方法、流程,质量体系建设
测试度量	IBM Rational Insight	测试指标、度量、绩效报告

10.7 本章小结

测试工具能显著提高测试工作的效率和精度,前提是采用合适的工具并且以合适的方法使用工具。对具有良好管理的测试机构而言,必须对测试工具进行有效管理。测试工具的复杂性和应用性变化非常广泛,并且测试工具市场也在不断变化中。通常可用的工具除了来自商业工具厂商外,还有很多免费的或共享的工具提供方。这就要求我们选择适合组织、项目及团队的工具,有效地引入并高效地使用,起到事半功倍的作用。我国企业也推出了不少优秀的国产自主的软件测试工具及平台,例如,腾讯公司开发的游戏和真机测试平台优测;提供移动游戏、移动 App、手机等测试平台和服务的 Testin 云测;华为云和阿里云也提供了研发端到端的测试工具和服务。

第11章

软件自动化测试及其案例

软件测试通常需要多次执行,而且工作量和时间耗费巨大。对可靠性要求更高的软件,其测试比例已达软件开发工作量的 50%～60%。虽然手工测试仍为基本方式,但自动化测试运用已占比很大。自动化测试是软件测试的重要策略与技术手段,可完成人工测试无法实现或难以实现的测试及更好的测试质量与效率。自动化测试是自动化理论、人工智能与软件测试理论综合运用,除运用一般测试理论及方法外,还采用特殊技术与策略。自动化测试是指软件测试的自动化过程,可理解为测试过程自动化与测试结果分析自动化的系列活动。

11.1　软件自动化测试概述

11.1.1　自动化测试的定义

自动化测试是指使用一种自动化测试工具来验证各种测试需求,包括测试活动的实施与管理。其实质是模拟手工测试步骤,执行测试用例或脚本,控制被测软件执行,并以全自动或半自动方式完成测试的过程。软件测试自动化,其最根本的意义是解决手工劳动的复杂性,成为替代某些重复性行为模式的最佳工具。软件测试从业者都意识到软件测试这项工作走向成熟化、标准化的一个必经之路就是要实施自动化测试。从计算机这一庞大学科发展至今,软件测试自动化需要解决人类手工劳动的复杂性,并成为替代人类某些重复性行为模式的最佳工具。

自动化测试的实现通常要具备以下三要素。

1. 测试的自动执行

操作运行能使用强功能的函数直接操作控件,测试过程可基本达到自动化或较少人工干预的半自动化。

2．对状态的自动识别

通过直接识别、间接识别和不识别（默认状态）三种方式实现。例如，能对软件使用的原始状态的方式通过模拟操作的方式进行识别。

3．自动的逻辑处理

对于测试过程中的逻辑处理，对简单的逻辑能通过测试系统自身来实现，而对复杂的逻辑则需通过引用外部的系统来实现。

自动化测试的实现，需要通过分析、确认、规划、建立测试系统（包括自动化测试工具的运用）、执行测试等过程。

实施软件测试自动化的好处在于：提高测试效率和降低测试成本；对于很常用的功能性边界测试，人工测试非常耗费时间，而自动测试很快且准确；项目中测试人员的任务都是手动处理的，而实际上有很大一部分重复性强的测试工作是可以独立开来自动实现的；自动测试可以避免人工测试容易犯的错误，如错误测试、漏测试、多测试和重复测试等；典型的应用，例如多用户并发注册、并发交易请求和并发交易应答等，这些情况人工测试几乎办不到，而自动测试却很容易实现；方便进行回归测试；在较少时间内运行更多测试；更好地利用人力资源；具有一致性与可重复性；具有测试脚本的复用性；让软件尽快发布、投入市场；增强软件的可信度；非常重要的测试和涉及范围很广的测试；可较快或实时获得测试结果；测试执行与控制可实现自动化方式；可自动完成对测试用例的调用控制；对测试结果与标准输出需进行大量或精确比对；若测试运行时间只占总体测试时间的10％而需花费90％的总体测试时间进行准备则可考虑实施自动化测试。

当然，测试自动化也有它自身的缺点，例如，实施测试自动化会涉及额外费用；建立测试自动化解决方案需要初始投入；需要额外的技术；团队需要具备开发能力和自动化的能力；需要持续不断地维护测试自动化解决方案；可能会偏离测试目标，例如，专注于自动化测试用例而忽略执行测试；测试可能会变得更复杂；自动化可能引入额外的错误。另外，自动化测试的局限性包括：不是所有的手工测试都可以被自动化；自动化仅能检查机器可判断的结果；自动化只能检查能够被自动化测试准则验证的实际结果；不能替代探索性测试。

为了确保从各个不同领域的测试（例如，静态测试、自动化测试、配置管理）中得到准确的数据，可能要求测试人员评审工具或工具间的集成。此外，根据测试人员的编程技能，他们也有可能将参与开发代码工作，以便组合那些不能自己集成在一起的工具。

理想的工具集应能消除工具间的重复信息。如果测试过程中被执行的脚本同时保存在测试管理数据库内和配置管理系统内，这不仅需要花费更多的开销，而且还容易导致错误。最好是在一个测试管理系统中带有配置管理组件，或者能够集成组织中已有的配置管理工具。整合良好的缺陷跟踪系统和测试管理工具使得测试人员可以在测试用例执行过程中得到缺陷报告，而不用脱离测试管理工具。整合良好的静态分析工具应该能够直接向缺陷管理系统报告任何发现的事件和警告（警告信息应该是可配置的，否则可能会生成过多的警告）。

从单一供应商购买测试工具套件并不意味着这些工具就能自动恰当地在一起工作。考虑如何集成这些工具时，应当以数据为中心进行集成。数据在交换时必须保证及时性、高精度以及故障恢复，而且无须人工干预。尽管提供一致的用户体验和服务是非常重要的，但是在工具的集成中更应该优先考虑数据的采集、存储、保护和通过数据呈现发展趋势。

软件组织应该评估采用自动化信息交换所需的成本，并且与可能带来数据丢失或者由于必要的人工干预造成数据不同步的风险进行比较。因为集成可能是昂贵或困难的，这应该成为整体工具策略中重点考虑的方面。

一些集成开发环境（Integrated Development Environment，IDE）可能会简化在该环境中运行的工具间的集成。它帮助统一了工具的界面风格并且使人感觉这些工具共享同一个框架。然而，一个相似的用户界面并不能保证组件之间信息交换的顺畅。而完成集成则可能需要编写代码。

11.1.2　自动化测试的准则

传统上，组织已经开发了手工测试用例。当决定向自动化测试环境转移时，需要评估手工测试的当前状态，并决定最有效的方式来将这些测试资产实现自动化。现有的手工测试结构有的适合自动化，有的不适合自动化。在不适合自动化的情况下可能需要重写测试用例。或者从现有的手工测试用例中提取相关组成部分（例如，输入值、期望值、浏览路径）在自动化测试中重用。一个考虑测试自动化的手工测试策略，允许调整测试结构以迁移到自动化测试。

不是所有的测试用例都能或者都应该被自动化，有时第一次迭代要手工执行。因此，在从手工测试转移到自动化测试时需要考虑两方面的问题：现有的手工测试用例到自动化用例的初始转换，及新增加的手工测试用例随后转换为自动化用例。并且注意到某些类型的测试只能通过自动化的方式执行（才能有效），例如，可靠性测试、压力测试或者性能测试等。

在测试自动化中，可以不通过用户界面对应用或系统进行测试。在这种情况下，可以通过软件内的接口在集成测试层次进行测试。这些测试用例虽然可以手工执行（例如，通过手工输入命令来触发接口），但这样并不实际。例如，通过自动化手段，可以在一个消息队列系统中插入消息。这样测试可以早些开始（可以在较早期发现缺陷），而此时手工测试还不能进行。

在开始投入自动化测试的人力之前，需要考虑手工测试和自动化测试的实用性和可行性。需要考虑的适用性条件包括但不限于下面 8 条。

1. 使用的频率

在考虑是否需要进行自动化时，测试执行频率是一个重要的考虑因素。那些有规律反复执行的测试用例，作为主要或次要发布周期的一部分，由于它们经常被使用，所以是更好的自动化的候选。作为一般性的规则，应用发布周期越多，相应的测试周期也多，自动化测试带来的好处就越大。只要自动化了功能测试，它们就可以作为回归测试的一部分在后续的发布中使用。对于已经存在的代码基线，在回归测试中使用自动化测试会带来很高的投资回报率（ROI）和风险缓解。

如果一个测试脚本一年运行一次，并且被测系统一年修改一次，为此开发一个自动化测试既不可行也无效率。与其花时间每年调整一次脚本来适应被测试系统的修改，还不如手工进行测试。

2．自动化的复杂度

如果是测试一个复杂的系统，自动化测试可能会带来巨大的好处，因为手工测试人员可以从执行不断重复的、乏味的、耗时且容易出错的复杂测试步骤中解脱出来。

然而，有些测试脚本很难自动化，或性价比不高。造成这种情况的原因包括：现有的测试自动化解决方案不适合被测系统；为了实现测试自动化，开发大量程序代码并开发 API 以实现自动化需求；在执行测试的过程中，需要处理系统的多样性；与外部系统或专有系统的交互；某些用户体验方面的测试；验证自动化脚本所需的时间等。

3．工具支持的兼容性

用于开发应用程序的开发平台的类型很多。对于测试人员的挑战是需要知道支持特定开发平台有哪些可用的测试工具，并且知道平台能支持到什么程度。组织内可能会使用各种测试工具，包括商业工具、开源工具和自主开发的工具。每个组织对支持测试工具的需求和资源都不同。商业工具的厂商一般提供付费支持，并且当作为市场的领导者时，通常具备由专家协助实现测试工具服务的生态系统。开源的工具可能提供的支持例如在线论坛，用户可以通过论坛获得信息、发帖提问。自主开发的工具一般依赖内部现有的员工提供支持。

不能低估工具的兼容性问题。如果不完全了解测试工具和被测系统的兼容性问题就开始测试自动化项目，可能会导致灾难性后果。即使被测系统的大多数测试可以实现自动化，仍然有可能在某些情况下，最关键的测试反而无法实现自动化。

4．测试流程的成熟度

为了在测试流程中高效地实现自动化，测试过程需要是结构化的、规范的和可重复的。自动化在现有的测试过程中引入了一整套的开发过程，因此要求管理测试代码和相关的组件。

5．适合自动化的软件产品生命周期阶段

一个被测系统的产品生命周期可以是几年，甚至是几十年。随着系统的逐步开发，系统的不断变化和扩展，解决缺陷并添加改进内容，以满足最终用户的需求。在系统开发的早期阶段，变更可能太快，无法实现自动化测试解决方案。随着界面布局和控件的优化和增强，在动态变化的环境中创建自动化可能需要连续的返工，而这既不有效也不高效。这类似于试图在行驶中的汽车上更换轮胎；最好等车停下来再换轮胎。对于一个顺序开发环境中的大型系统，当系统稳定并包含一个核心功能时，这是开始实现自动化测试的最佳时机。

随着时间的推移，系统达到其产品生命周期的结束，或者进入退役阶段，或者可能采用新的、更有效的技术重新设计系统。对于一个接近其生命周期结束的系统，不建议使用自动化，因为这样一个短命的计划没有什么价值。然而，对于正在使用不同架构重新设计但保留现有功能的系统，自动化测试环境中定义的数据元素在新旧系统中同样有用。在这种情况下，测试数据是有可能被重用的，并且记录的自动化环境将要与新的架构兼容。

6．自动化测试环境的持续性

自动化测试环境要具备灵活性和适应性，可以根据被测系统的变化而持续调整。这包含快速诊断和纠正自动化存在的问题的能力，简便地进行自动化组件维护的能力，灵活添加新功能，新的支持的设施。这些属性是通用测试自动化架构整体设计和实现的主要组成部分。

7. 对被测系统的控制力（前置条件，搭建和稳定性）

测试自动化工程师应该能够识别被测系统的控制和可见特性，这些特性将帮助创建有效的自动化测试。否则，测试自动化只能依赖图形界面接口上的交互，结果将导致测试自动化的可维护性降低。

8. 支持 ROI 分析的技术计划

测试自动化可以为团队提供不同程度的好处。然而，实现一个有效的自动化测试解决方案需要大量的人力和费用。在花费大量人力和时间开发自动化测试之前，需要先对目的、潜在的整体收益和实现自动化测试可能的输出进行评估。一旦决定进行自动化，应确定实施这个计划所需的活动，并确定相关费用，以便计算投资回报率。

在向自动化环境转型时，应该做好充分准备，需要考虑以下几个方面。

（1）在测试环境中为测试自动化准备测试工具。

在测试的实验环境中，安装选定的测试工具并确认其功能。这包括下载服务包和更新，选择支持被测系统的合适的安装配置、插件，确保在测试实验环境和自动化开发环境中测试自动化解决方案都能正常工作。

（2）保证测试数据和测试用例的正确性。

必须保证手工测试数据和测试用例的正确性和完整性，以便确保自动化的结果是可预测的。在自动化运行测试时对于输入、导航、同步和验证等都需要详细的数据。

（3）确定测试自动化工作的范围。

为了在自动化方面尽早取得成功，并在可能影响进展的技术问题上获得反馈，以有限的范围开始（测试自动化）将有助于将来的自动化任务。可以针对系统功能的某个能代表整个系统的可操作性的领域完成一个试点项目。试点项目的经验教训将有助于调整未来的时间估算和进度表，并确定需要专门技术资源的领域。试点项目能快速地显示早期自动化的成功，为进一步获得管理支持奠定了基础。

为了有助于实现这个目标，我们应该明智地选择自动化测试用例。我们应该选择测试价值高、实现自动化成本低的用例。回归测试或冒烟测试的测试用例，因为其执行频率高，几乎每天都执行，一旦自动化就可以带来非常大的价值。另一个好的选择是从可靠性测试开始自动化。这些测试通常由需要反复执行的步骤组成，能够发现手工测试难以发现的问题。实现这些可靠性测试需要的工作量很少，但却很快就能显示出其附加值。这些试点项目使自动化更吸引眼球（节省手工测试工作量，发现严重的问题），为进一步开展自动化铺平了道路（工作和金钱投入）。

此外，应该优先考虑对组织至关重要的测试，因为这些测试最先显示出最大的价值。然而，在这种情况下，作为试点工作的一部分，避免自动化技术上最具挑战性的测试是很重要的。否则，将花费太多精力来开发自动化，而显示的价值却很少。一般性的规则，识别可在大部分应用程序间共享的测试可以为自动化工作保持活力提供动力。

（4）测试团队风格的转变。

测试人员有多种风格。一些领域专家来自最终用户，也有些测试人员是业务分析师，还有些人则具有强大的技术背景，他们能够更好地了解底层的系统架构。为了保证测试的有效性,要组合广泛的人员背景。随着测试团队向自动化转型,角色将变得更加专业化。改变测试团队人员的组成是自动化成功的必要条件,尽早对团队进行有益的变革将有助于减少人员对角色的焦虑,或减少对于被认为是多余的担心。如果处理得当,自动化的转变应该使测试团队的每个人都非常兴奋,并积极准备参与到组织和技术的变革中。

(5)角色和责任。

测试自动化应该是一个人人都可以参与的活动。但是,这并不等于每个人都有相同的角色。设计、实现和维护自动化测试环境是技术性要求很高的工作,因此应该留给具有较强编程技能和技术背景的个人来做。自动化测试开发出来的测试环境,应该对技术人员和非技术人员都可用。为最大限度地提高自动化测试环境的价值,需要有专门领域的知识和测试技能的个人,因为需要开发适当的测试脚本(包括相应的测试数据)。这些脚本可以驱动自动化环境,提供目标测试覆盖。领域专家需要评审报告以确认应用程序功能正确性,而技术专家确保自动化环境正常而高效的运行。这些技术专家也可以是对测试感兴趣的开发人员。软件开发经验对于设计可维护的软件至关重要,在测试自动化中也非常重要。开发人员可以专注于测试自动化框架或测试库。测试用例的实现应该由测试人员负责。

(6)开发人员和测试自动化工程师的合作。

成功的测试自动化还需要软件开发团队和测试人员的共同参与。开发人员和测试人员需要更紧密的合作以实现测试自动化,这样开发人员能够在他们的开发方法和工具上提供个人的和技术的信息。测试自动化工程师可能会对系统设计和开发人员代码的易测试性产生担忧。特别是当开发人员不遵循标准,使用奇怪的、自己编写的、非常新的库/对象时,情况尤为如此。例如,开发人员可能会选择第三方图形用户界面(GUI)控件,但该控件可能与选定的自动化工具不兼容。总之,一个组织的项目管理团队必须对成功的自动化工作所需的角色和职责有明确的理解。

(7)并行工作。

作为转型活动的一部分,很多组织创建了一个并行团队来开始自动化现有的手工测试用例。新的自动化脚本被合并到测试工作中,取代了手工脚本。然而,在这样做之前,通常建议比较和验证自动化脚本执行了与它将要替换的手工脚本相同的测试过程和结果验证。在许多情况下,需要先对手工脚本进行评估,然后再实现自动化。通过这种评估,确定是否需要重构现有的手工测试脚本结构,以便更高效和更有效地实现自动化。

(8)测试自动化报告。

测试自动化解决方案可以自动生成各种报告。这些包括单个脚本或脚本中的步骤的成功或失败的状态、总体测试执行统计情况和测试自动化解决方案的总体性能。同样重要的是,测试自动化解决方案的正确操作需要是可见的,以便报告的任何应用的特定结果都可以被认为是准确和完整的。

11.1.3　自动化测试的生命周期

自动化测试生命周期如图 11.1 所示。自动化测试生命周期中确认采用自动化测试是生命周期的第一阶段。应用自动化测试策略与技术构建自动化测试系统可解决许多测试问题。

自动化测试工具获取是生命周期的第二阶段。该阶段选择和确定可用于支持测试生命

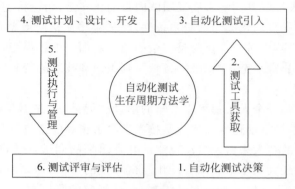

图 11.1　自动化测试生命周期

周期中的不同类型的测试工具,针对软件项目所特定的测试类型做出正确选择,并需要确定如何获取测试工具方案。自动化测试工具的选择原则包括测试需求、效果预测、实现条件和成本控制。其中,测试平台用于支持不同测试环境的测试床(平台)和模拟器;提供软件变更前后分析和工作软件风险及复杂度评价的静态分析器和比较器;用于测试执行和回归的测试驱动及录制/回放工具;度量和报告测试结果及覆盖率动态分析等。

　　自动化测试生命周期的第三阶段包括对测试过程的分析和对测试工具的评估。对测试过程的分析包括定义测试目标、目的和策略;对测试工具的评估包括所选测试工具是否满足测试需求、测试环境、用户环境、运行平台及被测试对象分析的过程。自动化测试引入后的系统功能组成如图 11.2 所示。

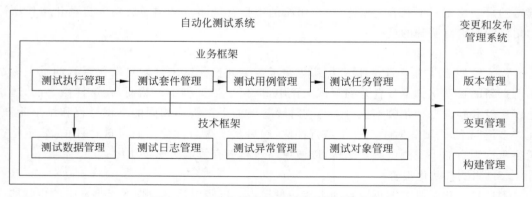

图 11.2　自动化测试引入后的系统功能组成

　　自动化测试生命周期的第四阶段为测试计划、设计及开发。测试计划包括:确定测试流程生成标准与准则;支撑测试环境所需配置的硬件、软件和网络系统;确定测试数据的需求,初步安排测试进度,控制测试配置和建立测试环境;确定测试工具;测试方法及测试结果描述。测试设计需要解决和确定需实施的测试数目、测试方法、必须执行的测试条件和需建立遵循的测试设计标准;进行测试设计与开发时须确定和考虑网络环境因素。

　　自动化测试生命周期的第五阶段为测试执行与管理。该阶段提供完整测试流程框架,测试以此为基础根据业务实际要求定制符合具体实施的测试流程。图 11.3 为测试标准流程。

　　自动化测试流程是测试工作过程,可借助测试工具完成。工具可进行部分测试设计、实

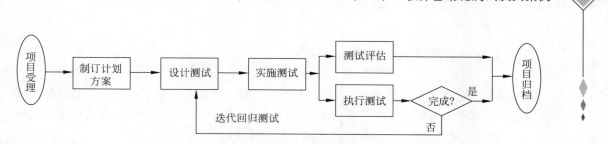

图 11.3　测试标准流程

现、执行和比较工作。测试执行、管理包括如下具体工作。

（1）对开发或自动生成脚本源代码、测试过程使用的配置文件、数据库等测试数据，测试过程结构、报告、运行日志等都是配置管理对象，保存信息以待自动化测试评估。

（2）正确使用自动化测试程序，控制好测试环境、程序初始状态和程序运行参数等。

（3）测试结果与标准输出的对比。

（4）对不吻合测试结果的分析处理。用于对测试结果与标准输出进行对比的工具，往往也能对不吻合的测试结果进行分析、分类、记录和报告。

（5）测试状态的统计和报表的产生。

（6）自动化测试与开发中的产品每日构建的配合。自动化测试依靠配置管理提供良好的运行环境，同时与开发中每日构建紧密配合。

（7）实现自动化比较技术。测试软件是否产生正确的输出，通过测试实际输出与预期输出之间完成一次或多次比较来实现，自动化比较为必需环节。简单比对仅比对实际输出与预期输出是否完全相同，这是比对的基础。智能比对则允许用已知差异来比对实际输出和预期输出，使用复杂的比对手段，包括正则表达式搜索技术、屏蔽搜索技术等。

自动化测试生命周期的第六阶段为测试评审与评估。该阶段是在整个测试生命周期内进行以确保连续改进测试活动。自动化测试计划应为整个测试计划的一部分，在制订项目测试计划时统一进行，但又相对独立，仍需手工测试作为自动化测试后备方案。对自动化测试系统的架构、运行的情况进行评审与评估，包括对自动化测试规划方案、计划、设计等的各项评审。自动化测试方法包括测试覆盖和质量评测。自动化测试的评估系统框架如图 11.4 所示。

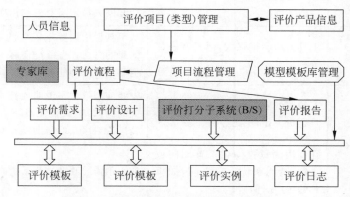

图 11.4　自动化测试的评估系统框架

11.1.4　工具评估和选择

测试经理负责工具选择和评估,测试工程师将参与评估和甄选工作,并且向测试经理提供信息。测试工程师将参与整个工具的评估和选择过程,在以下活动中应做出特别的贡献。

- 评估组织成熟度,识别能够由测试工具支持之处。
- 评估测试工具可以支持的合适目标。
- 识别和收集潜在合适的工具信息。
- 根据目标和项目的限制,分析工具信息。
- 基于可靠的业务用例估算成本收益率。
- 推荐合适的工具。
- 识别工具与被测系统组件的兼容性。

功能测试自动化工具经常不能满足自动化项目的所有期望目标。表 11.1 是一组这类问题的示例(并非所有类型)。

表 11.1　自动化工具问题的示例

发现的问题	例　子	可能的解决方案
工具接口无法与已有工具一同工作	测试管理工具已经更新并且连接接口已经改变; 来自于售前的信息是错误的,并不是所有的数据都可以转移到报告工具	在任何更新之前注意发布说明,对于大型的迁移,在迁移到生产环境之前进行测试;获取使用真实被测系统的工具演示;寻求供应商和(或)用户社区论坛的支持
被测系统的依赖变更后,导致测试工具不支持	开发部门已经将 Java 更新到最新版本	同步升级开发/测试环境以及测试自动化工具
无法捕获图形用户界面(GUI)上的对象	对象可见,但测试自动化工具不能与它交互	在开发中,尝试只使用众所周知的技术或对象;购买测试自动化工具之前,先做一个试点项目; 让开发人员定义对象的标准
工具看起来很复杂	工具的功能很强大,但只有一部分有用	从工具栏中删除不需要的功能,找到限制功能集的方法;选择符合需求的许可证;找到更侧重所需功能的替代工具
与其他系统冲突	安装其他软件后,测试自动化工具不再工作,反之亦然	安装前阅读发布说明或技术需求文档;与供应商确认,对其他工具不会有影响;在用户社区论坛中获取帮助
影响被测系统	在使用测试自动化工具期间或之后,被测系统反应不同(如更长的响应时间)	使用不需要改变被测系统的工具(如安装库)
访问代码	测试自动化工具会改变部分源代码	使用不需要改变源代码的工具(如安装库)

续表

发现的问题	例　　子	可能的解决方案
有限的资源(主要是在嵌入式环境)	测试环境的空闲资源有限或资源耗尽(如内存)	阅读发布说明,并与工具提供商讨论,确认环境不会导致问题; 在用户社区论坛中获取帮助
升级	升级不会迁移所有数据,或者会破坏现有的自动化测试脚本、数据或配置; 升级需要不同的(更好的)环境	在测试环境上进行升级测试,与供应商确认迁移可正常进行; 阅读升级的先决条件并决定是否值得进行升级; 从用户社区论坛寻求支持
安全性	测试自动化工程师无法得到测试自动化工具需要的信息	测试自动化工程师需要获得访问权限
不同环境和平台之间的不兼容性	测试自动化工具不能在所有的环境/平台上工作	实现自动化测试,最大限度地提高工具的独立性,从而最大限度地减少使用多个工具的成本

11.2　定义测试自动化项目

视频讲解

如果软件企业计划实施自动化测试,为了最大可能地减少风险,并能够可持续地开展下去,应具备以下条件。

从项目规模上来说,没有严格限制。无论项目大小,都需要提高测试效率,希望测试工作标准化、测试流程正规化、测试代码重用化。所以第一要做到从公司高层开始,直到测试部门的任何一个普通工程师,都要树立实施自动化测试的坚定决心,不能抱着试试看的态度。通常来讲,一个测试与开发人员比例合适(如 1∶2～1∶3,而开发团队总人数不少于 10个)的软件开发团队可以优先开展自动化测试工作。

从公司的产品特征来讲,一般开发产品的项目实施自动化测试要比纯项目开发优越。但不能说做纯项目开发不能实施自动化测试,只要软件的开发流程、测试流程、缺陷管理流程规范了,自动化测试自然水到渠成。

从测试人员个人素质和角色分配来讲,除了有高层重视外,还应该有个具有良好自动化测试背景和丰富自动化测试经验的测试主管。这样,不仅在技术方面,更重要的是在今后的自动化测试管理位置也能起到领导的作用。还要有几个出色的开发经验良好的测试人员,当然也可以是开发工程师,负责编写测试脚本、开发测试框架。另外需要一些测试执行者,他们要对软件产品业务逻辑相当熟练,配合测试设计者完成设计工作,并在执行自动测试时,敏锐地分析和判断软件缺陷。

一般在如下条件下使用自动化测试:具有良好定义的测试策略和测试计划;对于自动化测试,拥有一个能够被识别的测试框架;能够确保多个测试运行的构建策略;多平台环境需要测试;拥有运行测试的硬件;拥有关注在自动化过程上的资源。

相反,在如下条件下则建议采用手工测试:没有标准的测试过程;没有一个测试什么、什么时候测试的清晰的蓝图;在一个项目中,测试责任人是一个新人,并且还不能完全地理解方案的功能性或者设计;整个项目在时间的压力下;团队中没有资源或者具有自动化测试技能的人。

不同阶段自动化测试的优势如表 11.2 所示。

表 11.2　不同阶段自动化测试的优势

测试阶段	描　　述	备　　注
组件测试	通常是开发人员的职责,很多不同的方法能够被使用,如"测试先行",它是一个测试框架,开发人员在编写代码前编写不同的组件测试,当测试通过时,代码也被完成了	通过使用正式的组件测试,不仅能够帮助开发人员产出更加稳定的代码,而且能够提高软件的整体质量
集成测试	集中验证不同的组件之间的集成上	通常是被测试系统的更加复杂测试的基础,大量的边缘测试被合并以制造出不同的错误处理测试
系统测试	通过执行用户场景模拟真实用户使用系统,以证明系统具有被期望的功能	不需要进行自动化的测试。安装测试、安全性测试通常是由手工完成,因为系统的环境恒定不变
其他两种非常重要的测试		
回归测试	实际上是重复已经存在的测试,通常如果是手工完成,则这种测试只在项目的结尾执行一两次	完全有潜力应用自动化测试,在每次构建完成后执行自动化的回归测试,验证被测试系统的改变是否影响了系统的其他功能
性能测试	包括但不仅限于以下测试形式: 负载测试 压力测试 并发测试	使用自动化的测试工具,通过模拟用户的负载实现高密集度的性能测试

为了保证成本的有效性,测试工具特别是自动化测试工具,必须仔细地设计和构建。如果没有可靠的系统架构,实施测试自动化策略常会导致这个工具集既需要很高的成本来维护,还不能达到既定目标来实现投入产出比。

一个测试自动化项目应该作为一个软件开发项目。它应该包括架构文档,详细设计文档,设计和代码的评审,组件和组件的集成测试,以及最后的系统测试。如果使用了不稳定或不准确的测试自动化编码,测试可能会被不必要地拖延或是变得复杂。关于测试自动化,测试人员需要做一系列的工作,包括:

- 定义谁对测试执行负责,根据组织、时间表、团队技能、维护要求等挑选最合适的工具(注意:可能需要决定自主开发某个工具而不是购买某个工具)。
- 定义自动化工具和其他工具间的接口需求,例如,测试管理工具和缺陷管理工具。
- 选择自动化的方法,例如,关键词驱动或数据驱动。
- 与测试人员一起估算实施成本,包括员工培训。
- 计划自动化项目的时间表,并且为维护工作分配时间。
- 培训测试人员和业务分析师如何使用自动化工具和为自动化工具提供数据。
- 确定如何执行自动化测试。
- 确定如何将自动化测试结果和手工测试结果结合在一起。

这些工作和决策将会影响自动化解决方案的可扩展性和维护性。必须保证有足够的时间来进行研究,包括调查可用的工具和技术,理解未来组织的计划。特别是在决策过程中,一些工作可能需要更多的考虑。

11.2.1 测试用例的自动化方法

自动化测试用例是指自动化测试执行中引用的具体测试用例。测试用例可选取自有系统的预测试用例或确认的测试用例。通过执行这些用例可获得出口准则(自动化测试活动通过标准)。

自动化测试脚本指自动化测试执行中的程序与过程。对功能测试及性能测试,自动化测试设计可以采用"录制-回放"技术。"录制-回放"是先由手工执行一遍测试的动作和流程并由计算机录制在此流程期间客户端和服务器端之间的通信信息,通常记录一些通信协议和数据,形成特定的脚本程序。

自动化测试脚本除具备一般意义的程序特征之外还具自身特点。脚本与测试一样随测试模式和测试方法不同,测试脚本以多种形式出现。自动化测试过程中测试的主要依据之一就是测试脚本。测试脚本自身在脱离所依附系统时不能独立运行,须依附某系统支撑。测试脚本可自动生成、专门生成,开发脚本的工具可帮助开发或测试者编制测试脚本。

测试用例需要翻译成针对被测系统执行的动作序列,这些动作序列可以在测试过程中被记录或/和以测试脚本来实现。除了动作之外,自动化测试用例还应该定义与被测系统交互的测试数据,并包括验证步骤,以验证被测系统达到了预期结果。可以使用许多方法来创建动作序列。

- 测试工程师将测试用例直接转换成可执行的自动化测试脚本。这个选项是最不推荐的,因为它缺少抽象过程并增加维护的工作量。
- 测试工程师设计测试规程,并将其转换为自动化测试脚本。虽然这样具有抽象性,但是不能自动生成测试脚本。
- 测试工程师使用工具将测试规程转换为自动化测试脚本。这样就兼具了抽象性和自动化脚本生成。
- 测试工程师使用工具,直接从模型中自动生成测试规程并转换成测试脚本。这种方法的自动化程度最高。

请注意,这些方法在很大程度上取决于项目的实际情况。当然,如果从使用一个自动化程度不高的方法开始,也许效率会更高些,因为这样通常会更容易实现,也可以在短期内体现出额外的价值,但这也是一个可维护性较差的方案。

建立自动化测试用例较普遍的方法包括以下五种,这些方法的基本概念和各自的优缺点如下。

(1) 录制/回放的方法。

在执行测试规程中定义的动作序列时,工具用来捕获与被测系统间的交互。工具不仅可以捕获输入,也可以记录输出,以便后续检查。在事件回放期间,可以手工或者自动地检查输出。

- 手动的:测试人员必须观察被测系统的异常输出。
- 完整性:捕获过程中所有的系统输出都要被记录,且可以在被测系统上重现。

- 精确性：捕获时所有的系统输出都需要被记录，在被测系统上都必须能准确地复现记录细节。

- 检查点：针对特定的数值，只在某些特定点（检查点）上，检查被选系统的输出是否满足定义的值。

录制/回放方法的优势在于可用于被测系统的图形用户界面或 API 级别上的测试，常用于测试自动化的初始阶段，它很容易安装和使用。其劣势是录制/回放的脚本不易维护和改进，因为捕获被测系统的操作强依赖于捕获时所用的被测系统的版本。例如，在图形用户界面级别上记录时，图形用户界面布局的变化可能会影响到测试脚本，即使仅仅是图形用户界面元素（在显示屏）的位置改变。因此，录制/回放的方法很容易受到各种变化的影响。而且，只能在被测系统可用之后才可开始实现测试用例（脚本）。

（2）线性脚本的方法。

与所有的脚本技术一样，线性脚本也是从手动测试过程开始的。当手工执行每个测试用例时，测试工具会记录动作的序列，并在某些情况下捕获从被测系统到屏幕的可见输出，这将导致每个测试规程都在一个（通常很大）脚本里。可以编辑（已经）记录的脚本以提高可读性（例如，通过对一些关键点添加注释来解释发生的事情），或使用该工具的脚本语言增加更多的检查。可以通过工具回放脚本，让工具重复测试人员在录制脚本时做的相同操作。虽然这个方法可以用来自动化图形用户界面测试，但对于需要大量自动化的测试来说，这种方法并不适用，而且需要有很多的软件（脚本）版本，这是因为被测系统一旦有所变化，就需要高额的维护成本（被测系统中的每个改变，都需要对已记录的脚本进行大量修改）。

线性脚本的优势就是在开始自动化之前几乎不需要做什么准备工作。一旦学会使用这个工具，就只是录制手动测试并回放它（尽管其中的录制部分可能需要与测试工具进行额外的交互，需要比较实际输出与预期输出，验证软件当前是在正常工作的）。虽然编程技能不是必需的，但通常是会有帮助的。

线性脚本的缺点很多。给定的测试规程实施自动化所需的工作量主要取决于执行它所需的规模（步骤数或动作数量）。因此，要自动化第一千个测试规程与自动化第一百个测试规程的工作量几乎类似。换句话说，降低新建自动化测试成本的空间并不大。

此外，如果有第二个脚本执行与前一个脚本类似的测试，虽然具有不同的输入值，但是该脚本包含与前一个脚本相同的指令序列，只是指令中包含的信息/数据（可理解为指令参数或参量）不同而已。如果有几个测试（以及对应的脚本）包含相同的指令序列，每当软件的变化影响到这些脚本时，所有这些受影响的脚本都需要维护。

因为脚本是编程语言，而不是自然语言，非程序员可能很难理解它们。一些测试工具使用（工具独有）专用的语言，所以就需要时间学习这种语言以便熟练使用它。

录制的脚本中只包含通用的注释（如果有注释的话）。特别是长脚本需要详细的注释，以解释测试的每个步骤都发生了什么。注释将提高可维护性。当测试包含很多步骤时，脚本（包含许多指令）规模很快就变得非常大。

这些脚本是非模块化的，难以维护的。线性脚本并不遵循常用的软件可重用性和模块化的范例，它们通常与工具紧密耦合。

（3）模块化脚本的方法（包括过程驱动的方法）。

模块化脚本技术和线性脚本技术之间的主要区别是引入了一个脚本库。脚本库中包括可重复使用的脚本,这些脚本可以在多个测试中通用,完成一系列的操作。结构化的脚本最好的例子就是接口,例如,被测系统的接口操作。

这种方法的优势在于明显减少了因修改引起的维护工作量,并且可以降低自动化新测试时的成本(因为可以使用已有脚本,而不必从头开始创建它们)。

模块化脚本的优点主要是通过脚本的重用来实现的。无须创建线性脚本所需的脚本数量,就可以自动化更多的测试。这直接影响了构建和维护的成本。第二次测试及随后的测试将不会花费太多自动化的成本,因为可以重用为第一个测试而创建的脚本。

最初创建共享脚本所需的工作量可以看作是一个缺点,但只要合理应用,这个初始的投资应该会产生很大的回报/收益。在模块化脚本中简单的录制操作是不够的,创建所有脚本都需要编程技能。脚本库必须妥善管理,脚本应该文档化,测试人员应该很容易就能找到所需的脚本(因此,一个合理的命名规则会很有帮助)。

(4)数据驱动脚本。

数据驱动的脚本技术是基于模块化脚本技术。最重要的区别是如何处理测试输入。数据驱动测试是从脚本中提取输入并放入一个或多个单独的文件(通常称为数据文件)中。

这意味着主测试脚本可以被其他很多的测试重用(而不仅是单个测试)。通常这种"可重用"的主测试脚本被称为"控制"脚本。控制脚本包含执行测试所需的指令序列,但从数据文件中读取输入数据。一个控制测试(此应为控制脚本)可以用于多个测试,但通常不足以覆盖广泛的自动化测试。因此,需要若干个控制脚本,但这只是自动化测试数量的一部分。

其优势在于使用数据驱动的脚本技术,可以大大减少增加新的自动化测试的成本。这个技术可以针对一个有用测试的很多变体,在特定区域进行更深入的测试,并可增加测试覆盖率。通过数据文件"描述"测试,意味着测试人员(TA)只要简单地通过选定一个或多个数据文件就可以指定"自动化"测试。这使得测试人员可以更自由地指定自动化测试。

这种方法的缺点是需要管理数据文件,并确保它们可以被测试自动化解决方案读取,但这个缺点可以妥善得到解决。此外,可能会缺失或忽略重要的逆向测试用例,逆向测试是测试规程和测试数据的组合。在主要针对测试数据的方法中,可能会忽略"逆向测试规程"。

(5)关键字驱动脚本。

关键字驱动的脚本技术基于数据驱动的脚本技术,它们之间有以下两个主要区别。

• 数据文件现在被称为"测试定义"文件或类似名字。

• 关键字驱动脚本技术只有一个控制脚本。

测试定义文件包含测试描述,与等效的数据文件相比,测试人员更易于理解该文件,它通常包含和数据文件一样的数据,但关键字文件(测试定义文件)还包含高级指令("关键字"或"动作单词")。

在选择关键字时,应该考虑选择那些对于测试人员、被描述的测试,以及被测试的应用程序有意义的关键字。这些关键字大部分(但不完全)用于表示与系统的高层业务交互("下单")。

每个关键字表示与被测系统的一组详细交互。关键字序列(包括相关测试数据)用于定义测试用例。特殊关键字可用于验证步骤，或者关键字本身可以同时包含操作和验证步骤。

测试人员的职责范围包括创建和维护关键字文件。这意味着，一旦实现了（针对关键字）的支持脚本，测试人员可以简单通过在关键字文件中指定关键字（与数据驱动的脚本类似）来添加"自动化"测试。

优势在于一旦编写了关键字的控制脚本和支持脚本，通过此脚本技术将大大减少添加新的自动化测试的成本。

通过关键字文件"描述"测试意味着测试人员可以通过使用关键字和关联数据描述的测试来定义"自动化"测试。这使得测试人员可以更自由地定义自动化测试。关键字驱动的方法优于数据驱动的方法，其原因是使用了关键字。每个关键字应该表示一系列详细的动作，能够产生有意义的结果。例如，"创建账户""下单""检查订单状态"都是网络购物应用程序的所有可能的具体操作，每个都涉及一些详细的步骤。当一名测试人员向另一名测试人员介绍系统测试时，他们可能就这些抽象操作而不是详细步骤进行讨论。因此，关键字驱动方法的目的，就是实现这些抽象操作，并允许根据抽象操作定义测试，而无须参考详细步骤。

这些测试用例易于维护、阅读和编写，因为复杂性可以隐藏在关键字中（如果使用模块化脚本，复杂性会隐藏在库中）。关键字可以提供被测系统接口复杂度的抽象表达。

劣势在于实现关键字对于测试自动化工程师来说是一项重大任务，特别是在使用不支持此脚本技术的工具时。对于小型系统来说，实施该技术的开销可能远超收益。需要注意确保实施正确的关键字，好的关键字可用于许多不同的测试中，而差的关键字可能只会使用一次或仅几次。

表 11.3 比较了不同自动化测试级别技术的优缺点。

表 11.3　自动化测试级别

级别	说明	优点	缺点	用法
1级	录制和回放	自动化的测试脚本能够被自动生成，而不需要有任何的编程知识	拥有大量的测试脚本，当需求和应用发生变化时相应的测试脚本也必须被重新录制	当测试的系统不会发生变化时，实现小规模的自动化
2级	线性脚本	减少脚本的数量和维护的工作	需要一定的编程知识，频繁的变化难于维护	回归测试时，用于被测试的应用有很小的变化
3级	模块化脚本	确定了测试脚本的设计，在项目的早期就可以开始自动化的测试	要求测试人员具有很好的软件技能，包括设计、开发	大规模的测试套件被开发、执行和维护的专业自动化测试
4级	数据驱动的测试	能够维护和使用良好的并且有效地模拟真实生活中数据的测试数据	软件开发的技能是基础，并且需要访问相关的测试数据	大规模的测试套件被开发、执行和维护的专业自动化测试
5级	关键字驱动的测试	测试用例的设计从测试工具中分离	需要一个具有工具技能和开发技能的测试团队	专业的测试自动化将技能的使用最优化地结合起来

11.2.2 自动化的业务流程建模

为了实现关键词驱动的测试自动化方法,必须以基于抽象的关键词驱动语言对被测试的业务流程建立模型。重要的是要让用户(在项目中很可能是测试人员)能直观地进行测试。

关键词通常用于映射抽象的业务与系统的交互。例如,"Cancel_Order"可能需要检查任务(Order)是否存在、验证要求注销(Cancel)的人是否有访问权限、显示应该注销的任务并要求确认注销。测试分析师使用关键词的序列(例如,"Login""Select_Order""Cancel_Order")以及相关的测试数据来定义测试用例。下面的例子描述了一个简单的关键词驱动输入表,用来测试软件处理用户账户的能力(例如,添加、重置和删除用户账户),如表11.4所示。

表 11.4 关键词驱动输入表

关 键 词	用 户	密 码	结 果
Add_User	User1	Pass1	用户已添加信息
Add_User	@Rec34	@Rec35	用户已添加信息
Reset_Password	User1	Welcome	密码已重置的确认信息
Delete_User	User1		无效用户名/密码信息
Add_User	User3	Pass3	用户已添加信息
Delete_User	User2		用户未找到信息

该表的自动化脚本会寻找该自动化脚本所使用的输入值。例如,当它到达关键词"Delete_User"所在的行时只需要有用户名的值。而在添加一个新用户时就必须要有用户名和密码。也可以引用一个数据存储作为输入值,就像第二行"ADD_USER"的情况,这里关联的是一个数据的引用而不是实际数据本身,增加了访问数据的灵活性,在测试执行时也能改变数据。这就是数据驱动技术与关键词驱动技术结合的方案。要考虑的问题如下。

关键词的颗粒度越高(越精细),越能覆盖具体和特定的场景,但是通过抽象语言进行的维护工作却变得更加复杂了。

如果测试人员也定义具体的操作行为("ClickButton""SelectFromList"等),则关键词驱动测试就能更好地应对不同的情况。然而,因为这些行为都直接与用户界面(GUI)连接,也会由于变更而导致测试的高昂的维护费用。

使用聚合概念作为关键词可以简化开发,但会使得维护变得复杂,例如,可能有六种不同的关键词共同创建一个数据记录。是否应该创建一个连续调用了六个关键词的单个关键词来简化操作呢?

无论对关键词语言做了多少分析,还是会需要新的或不同的关键词。对一个关键词来说有两个不同的方面(例如,所描述的背后的商业逻辑和所执行的自动化功能)。因此必须创建一个能同时处理这两个方面的过程。

基于关键词驱动的测试自动化可以显著降低测试自动化的维护成本,但它的开发更昂贵,也更困难。此外,为了实现测试自动化,并能够获得预期的投资回报,就需要花费更多的时间来正确设计。

11.2.3　回归测试自动化的步骤

回归测试为使用自动化提供了极好的机会。回归测试规模随着今天的功能测试成为明天的回归测试而日渐增长。总有一天,回归测试的工作量将大于传统的手工测试团队可用的时间和资源。在准备自动化回归测试的开发步骤时。必须要问自己以下这几个问题。

- 测试将以怎样的频率来执行?
- 回归测试套件中,每个测试的执行时间是多少?
- 测试之间是否有功能重复?
- 测试是否共享数据?
- 测试是否相互依赖?
- 测试执行前需要哪些前置条件?
- 被测系统(SUT)测试覆盖的百分比是多少?
- 当前测试能否无失败地运行?
- 回归测试执行时间过长会发生什么?

下面针对以上各点进行详细阐述。

测试执行的频率:回归测试中,经常被执行的测试是自动化的最佳选择。这些测试已经开发实现,测试已知的被测系统(SUT)功能,并且能通过自动化极大地减少其执行时间。

测试执行的时间:回归测试中,任何给定的测试或整个测试套件执行所花费的时间是评估自动化测试价值的一个重要参数。一个选项是可以从耗时较多的测试开始实施自动化。这将使每个测试执行得更快、更有效,同时还增加了自动化回归测试执行的次数。这些是额外的收益,并且可以更频繁地对被测系统(SUT)的质量进行反馈,降低部署风险。

功能的重叠:在对现有的回归测试进行自动化时,最佳实践是识别测试用例之间存在的任何功能重叠,并在可能的情况下减少等价的自动化测试中的重叠。这将进一步提高自动化测试执行时间的效率。随着自动化测试用例变得越来越多,测试的执行效率将变得更加重要。通常,通过自动化开发的测试将采用新的结构,因为它们依赖于可重用组件和共享数据。将现有的手工测试分解成几个较小的自动化测试并不少见。同样,将几个手动测试合并到更大的自动化测试中也可能是更适当的解决方案。手工测试需要先单独评估,以分组进行评估,这样就可以制定有效的转换策略。

数据共享:测试之间经常共享数据。当测试被测系统的不同功能时,可能会用到相同的数据。例如,测试用例"A"验证了雇员可用的休假时间,而测试用例"B"可能验证了雇员为职业发展而需要学习的课程。每个测试用例使用相同的雇员,但验证的参数不同。在手工测试环境中,通常会在每个手动测试用例中多次复制该雇员数据,而这些测试用例使用该数据验证了雇员的不同信息。然而,在自动化测试实践中,在可能和可行的前提下,尽可能从单个数据源存储和访问共享的数据,以避免重复或引入错误。

测试的相互依赖:在执行复杂的回归测试场景时,一个测试用例可能依赖于一个或多个其他测试用例。这种情况可能很常见,并且经常会发生,例如,某个测试步骤生成一个新的"订单ID"。随后的测试可能需要验证：①新的订单在系统中正确显示；②可以修改订单；或者③删除订单成功。在每种情况下，第一次测试中动态生成的"订单ID"值必须可以被后续的测试捕获并重用。根据测试自动化解决方案（TAS）的设计可以解决这个问题。

测试的前置条件：通常，一个测试用例在不满足前置条件之前是不能成功执行的。这些前置条件可能包括选择正确的数据库或正确的测试数据集，或设置初始值或参数。很多实现测试前置条件所需的步骤，是可以通过自动化完成的。对于这些在执行测试前不能被遗漏的初始化步骤，将初始化步骤自动化给出了更稳定可靠的解决方案。当回归测试被转换为自动化时，这些前置条件应该成为自动化过程的一部分。

被测系统的覆盖：每次执行测试时，会运行被测系统的部分功能。为了确定整体系统的质量，测试设计要尽可能达到广度和深度的覆盖要求。此外，代码覆盖工具可用于监视自动化测试的执行，以帮助量化测试的有效性。通过自动化回归测试，随着时间的推移，可以期望额外的测试提供额外的覆盖。测量这些指标为量化测试本身的价值提供了一种有效的手段。

可执行的测试：在将手工回归测试转换为自动化测试之前，务必要验证手工测试的操作是否正确。这将为确保手工测试成功转型为自动化回归测试提供正确的开端。如果因为手动测试编码很差或使用无效的数据、过时的数据、与当前被测系统不一致，或因为被测系统存在缺陷，而造成手工测试执行不正确。在找到和解决失效的根本原因之前，将这样的手工测试转换为自动化测试将创建出既浪费时间，也没有意义的不能工作的自动化测试。

大型回归测试集：被测系统的回归测试集可能变得非常庞大，以至于测试集在夜间或周末都不能执行完毕。在这种情况下，如果有多个被测系统，并发执行测试用例是一个可能的解决方案（对于PC应用，这并不是问题；但当被测系统是飞机或太空火箭时，情况完全不同）。如果被测系统是很稀有或昂贵的，并发执行是不切实际的选择。在这种情况下，只可能运行部分回归测试。随着时间的推移（几个星期），整个测试套件最终将执行完毕。可以基于风险分析（被测试系统的哪些部分已经发生了改变），选择执行回归测试套件其中的一部分。

11.2.4　新功能测试自动化的考虑因素

一般来说，为新功能的测试用例实现自动化更容易，因为新功能的实现仍然未结束（或者更好的情况：尚未启动），测试工程师可以利用自己的知识向开发人员和架构师解释新功能中需要什么，以便能够通过测试自动化解决方案有效且高效地进行测试。

当被测系统增加新特性时，测试人员需要为这些新的特性和相应的需求开发新的测试。测试自动化工程师需要征求具有领域知识的测试设计师的反馈，确定当前的测试自动化解决方案是否能够满足新特性的需要。这些分析包括但不限于：现有的方法、第三方开发工具、测试工具等。

对测试自动化解决方案的修改，必须针对现有自动化测试件部分进行评估，以便完整记录修改或补充的内容，并且不影响现有测试自动化解决方案的行为（或性能）。

如果为实现一项新特性，例如，增加了一个不同的对象类，可能需要更新或增加测试件部分。此外，必须评估与现有测试工具的兼容性，并在必要时确定可替代解决方案。例如，如果使用关键字驱动的方法，可能需要开发增加的关键字，或修改/扩展现有关键字以覆盖新功能。支持新环境中的新功能,可能需要评估额外的测试工具。例如,如果现有测试工具只支持 HTML 网页,就可能需要一个新的测试工具。

　　新的测试需求可能会影响现有的自动化测试和测试件部分。因此,在做任何修改之前,应该在新的或者升级后的被测系统上运行现有的自动化测试,验证现有的自动化测试的操作是否适合,并记录变更。这应该包括将相互依赖性映射到其他测试。任何技术的新变化将迫使我们评估当前的测试件部分(包括测试工具、函数库、API 等)以及与当前的测试自动化解决方案的兼容性。当现有需求发生变化时,更新验证这些需求的测试用例的工作应该是项目时间表(工作分解结构)的一部分。需求与测试用例之间的追溯信息将指明需要更新哪些测试用例。这些更新工作应该是整体测试计划的一部分。

　　最后,需要确定现有的测试自动化解决方案是否将继续满足当前被测系统(SUT)的需求。自动化实现技术是否仍然有效?是否需要一个新结构?是否可以通过扩展当前能力做到这一点?

　　刚引入新功能的时候是测试工程师确保新功能可测性的一个好机会。在设计阶段,应该考虑通过提供测试接口来实现可测性,可以通过脚本语言或测试自动化工具来利用这些接口验证新功能。

　　11.3 节将简要介绍编者在软件项目的工程实践中参与的几个自动化测试实例,供读者参考。

11.3　自动化测试案例

11.3.1　自动化测试执行

　　下面以实际的数字集群通信系统为例,介绍一种自动化测试执行工具。数字集群通信系统广泛应用于公共安全、交通运输、能源和物流等领域。数字集群通信系统作为一种为无线用户提供语音和数据服务的数字集群通信系统,在各行各业的指挥调度中发挥了重要作用,其系统概述图如图 11.5 所示。

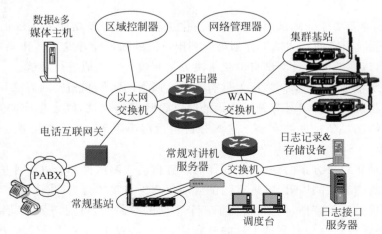

图 11.5　数字集群通信系统概述

图 11.5 中的区域控制器(Zone Controller, ZC)作为数字集群通信系统中的核心组成部分,提供组呼、单呼和电话互联互通的呼叫处理服务。区域控制器的测试对确保整个数字集群通信系统正常运行起着不可或缺的作用,其主要组件达 40 多个,文件数量 13 000 多个,实现代码高达 95 万多行。

区域控制器的自动化测试平台 GLS(Generic Link Simulator)是通用链路模拟器的缩写。它是一个专门为了仿真基于消息协议的通信设备而设计开发的测试平台,如图 11.6 所示。

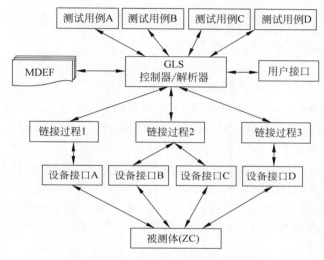

图 11.6　GLS 自动化测试平台概述图

从图 11.6 可以看出,GLS 自动化测试平台由链接过程、消息定义文件、测试用例脚本等组成。链接过程仿真其他连接到区域控制器(ZC)的系统组件的较低协议层,维护已建立的链接,并作为 GLS 测试用例与区域控制器间的接口。其中,MCAST_SC_NETCOM 是 ZC 与基站之间的链接,IZ_NETCOM 是两个 ZC 之间的链接。链接过程支持手动启动或终止,也支持全自动或半自动启动或终止。链接过程参数和特性由配置文件管理,如 IP 地址、端口号、缓存和变量等。每个配置文件都可看作一个链接过程的可能的实例。消息定义文件包含消息定义及消息在链接中发送和接收的初始值。每个链接过程都有一个与之相对应的消息定义文件。

作为自动化测试中的重要组成部分之一的自动化测试用例,主要分为两类:模块化脚本和共享脚本。脚本类似于结构化程序含有控制脚本执行的指令。优点是健壮性好,可通过循环和调用减少工作量;缺点是脚本较复杂且测试用例"捆绑"在脚本中。共享脚本是指脚本可被多测试用例使用,一个脚本可被其他脚本所调用。使用共享脚本可节省脚本生成时间和减少重复工作量,当重复任务变化时只需少量修改。优点在于较少开销实现类似测试,维护开销低于线性脚本,能删除重复并可增加智能。缺点是需跟踪更多脚本,给配置管理带来困难,对每个测试仍需定制,测试脚本维护费用高。

GLS 测试脚本综合了模块化脚本和共享脚本的优势,既支持控制脚本执行的指令,健壮性好,可通过循环和调用减少工作量,又支持脚本间的相互调用,可节省脚本生成时间和减少重复工作量,当重复任务变化时只需少量修改。ZC 的每个测试用例对应着一个用户场景,每个 GLS 测试脚本对应着相应的消息序列。测试脚本可以调用其他的脚本文件,并支持并行调用。而且 GLS 脚本可以用来配置及测试被测体,还可以组成测试集。测试集一般由测试相同或相近功能的测试脚本组合而成。

大型软件系统有大量的较复杂的功能点需要测试,单纯采用传统的手动测试已变得不合时宜。必须引入自动化测试,并且需要大量的测试用例来检验被测体的有效性,例如,区域控制器测试项目就有 4000 余个测试用例。测试用例的有效创建、重用和维护是自动化测试中最关键的环节之一。

11.3.2　自动化性能测试:内存测试

下面以实际项目为例,介绍性能测试的工具及其应用。在集群系统中,电话互联网关(Telephone Interconnect Gateway,TIG)作为实现对讲机与电话互联互通的网关,提供数字集群通信系统与外部程控交换机(Private Automatic Branch Exchange,PABX)之间的语音编码,支持数字集群通信系统内的对讲机与和外部电话之间的通信,如图 11.5 所示。

内存是计算机/服务器的重要部件之一,它是与 CPU 进行沟通的桥梁。计算机中所有程序的运行都是在内存中进行的。内存的运行也决定了计算机的稳定运行,因此内存的性能对计算机的影响非常大。内存包括物理内存和虚拟内存。物理内存是指存储区映射到实际的存储芯片,提供最快的访问速度。虚拟内存是指操作系统可以使用外部存储器(硬盘等)来存储数据。

内存性能测试主要是通过测试判断程序有无内存泄漏现象。内存泄漏是指用动态存储分配函数动态开辟的空间,在使用完毕后未释放,结果导致一直占据该内存单元,直到程序结束。内存泄漏形象的比喻是“操作系统可提供给所有进程的存储空间正在被某个进程榨干”,最终结果是程序运行时间越长,占用存储空间越来越多,最终用尽全部存储空间,导致整个系统崩溃。可见内存泄漏的后果相当严重,因此通过内存测试来检测内存泄漏十分重要。

内存泄漏发生在当程序可用的内存区域(RAM)被该程序所分配,但是内存不再使用后没有得到释放。这块内存区域被分配了但是不再能重用而遗留下来。当这种情况频繁发生或发生在本来就只有较少内存情况下,程序可能会耗尽可用的内存。这里,内存的操作是程序员的责任。任何动态分配的内存区域必须由负责分配的程序在正确的范围内进行释放,以避免内存泄漏。许多现代的编程环境包含自动或半自动的“垃圾回收”机制,在这种机制中,所分配的内存可以在不需要程序员直接干涉的情况下得到释放。当现有分配的内存由自动垃圾回收进行释放时,隔离内存泄漏可能变得非常困难。

内存泄漏造成的问题可能是逐渐生成的而不总是立即显现的。例如,如果软件是最近安装的或者系统被重启,那么内存泄漏的情况可能不能立即显现,而这种情况(指使用新安装的软件或在重新启动后的测试)在测试中经常发生。由于这些原因,往往当程序到了上线的时候,内存泄漏的负面影响才可能被注意到。

内存泄漏的症状是系统响应时间的不断恶化,最终可能导致系统失效。虽然这种失效可以通过重启系统来解决,但是重启并不总是有用的,甚至有时是不可能的。

许多动态分析工具找出会发生内存泄漏的代码,使它们能得到纠正。简单的内存监视器也可以对可用内存是否随时间推移而下降获得一个总体印象,虽然仍需一个后续分析来确定下降的确切原因。其他来源的泄漏也应该考虑,例如,包括文件句柄、访问许可证(信号)和资源的连接池。

在数字集群通信系统中最常见的是隐式内存泄漏:程序在运行过程中不停地分配内存,但是直到结束的时候才释放内存。严格地说这里并没有发生内存泄漏,因为最终程序释放了所有申请的内存。但是对于一个服务器程序,需要运行几天、几周甚至几个月,不及时释放内存也可能导致最终耗尽系统的所有内存。所以,这类内存泄漏称为隐式内存泄漏。

隐式内存泄漏的危害在于内存泄漏的堆积,这会最终消耗尽系统所有的内存。从这个角度来说,一次性内存泄漏并没有什么危害,因为它不会堆积,而隐式内存泄漏危害性则非常大,因为它更难被检测到。所以测试环境和测试方法对检测内存泄漏至关重要。

下面主要介绍数字集群通信系统电话互联网关检测内存泄漏的一种新的方法。现有测试方法有以下几种。

第一种:EPO(Enhanced Performance Optimized)工具是一种由 C. Perl 和 UNIX Shell 开发的工具,它能捕捉内核性能统计数据并存储在一个圆罗宾数据库(RRDtool)中,从而产生内存使用图。该方法适用于 Linux 系统。

一旦数据被 EPO 工具获取,该工具就能利用数据画出内存消耗图。这种方式能容易地获得一个清晰的、实时的内存使用情况。

EPO 的主要功能如下。

- 如果分析过程的一个子函数失败,告知用户。
- ANOVA(方差分析)。
- 贝叶斯分析。
- 找到硬件的限制,如存储限制等。
- 创建一个内存使用图。

EPO 工具的数据流如图 11.7 所示。所有数据由 epo_se 服务从内核提取并存储于 XML 文件。epo_se2rrd 导入数据到 epo.rrd 文件。所有的统计都基于在 epo.rrd 文件中的数据。

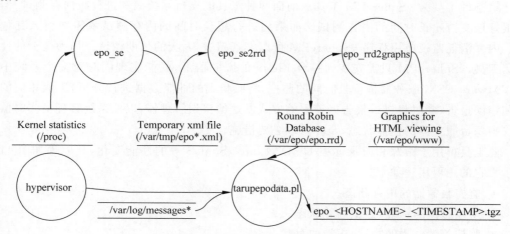

图 11.7　EPO 数据流

第二种方法是 GetMem 工具。EPO 工具的缺点是它只能表明系统级的内存消耗，如何定位到是哪个进程发生了内存泄漏是个问题。由此引入了一个新的工具 GetMem，该工具可以显示应用或进程级的内存消耗。GetMem 工具是由 Perl 脚本分析 Linux PMAP 数据文件 pmap.out 从而得出内存使用情况。Linux PMAP 命令可由进程号得到这个进程号对应进程的内存映射。图 11.8 是 GetMem 部分脚本。

```perl
#!/usr/bin/perl
use strict;
…
system ("$PS - eo 'pid = ' | $XARGS $PMAP - x | $TR - d '[]' > $PMAP_FILE");
open ( PMAP_LISTING, $PMAP_FILE ) or die "Cannot read $PMAP_FILE";
while ( $line = <PMAP_LISTING> )
{
    chomp( $line);
    @data = split(/\s + /, $line);
    if( $data[0] = ~m/^\ -+ / || $data[0] = ~m/Address/ || $data[0] = ~m/total/)
    {
        # Filter junk lines
    }
    elsif ( $data[0] = ~m/(\d + ):/ )
    {
        $procid = $1;
        $process = $data[1];
        if( $data[1] = ~/\/(.[^\/] * ) $/)
        {
            $process = $1;
        }
        …
        while( $line = <VMLCK>)
        {
```

图 11.8　GetMem 部分脚本

第三种工具为 vSpherePM 工具。前面两种工具能支持系统级和进程级内存测试，但不能很好地支持超长时间的内存测试。如果想进行超长时间的内存测试就需要引入其他工具。内存消耗监视应用程序 vSpherePM 可以实现超过 48 天的长期测试。作为全新的性能监测工具，vSpherePM 只需安装到一台 Linux 的服务器上，就能实现同时对多个系统中多台 VMware ESXi 服务器进行长时间的监控，将收集到的性能数据进行分析，生成相应的图表和错误报告，同时将错误报告以警报的方式发送给错误管理器，以便系统管理员实时监控系统中每台服务器的性能状态，及时采取必要措施。

此工具可用于跟踪和记录远程 UNIX，Linux，SunOS 等的性能变化，其原理如图 11.9 所示。它的主要用途如下。

- 监控服务器的内存状态。
- 监控总体的物理/虚拟内存状态。
- 监控关键过程的物理/虚拟内存状态。
- 根据测试报告中的实时数据生成图表。

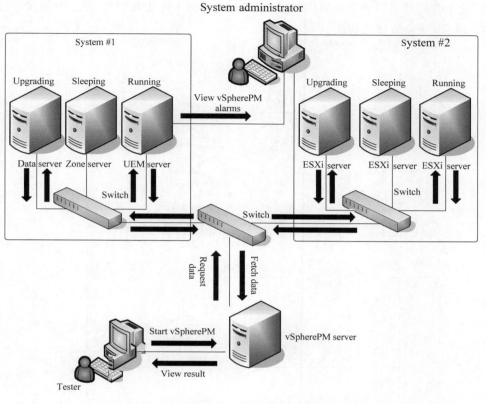

图 11.9 vSpherePM 原理图

在此比较以上三种工具的特性，如表 11.5 所示。

表 11.5 三种工具的特征比较

工具名称	数 据 源	优 点	缺 点
EPO	/proc/meminfo	能够画出内存消耗图； 得出清楚的系统内存使用情况	只能生成系统级的结果
GetMem	Linux：/proc/meminfo 文件	易于使用； 轻量级，可嵌入测试用例中使用； 生成进程级的数据	不能支持超长时间的内 存测试
vSpherePM	VMware ESXi 服务器	支持超长时间的内存测试	需要在 VMware ESXi 环 境下使用

　　每一个工具都可以重复进行回归测试。然而，单一工具都有其局限性，在某些特定情况下不能及时发现内存的异常消耗。为了提高测试效率，软件测试工程师可以根据实际情况灵活使用这些工具。

　　基于以上三种工具的特性，作者提出了一种新的内存测试方法。测试开始用 EPO 工具获得系统级内存信息。如果发现系统级内存泄漏，通过 GetMem 检测重点怀疑的某些线程的内存信息。如果发现某线程内存泄漏，定位引发该问题的代码并解决问题。如果前面的测试都没发现内存泄漏，可以通过超长时间测试工具 vSpherePM 来发现隐藏的细微的内存泄漏。这个方法基于三种工具的优缺点取长补短,进行了优化和创新,是一种切实可行的方法。图 11.10 是新方法流程图。

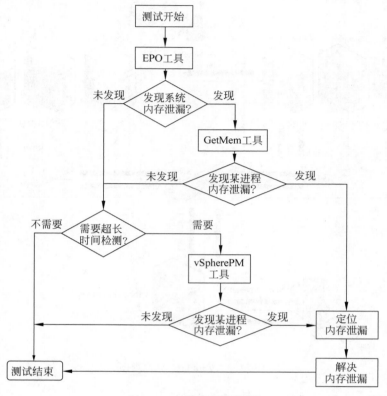

图 11.10　新方法流程图

这个新方法的创新与价值在于:

(1) 超长时间连续的性能监控。即使被监控的服务器重启、关机,甚至重装,都不影响该方法对其状态的监控,一旦服务器正常运行,方法就会继续获取性能数据,无须重启。支持超过 48 天的长时间测试。

(2) 覆盖范围广,可以同时对多达 70 台的 VMware ESXi 服务器,超过 400 台的虚拟机进行监测。不仅局限于数字集群通信系统,可以对所有基于 VMware ESXi 的服务器进行监测。

(3) 帮助测试人员快速发现系统问题,定位问题原因。

(4) 数据智能分析,发现潜在的系统问题,并向错误管理器发送报警信息。

在下面的测试实例中,作者通过观察总体的和关键进程的内存数据来判断是否存在内存泄漏问题。如果内存使用大小在测试过程中随时间增长,那么系统极有可能隐藏着内存泄漏问题。

为了模拟公共安全系统的真实应用场景,测试步骤如下。

- 同时拨打 60 路对讲机与电话通话,采集系统内存信息。
- 每个通话将持续 1min。
- 取消所有的通话。

- 重复以上步骤多次。
- 比较这个过程中系统内存使用情况。

EPO 工具绘制结果如图 11.11 所示。它显示系统级的内存消耗。可以发现系统的内存消耗持续增加,系统出现了明显的内存泄漏。

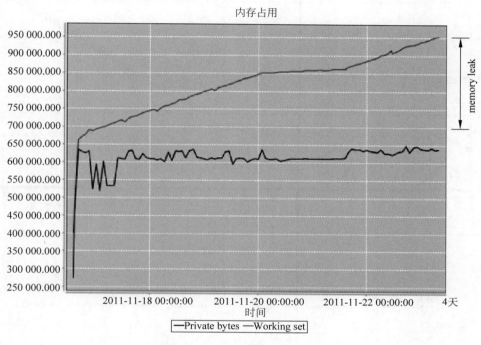

图 11.11　系统级测试结果

在呼叫期间,系统的电话互联网关成为测试重点。而电话互联网关中的媒体网关 MG会经历分配/释放大量内存的过程,作者将测试重点进一步锁定为 MG(Mediagateway)。重复之前的测试步骤,通过 GetMem 工具采集进程内存信息,比较这个过程中媒体网关 MG的内存使用情况。

图 11.12 显示在约 40h 内 MG 物理内存的变化。从图中可以看到,MG 的物理内存持续增长,发生了明显的内存泄漏。

经过测试发现 MG 这个进程不仅在通话结束后并不返回到原来的内存使用量,而且随着时间推移仍然不断增长。

如果进行较长时间的性能测试,就可能检测到微小的内存泄漏。通过这个新方法可以监控所有进程中潜在的内存泄漏风险。在另一个测试实例中通过这个新方法经过长达 12天的连续测试,发现系统虚拟内存存在持续微小增长。进而经过长达 48 天的超长时间连续测试定位到是 TIG 中 CMA 进程存在内存泄漏,如图 11.13 所示。

由此可见,用该方法进行内存性能测试很有效。适当的测试场景和工具能大大地提高测试效率。检测到内存泄漏之后,可以选择通过使用 Valgrind、Mtrace 或 Klockwork 等工具来帮助定位引起内存泄漏的代码段并解决该问题。图 11.14 是内存泄漏问题解决后 1 个月内存的使用情况,可以看出内存保持稳定。

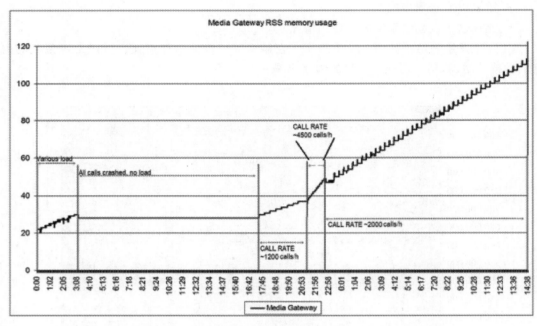

图 11.12　进程级测试结果

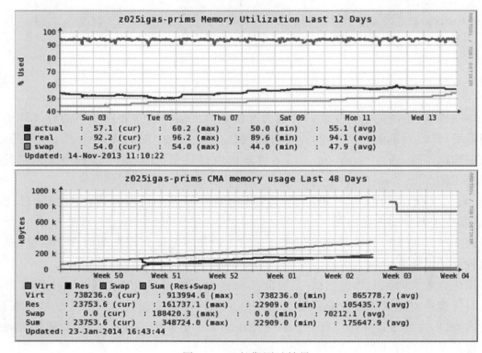

图 11.13　长期测试结果

　　测试实践表明,根据具体的测试目的和环境,可以灵活地选择测试方法进行内存性能测试。测试人员可为新功能设计并执行专用的性能测试来发现潜在的内存泄漏问题。并且在负载较大情况下运行长期实验以查看是否有任何明显的或者是细微的内存泄漏。总之,该新方法在测试工作中已被证明是可行的和非常有益的。测试人员可以根据自身情况使用和部署。

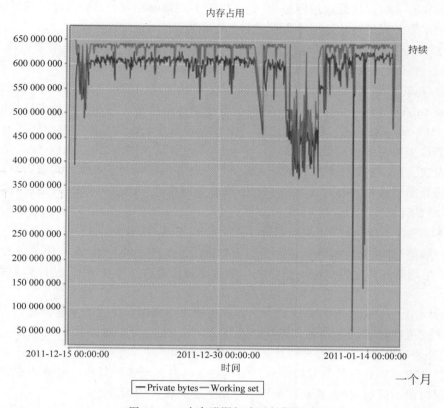

图 11.14 内存泄漏解决后长期测试图

11.3.3 自动化性能测试：语音传输质量测试

在数字集群通信系统中，实时语音首先被封装在传输层实时传输协议（Real-time Transport Protocol，RTP）中，再封装在 IP 分组中并在网络中进行实时流式传输。实时语音流的传输延迟、抖动、丢包率等性能指标直接反映通信系统的语音传输质量，决定着集群通信系统是否满足公共安全领域对语音传输的要求。因此上述指标是用户最为关心的关键性能指标。现阶段集群通信系统的语音传输质量测量分析面临以下难题。

- 需要支持解析多种网络协议及语音编解码模式。
- 数百路实时语音流分析。
- 上百万次计算语音分组的延迟、抖动和丢包率等网络参数。
- 测试场景繁多。
- 语音分组通过系统语音网关时，编码格式被转换，造成语音分组的延迟数值获取不精确，甚至无法获得。

为了提高精度及解决失效问题，通过分析通信系统构架和语音编解码协议，提出一种支持不同语音编解码模式的网络实时音频服务质量（QoS）性能分析的新方法。该方法支持同时分析处理 240 路语音流，近 40 万个数据包，并能在 1min 内得到准确分析及统计结果，有效地支持语音 QoS 性能分析。

在传输实时音频数据的通信网络中,QoS 性能关键指标主要包括:语音传输时延、时延抖动和丢包率等。下面将从这三个方面进行简要叙述。

时延指一项业务从网络入口到出口的平均经过时间。为了实现高质量语音和视频传输,网络设备必须保证较低的时延。

作为数字集群通信系统中实现对讲机与电话互联互通的网关,电话互联网关(Telephone Interconnect Gateway,TIG)提供数字集群通信系统与外部程控交换机(Private Automatic Branch eXchange,PABX)之间的语音编码及系统内的对讲机与和外部电话之间的通信。TIG 主要由媒体网关(Media Gateway,MG)和信令网关(Signaling Gateway,SG)两个部分组成。MG 主要控制实时音频处理,支持全双工实时传输协议(RTP)音频流通信及音频声码器类型转换[60ms 代数码本激励线性预测编码(Algebraic Code Excited Linear Prediction,ACELP)与 20ms 脉冲编码调制(Pulse Code Modulation,PCM)的相互转换]。信令网关 SG 发送控制消息 START_PROCESSING_IND 控制 MG。

以上行链路(即从对讲机到程控交换机 PABX 方向的链路)为例,该网关对语音传输时延要求为:平均语音传输时延应小于 66ms,最大音频延迟应小于 93ms。其计算公式如下。

$$t_{upd} = t_{jb} + t_{frame} + t_p$$

式中,t_{upd} 表示上行链路语音传输时延,t_{jb} 表示抖动缓冲延迟,t_{frame} 表示帧延迟,t_p 表示处理延迟。平均值和最大值由以下几部分计算得来:35ms 的抖动缓冲,0~53.33ms 的帧延迟,4ms 的处理延迟。

时延抖动表示部分音频信号的相对时间位移。时延抖动主要是由于业务流中相继分组的排队等候时间不同引起的,是对服务质量(QoS)影响较大的因素之一。

电话互联网关(TIG)对时延抖动在上行链路和下行链路的要求相同:抖动都应小于 5ms。TIG 实现了抖动缓冲,用于上行链路和下行链路音频流。在呼叫会话中的第一个音频数据包发送后,每隔 60ms TIG 将双 ACELP 音频数据包发送到对讲机。在呼叫会话中的第一个音频数据包发送后,每隔一个时间间隔 P 将 PCM 音频数据包从 TIG 发送到 PABX,其中,时间间隔 P 可以是从 5~60ms 间的任意值,步长为 5ms。其计算公式如下。

$$P = t_{jb} + t_{frame} + t_p$$

式中,P 表示时间间隔,t_{jb} 表示抖动缓冲,t_{frame} 表示帧延迟,t_p 表示处理延迟。

丢包是指通信数据包的丢失现象。数据在通信网络上是以数据包为单位传输,每个数据包中有表示数据信息和提供数据路由的帧。丢包率(Packet Loss Rate)是指测试中所丢失数据包数量占所发送数据包数量的比率。计算公式如下。

$$loss = \frac{N - M}{N} \times 100\%$$

式中,loss 表示丢包率,N 表示输入包数量,M 表示输出包数量。

电话互联网关(TIG)要求在一定的容量条件下,任何负载的丢包率不超过 1×10^{-6}。如果发送音频数据包时收集不到足够的音频,音频数据包丢失的部分将以"沉默"的形式发给 PABX 或"零(0)"流的形式填充并发给对讲机,这会引起部分音质的降低。

Wireshark 是现阶段业界使用最广泛的网络协议分析器之一,其优点包括:易用的 GUI、支持很多协议及支持插件开发等。开发测试人员可以利用其在微观层面了解网络情况,调试网络协议实现细节,检查安全问题及网络协议内部构件等。

下面以 RTP 为例,简要介绍 Wireshark 如何测量语音传输时延、时延抖动和丢包率等指标。如图 11.15 所示,利用其抓包、过滤功能及分析功能,通过 RTP 菜单的 Stream Analysis 选项即可看到时延大小和是否发生丢包及时延是否稳定。其中,抖动可以通过 Delta 的值来衡量,Delta 是相邻两个语音包的间隔值及时延值。因为网关发送媒体包时的打包间隔是固定的,在没有抖动的情况下,接收侧网关收到的媒体流的 Delta 应该是一个定值。当有抖动时,Delta 的值会随着抖动而变化。丢包率则可以直接通过丢包数量及比率直接获得。由图 11.15 可以得出,例子中延时在 0~2ms 区间内并且存在时延抖动和丢包情况。

![Wireshark: RTP Stream Analysis 窗口]

Wireshark: RTP Stream Analysis

Forward Direction | Reversed Direction

Analysing stream from 112.254.202.37 port 11902 to 112.254.214.147 port 6072 SSRC = 0x0

Packet	Sequence	Delta(ms)	Filtered Jitter	Skew (ms)	IP BW (kbps)	Marker	Status
100	1	0.00	0.00	0.00	10.91		[Ok]
101	2	1.72	0.11	-1.72	21.82		[Ok]
102	3	0.01	0.10	-1.73	32.74		[Ok]
103	4	1.98	0.22	-3.71	43.65		[Ok]
104	5	0.01	0.21	-3.72	54.56		[Ok]
105	6	2.00	0.32	-5.72	65.47		[Ok]
106	7	0.34	0.32	-6.07	76.38		[Ok]
108	8	1.67	0.40	-7.73	87.30		[Ok]
109	9	0.01	0.38	-7.74	98.21		[Ok]
110	10	1.98	0.48	-9.72	109.12		[Ok]

Max delta = 6.02 ms at packet no. 33995
Max jitter = 3.84 ms. Mean jitter = 2.49 ms.
Max skew = 97.42 ms.
Total RTP packets = 44664 (expected 44664) Lost RTP packets = 199 (0.45%) Sequence errors = 175
Duration 58.29 s (-2 ms clock drift, corresponding to 8999 Hz (-0.00%))

Save payload... | Save as CSV... | Refresh | Jump to | Graph | Player | Next non-Ok | Close

图 11.15　Wireshark 分析性能指标

但是 Wireshark 不能如图 11.15 所示测量电话互联网关(TIG)语音传输时延、时延抖动和丢包率等指标,原因是 TIG 网关内外网采用不同的编码方法,外网编码采用电信标准如 G.711 A 率或 G.711μ 率,而内网采用 ACELP 编码格式。内外网采用的不同编码方法的原因是内外网的带宽不同:内网是有限带宽的无线网络,频率资源相当紧张,因此采用编码速率较低,所带带宽较低(8kb/s)的 ACELP 编码方式;外网是带宽相对较宽的有线通信网络,因此采用 G.711 编码方式,每个信道带宽 64kb/s,可以同时传输 32 路语音,总带宽为 2Mb/s。

由于 Wireshark 不能支持分析测量电话互联网关(TIG)语音性能指标,现有测量方法是在测试用例中调用 tcpdump 命令,将网络传送的数据包截获下来,并用 Perl 脚本分析。下面以 TIG 测试时延为例具体说明,具体步骤如图 11.16 所示。Perl 脚本通过关键字匹配发现首发音频数据包,再进一步发现同步源标识符(Synchronous SouRce

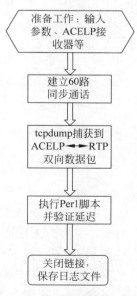

准备工作:输入参数、ACELP接收器等

↓

建立60路同步通话

↓

tcpdump捕获到 ACELP ⬌ RTP 双向数据包

↓

执行Perl脚本并验证延迟

↓

关闭链接,保存日志文件

图 11.16　现有方法测试时延步骤

identifier,SSRC),因为 TIG 使用 SSRC 作为 RTP 数据包的源来识别每个 RTP 数据包,提取并保存时间戳,并作为输出时间。同理,通过文本匹配找到输入时间,计算出传输时延。

由于验证 QoS 性能指标语音传输延迟的工作主要是由 Perl 脚本完成,Perl 脚本即为该方法的关键。作为一种功能丰富的计算机程序语言,Perl 集合了 C、sed、awk 及 UNIX Shell 等语言的优点,特别适合应用于文本处理、正则表达式和系统管理方面。但是 Perl 语言又有可维护性较差及性能较低等缺点:由于 Perl 灵活自由,不同程序员的代码风格差别较大,导致某些 Perl 代码晦涩难懂,可读性较差,后期维护困难;另外,Perl 处理性能相对 C/C++较低,高性能的处理需要使用其他语言重写。

通过使用现有方法,项目团队发现其存在下面一些不足。

- 现有方法程序可读性和可维护性存在较大的问题。
- 测试丢包率需要大量的音频数据包,Perl 脚本实现丢包率的检测效率较低。
- 最大问题是在呼叫建立之后,语音网关会自发地在输出端发送静默的语音分组,使得按序匹配输入与输出端的语音分组并计算延迟的现有算法不再成立。

基于上述原因,提出了网络实时音频 QoS 性能分析新方法——Audio Packet Measure Tool(APMT)。该方法主要解决了两个问题:①语音在传输过程中经过不同的编码情况下,如何精确测量端对端的语音延迟;②语音在传输过程中经过不同的编码,编码长度不同(分别为 60ms ACELP 与 20ms PCM)。输入语音分组与输出语音分组采用不同的编码格式的情况下,如何精确测量丢包率。

Audio Packet Measure Tool(APMT)是一个专业的网络语音传输质量分析软件,支持网络数据日志文件自动化分析,生成精确而详细的分析结果。APMT 方法的原理框图如图 11.17 所示,输入语音系统经过被测系统得到输出语音,然后进入 APMT 系统进行分析处理:根据测试场景,系统自动匹配分析模式;从可扩展模型库中自动选择处理模型;系统分析各项性能指标;最后输出分析结果及可视化报告。

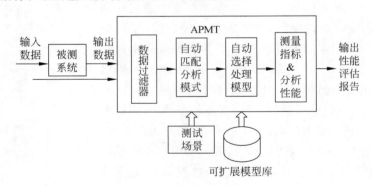

图 11.17　APMT 原理框图

APMT 具有以下功能。

- 解析 RTP 以及多种网络协议,提取呼叫信息。
- 精确计算多种测试场景下的语音延迟、抖动与丢包率等网络参数。
- 解决 IP 分组语音编码格式转换测试场景下,语音延迟获取不精确的问题,得到了精确的语音传输延迟测试结果。

- 支持 ACELP、基于低迟延码激励线性预测的压缩标准 G.728、主流的波形音频编解码器 G.711μ-Law(主要运用于北美和日本)和 G.711A-Law(主要运用于欧洲和世界其他地区)多种语音编码格式的解码,并绘出语音信号波形图并提供缩放功能。
- 提供图表展示的统计结果,并支持缩放、打印功能。
- 提供可视化分析的操作。

针对语音网关语音编码模式转换问题,APMT 方法提出并实现了一种语音延迟测试解决方案。语音网关的输入语音分组与输出语音分组分别采用不同的编码格式,并且语音分组长度也不相同。通信系统内部所用语音编码格式为 ACELP 或 G728,外部语音编码格式为 G.711 A 律或 G.711μ 律。输入端的语音数据无法在输出端直接匹配,所以无法通过直接对比输入与输出语音原始数据的方法获得语音通过网关的传输延迟。

现有的解决方案是:利用两端 IP 语音分组中协议头部的序列号字段按顺序比较输入端与输出端的分组的时间戳(ACELP 语音流序列号从 32 开始,PCMA 语音流序列号从 0 开始)得到时延,如图 11.18 所示。

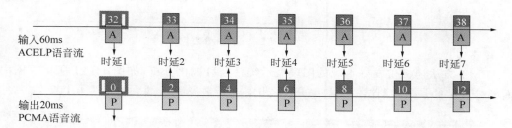

图 11.18　现有方法计算时延

经过分析和项目实践发现现有方案的问题是:在呼叫建立之后,语音网关会自发在输出端发送静默语音分组,使按顺序匹配输入与输出端的语音分组并计算延迟的算法不再成立。如果继续采用此方案,在实际测试中往往会得出语音传输延迟为负数,这显然是不合理的。针对现有方法存在的问题,APMT 方法提出了新的解决方案:基于音频(声码)识别技术,对比输入端语音指纹和输出端的指纹,得到有效语音测试信号的起点,精确给出每个语音信号语音网关输入和输出的绝对时间,通过计算输入输出时间差值便可得到精确语音延迟,如图 11.19 所示。

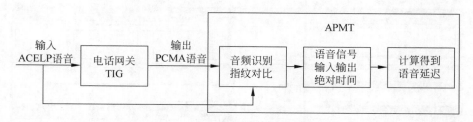

图 11.19　APMT 方法测量时延

测量时延是测量抖动的基础,只有精确地测量了时延才有可能精确得出时延抖动。所以 APMT 方法提出并实现了语音延迟测试解决方案,不仅解决了语音延迟精确测量问题,也提高了抖动的测试精确度。

　　丢包率的测量在 QoS 性能分析过程中既是重点也是难点。在现有的测量方案中尚未找到一种有效的测量丢包率的方法。APMT 通过对控制信令的分析,得到语音包组合和拆分的准确情况,并且通过 RTP 头部序列号连续分析得到精确丢包率。由 Start_Processing_IND 分配的源套接字和目标套接字来跟踪匹配传入的音频流和相应的输出音频流,另外,在无丢包情况下,RTP 头部的序列号应该是连续递增的,如果出现不连续的序列号就说明有丢包,由此来计算丢包率,如图 11.20 所示。

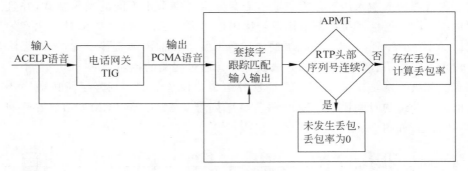

图 11.20　APMT 方法测量丢包率

　　APMT 方法还提供友好直观的图表展示统计及可视化分析,如图 11.21 所示。图中最上面部分显示的是该次测试的丢包率分析结果:上行链路发送端丢包率为 0.008 42%,接收

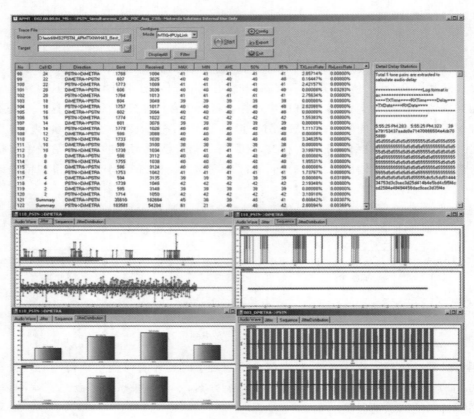

图 11.21　APMT 图表展示的统计结果

端丢包率为 0.003 07%；下行链路发送端丢包率为 2.800 94%，接收端丢包率为 0.003 69%。上述丢包率均超过需求上限 1×10^{-6}，未满足性能需求。因此需要开发及测试人员根据测试日志和数据文件等分析丢包产生的原因，解决丢包率较高的问题。中间左边的图形显示了抖动的数值，左下角的图形展示了抖动的分布区间，右下角显示音频信号的波形。

为了高效地测量音频性能指标，设计的测试场景如图 11.22 所示。测试控制器控制测试用例管理器，同时并发 240 路分组通话，每路通话语音由音频仿真器产生一段静音再加一段脉冲模拟真实通话场景，并循环往复，共计近 40 万个的语音数据包。语音数据通过被测网关转码及处理后，利用 Wireshark 工具在交换机端口上获取语音数据包。再通过 APMT 分析该数据包，比对对应的输入和输出脉冲起点得到测试延时、抖动及丢包率等性能指标报告及测试分析结果。

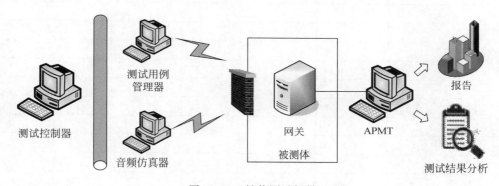

图 11.22　性能测试场景

进入电话互联网关的输入是采用 ACELP 编码的语音波形信号，输出是从电话互联网关经过语音编码转换为 G.711 编码格式的语音信号波形，输出语音对应输入语音存在一定的时延。在 APMT 中放大后的有效语音测试信号波形起点对比如图 11.23 所示，APMT能够精确地给出每个语音信号语音网关输入和输出的绝对时间，通过计算相对应的有效信号起点的输入输出时间差值便可得到精确语音延迟。通过计算，该延时为 38ms，小于需求规定的系统上行链路平均音频延迟不能超过 66ms，因此满足性能需求。

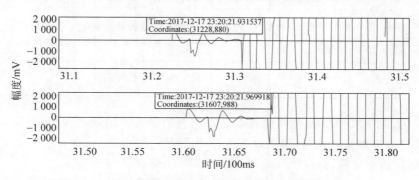

图 11.23　有效语音测试信号波形起点对比

在如图 11.22 所示的测试场景中，随机提取其中一段连续的 1 万个的语音数据包做性能指标分析，结果如表 11.6 所示。上行链路的语音数据包平均时延为 40ms，抖动不大于

4ms，这两样指标均满足系统性能需求。但是语音数据包丢包率为 1×10^{-2} 数量级，远大于系统规定的丢包率上限 1×10^{-6}，未能达到性能指标要求。

表 11.6　性能指标分析结果

序　列　号	时延/ms	抖动/ms	丢包率/%
1	40	0	2.547 00
2	41	1	2.044 39
3	38	0	0
4	39	0	0
5	40	1	2.820 80
6	40	0	⋮
⋮	⋮	⋮	
9 992	40	2	1.955 31
9 993	38	0	0
9 994	41	1	0.164 47
9 995	40	0	0
9 996	41	0	1.737 67
9 997	42	2	2.193 48
9 998	42	0	0
9 999	39	1	1.553 83
10 000	38	0	0
均值	40	1	1.111 73
最大值	44	4	3.346 35

基于上述提到的常规 Wireshark 分析方法、现有 tcpdump&Perl 方法、APMT 新方法针对集群通信系统实时音频 QoS 性能测试场景进行了比较，如表 11.7 所示。

表 11.7　3 种方法比较

特点	Wireshark 分析方法	tcpdump&Perl 方法	APMT 方法
时延	不支持编码格式转换场景	不准确，某些场景失效	测量精度提高，支持十多种测试场景
抖动			
丢包率		未涉及	
可视化	支持	不支持，命令行界面	支持，图表统计呈现，结果直观

由此可见，APMT 新方法能精确获取语音网关的语音传输延迟及抖动，并且第一次实现了丢包率的准确测量和统计，具备以下优势。

- 一键自动化分析，图表统计呈现，操作简单，结果直观。
- 适用于十多种测试场景下的语音延迟、抖动以及丢包率等性能参数的计算。
- APMT 已用于集群通信系统的性能测试，并有效帮助开发测试人员在海量数据中发现隐蔽的缺陷，自动化完成语音性能分析。

综上所述，APMT 是一种实时测量监控网络实时音频服务质量（QoS）性能的新方法，实现了传输时延、抖动和丢包率等重要性能指标的分析与处理。该新方法可以较大程度地提高性能测试效率,改进了传输时延、时间抖动的测量方法,提高了测量精度,并首次实现了音频数据丢包率的测试和度量,有效地支持语音 QoS 性能分析。该方法可以在其他网络实时音频测试环境中重用和推广,特别是语音编码模式存在转换的场景。在今后的工作中,将继续扩展和提升该方法,比如提供更友好更人性化的图形界面,提供自动化报警功能;与现有的自动化测试平台融合,更高效地进行性能分析,实现质量的持续改进。

11.4 持续集成及其案例

近年来,社会的进步及科技的发展使得软件的应用越来越广泛,软件的规模越来越大,复杂度也越来越高。较大规模和较高复杂度使集成变成了一件困难的事情,软件项目团队极可能会遇到下面一些问题。

- 研发人员要等很长时间才能看到自己提交的结果。如果研发人员严格遵守"频繁提交"原则,则上百人的大型研发团队将一直处于提交状态,使集成服务器始终繁忙,某位研发人员必须等待其他研发人员提交的构建通过后,才能知道自己的提交是否构建成功、是否测试通过。
- 一旦构建失败,研发人员将花费较长时间才知道这次失败是否与自己提交的改动相关。
- 测试人员不知道在哪里拿对应的构建来进行测试。
- 项目经理不确定测试人员是否在正确的运行环境上运行了正确的版本等。因此找到一种高效的解决上述问题的持续集成方法就成了当务之急。

我们提出了基于 DevOps 能力模型的大规模持续集成方法,该方法从自动化、质量保障及可视化三个维度出发,通过自动化使软件构建、测试、发布整个流程更加频繁、快捷及可靠,通过可视化使项目各项数据形象直观,加强软件开发人员、质量保障人员和运营维护人员的沟通合作。

作为一种重要的软件开发实践,持续集成要求团队研发成员频繁集成其工作,通常要求每个成员每天至少完成一次集成。每一次集成都必须通过自动化构建(包含编译、发布、自动化测试)验证,使得集成错误及早被发现。

下面将介绍一种基于 DevOps 能力模型的以团队基础服务器(Team Foundation Server,TFS)为核心的持续集成的新方法,并在数字集群通信系统对讲机管理软件(Radio Management,RM)开发项目中应用并得到了验证。

数字集群通信系统广泛应用于公共安全、交通运输、能源和物流等领域。作为数字集群通信系统的手持设备,对讲机为无线用户提供语音和数据服务,在各行各业的指挥调度中发挥了重要作用。对讲机管理系统为对讲机用户提供了计算机和对讲机之间的编程接口。RM 允许客户修改对讲机配置文件,使客户能够轻松地管理和更新对讲机的软件。该项目有下面几个特点。

- 项目团队比较分散,除了中国之外,欧洲和美国也有部分开发人员。
- 项目规模较大,有超过 100 人参与其中,代码行数达到近百万行。

- 项目关系复杂,影响面较广,涉及固件、多条产品线、软件遗留系统的重用和架构的重构。
- 最重要的一点,在采用DevOps能力模型方法之前,RM项目几乎没有自动化构建、测试及版本控制技术,编码、构建、集成、测试、交付等还处于各自为政的状态,没有打通整个项目链条。

RM系统需要支持及兼容数款主流对讲机型号,而且未采用持续集成方法,一个主版本通常需要约一百名工程师历时近一年时间开发测试交付完成,效率较低。

软件开发生命周期过程随着时间的推移而演变。开发团队意识到定期构建的重要性,开始了每周构建。然后,当每日构建开始时,构建变得越来越频繁,甚至出现了每小时构建。由于频繁构建的好处变得更加明显,团队需要更多的构建。这是因为软件开发的持续集成使软件团队获得正式、可靠的构建。因此,高效持续集成的关键实践为以下几点:只需要维护一个统一的源码库;支持自动化构建;自行测试每次构建;每位研发人员每天都必须将代码提交到主线上;每次提交后主线必须在集成服务器上被重新构建;确保构建快速便捷;测试在模拟环境中进行;每位研发人员都能容易得到最新的可执行文件;每位研发人员都能观察到进度;部署自动化等。由于开发人员和测试人员进行持续的同步工作,要求他们互相之间要不断地更新和反馈消息,了解软件质量的实时状况和快速地修复缺陷。基于这点,持续集成的自动化将发挥巨大的作用。

现阶段持续集成自动化平台较多,如CruiseControl、Jenkins和Integrity等,百花齐放,各有千秋。本书提出的基于DevOps能力模型持续集成新方法以微软应用程序生命周期管理服务器团队基础服务器(Team Foundation Server,TFS)为核心,提供源代码管理、报告、需求管理、项目管理、自动构建、实验室管理、测试和发布管理等功能,覆盖了整个应用程序的生命周期。

DevOps能力模型如图11.24所示,包含三个部分:开发、质量保障和运维,它是三者的交集。DevOps能力模型的目的是通过高度自动化工具与流程,实现更好地优化软件开发(Development,Dev)、质量保障(Quality Assurance,QA)、运维(Operations,Ops)流程,开发运维一体化,使软件构建、测试、发布、运营、维护乃至整个生命周期管理更加快捷、频繁和可靠。

DevOps能力模型具有以下几点优势。

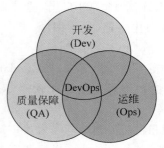

图11.24　DevOps能力模型示意图

- 代码的提交直接触发构建及测试:消除等待时间,快速反馈软件质量。
- 每个变化对应一个交付管道:使问题定位和调试变得简单。
- 开发流程全程高效自动化:稳定、快速、可预测交付结果。
- 自动化回归测试持续进行:提高软件交付质量。
- 软硬件设施和资源共享并按需提供分配:资源利用率最大化。

该模型聚焦于在一个大型组织内实施持续集成必须遵循自动化、质量保证、可视化、持续交付、技术运营、组织文化等方面所需要的能力,有的放矢地解决前面提到的各种问题并持续改进符合企业特点的持续集成系统。可以从中选取3～4点,作为能力模型的维度,并在每个维度上深化,持续改进使能力提升。该模型可根据相应得分而分级（L1～L5，L1 为最低级入门级，L5 为最高级极致级），如表 11.8 所示。表中 CI 能力得分满分为 100，分 3 个维度打分，分别是自动化、质量保障和可视化，各项满分分别为 35 分、35 分和 30 分。总分低于 20 分即为 L0 无序级，不低于 20 分但低于 40 分即为 L1 入门级，不低于 40 分但低于 60 分即为 L2 进阶级，不低于 60 分但低于 80 分即为 L3 高阶级，不低于 80 分但低于 90 分即为 L4 精通级，不低于 90 分但低于 100 分即为 L5 极致级。

表 11.8　DevOps 能力模型

级别	基本描述	核　心　点	CI能力得分（满分100）		
			自动化	质量保障	可视化
L0	无序	尚未建立自动化	[0,20)		
L1	入门	建立基本自动化，投入测试	[20,40)		
L2	进阶	开发自动化能力，形成规范	[40,60)		
L3	高阶	提升自动化应用广度和深度	[60,80)		
L4	精通	全员建设 CI，构建系统完善	[80,90)		
L5	极致	产品随时可发布	[90,100]		

持续集成方法的实施和改进会紧扣 DevOps 能力模型的这些维度来描写：自动化、质量保障及测试、可视化，从这 3 个维度分别详细阐述基于 DevOps 能力模型的持续集成新方法的特点及其在 RM 项目中的具体应用及成效。

DevOps 能力模型中第一个维度是自动化，其中最重要的是如何实现自动化开发及构建（Dev）。如何减少编译时间？如何增加每天的集成次数和编译次数？如何创建一个稳定的可以随时发布的应用程序代码库？如何实现自动化集成并且自动回滚有缺陷的代码？为了回答这些问题，RM 项目找到的解决方案是基于 DevOps 能力模型的自动化构建系统。图 11.25 显示了 RM 项目的构建系统的拓扑结构。图中构建控制器（Build Controller）存储和管理一个或多个构建代理的服务。它将处理器密集型工作（如编译代码或运行测试）分发到池中的各个构建代理进行处理。构建控制器处理工作流，通常执行大多数轻量级工作，例如，确定构建的名称，在版本控制中创建标签，记录注释以及报告构建状态。因为构建控制器通常不需要大量的处理器时间，所以虚拟机通常足以用作构建控制器的平台。每个构建代理（Build Agent）专用于单个构建控制器并由其控制。构建代理的工作包括从版本控制库中获得文件、签入文件、编译源代码及测试。当组装一个构建系统时，可以从几个代理开始。然后可以在添加团队成员时添加更多构建代理，随着代码库的增长和构建系统的工作增加，进行构建系统扩展。TFS 构建系统的核心就在于构建定义与其工作流程。构建定义描述了构建的过程，包括编译哪些代码项目的指令，什么样的行动触发构建，运行什么测试，以及许多其他的选择。构建定义有一系列的定义需要填，就像一个代码项目的属性页。

TFS 构建系统的另一个独创性在于构建工作流程（Build Workflow）。构建工作流程定义具体的构建过程，比如给出编译哪些代码项目的指令、什么事件应该触发构建以及运行什么测试。本质上工作流程就是定义团队基础构建（Team Foundation Build，TFBuild）的构建代码、运行测试并运行其他程序如脚本的方式的 XAML 文件。每个构建定义都有一个对

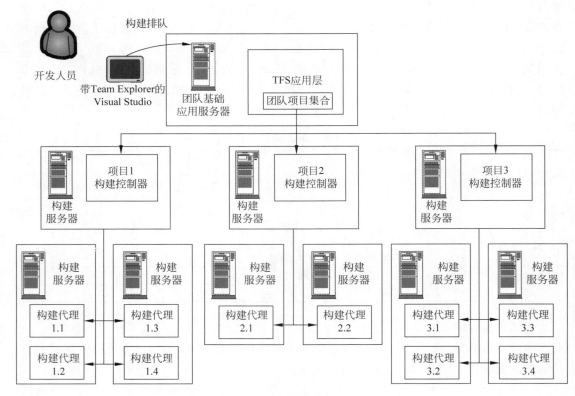

图 11.25　RM 项目 TFS 构建系统的拓扑结构

应的工作流程文件,如图 11.26 所示。使用 TFBuild 还可以创建和管理自动编译和测试应用程序并执行其他重要功能的构建过程,并使用构建系统来支持持续集成的策略,或者进行更严格的质量检查,以防止质量差的代码"打破构建"。

DevOps 能力模型中第二个维度是质量保障及测试。为了在任何时间点都可以向客户交付可运行高品质的软件产品,需要建立持续集成和自动化测试配合的机制。集成和测试的整合,意味着代码在合成到主干前,系统就可以捕获新代码的编译错误或功能错误,并触发代码自动回滚,这是一套动态并且强大高效的机制。

RM 自动化测试平台是以团队基础服务器为核心搭建起来的,实现了用测试分组和并行化降低测试周期、测试集合管理、测试环境管理:自动部署到测试实验室及不同级别测试:封闭签入测试(Gated Test)、签入后测试(Post Test)、用户界面自动化测试(UI Automation Test)等。封闭签入测试是其中具有独创性的测试方法。图 11.27 显示了封闭签入的具体过程。当工程师提交代码修改时,快速持续集成被触发。如果编译或封闭签入测试失败,将阻止代码签入,并将代码回滚到测试通过的版本,系统还将自动触发邮件告知机制,将编译或封闭签入测试错误信息通过邮件发送给提交代码的工程师;如果通过编译和封闭签入测试,代码将被签入。封闭签入过程提高代码的质量,而且避免了无意义的重复劳动和人工操作可能存在的潜在错误。代码签入后,签入后测试将被触发,测试报告将发送给提交者。并且在夜间 12 点运行涉及范围更广、测试用例更多的自动化测试。

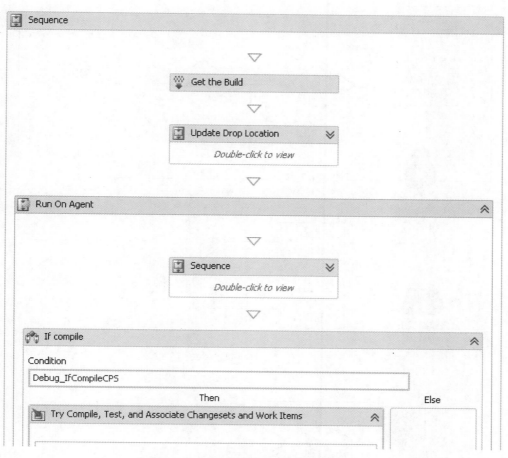

图 11.26 RM 项目 TFS 构建工作流程

如图 11.28 所示,在 RM 测试框架中 TFS 负责安排自动化测试、实验室部署和测试结果收集等一系列活动。测试框架中主要组件如下:测试管理器(Test Manager)、测试控制器(Test Controller)、测试代理(Test Agent)及实验室管理器(Lab Manager)。测试管理器主要功能是为软件测试人员和测试主管提供一个专用于管理和执行测试计划的工具,将测试计划、测试集合和测试用例存储于 TFS 中。它负责配置测试控制器,测试控制器负责配置测试代理并安排一个或多个测试代理以便执行自动化测试。测试运行完后,测试控制器收集测试代理的测试结果数据。TFS 保存这些数据便于生成测试报表。测试代理(Test Agent)是作为实验室环境的一部分的工作站,实际测试由测试控制器控制并在测试代理上运行。事实上,测试管理器充当 TFS 客户端界面来驱动自动化测试,这意味着在测试管理器运行测试计划之前,必须正确设置 TFS,测试控制器和测试代理。实验室管理器主要用于生成标准测试环境使测试代理能顺利部署构建运行自动化测试。

RM 项目基于 TFS 搭建了自动化测试平台,其工作流程共有七步。第一步,确定测试环境,即多台计算机的集合,其中每台计算机都有特定的功能,软件在环境上部署及执行测试。第二步,创建测试配置,测试管理器利用测试配置定义不同的测试场景。第三步,创建或导入测试用例,测试用例由工作项标识:手动创建测试用例工作项,并将它们与测试方法

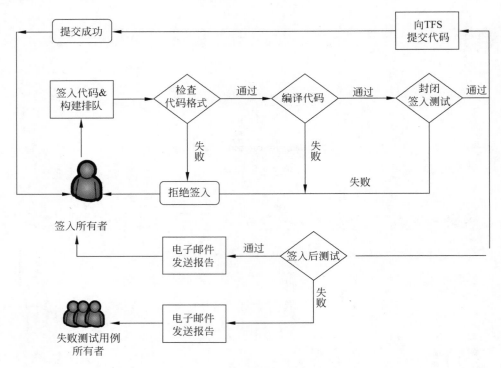

图 11.27　封闭签入流程

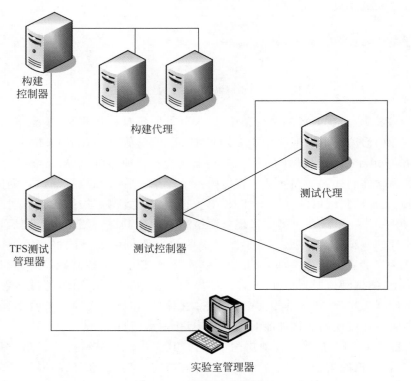

图 11.28　RM 测试框架

相关联或者使用 tcm 命令从测试程序集(DLL)自动生成测试用例工作项；测试管理器可以通过测试中心跟踪查询功能，搜索存在的测试用例。第四步，创建测试计划，创建由查询生成的多个测试用例组成的测试套件。第五步，在测试管理器上运行自动化，确保选择正确的选项：正确的构建包含测试程序集及其依赖项、测试运行环境及要使用的测试设置。第六步，构建完成后触发自动测试，新构建完成后，可以在"进程"选项卡中指定如何根据默认工作流模板执行自动化测试。第七步，得到可视化的测试结果，如图 11.29 所示。图中显示测试结果的概况，比如基于某些功能模块的测试集合的通过率和总的测试用例通过率等测试数据，可为进一步测试、持续集成及质量改进提供重要依据。一旦测试失败，一方面记录会自动发送给代码提交者和测试负责人，缺陷会被及时记录及修复；另一方面快速定位到哪次提交的代码影响了主干代码的稳定性，并可以使代码快速回滚到上一个稳定版本。

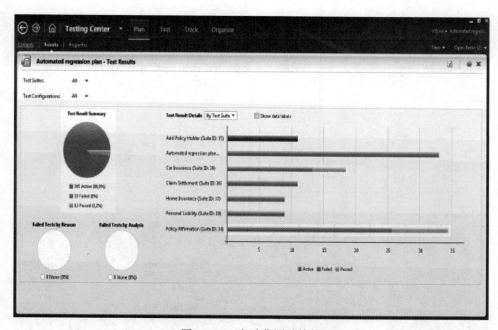

图 11.29 自动化测试结果

该方法不仅支持回归测试的全自动化，而且测试周期大幅缩短，实现了测试环境准备、测试用例执行的自动化，提高了测试效率。

DevOps 能力模型中第三个维度是可视化。持续集成和改进需要依靠数据全面反映 DevOps 状态的数据，并且可视化贯穿持续集成的全过程，因此需要建设可视化的能力。基于 DevOps 能力模型的可视化软件的开发吸收了多种先进的开源技术的优点。而其中，Python Flask 是使用 Python 编写的轻量级 Web 后端应用框架；MongoDB 是基于分布式文件存储的数据库；G2 是由纯 JavaScript 编写的语义化图表生成工具；React 是脸书公司提供的响应式(Reactive)和组件化(Composable)的视图组件技术；AngularJS 是谷歌设计和开发的一套功能全面的前端开发框架；jQuery 是一个快速简洁的 JavaScript 库；BootStrap 是 Web 样式 CSS 框架，它为 HTML 提供了一种网格式的样式描述方案，直观地定义了 Web 页面元素的显示方式。在这里以质量保障及测试(缺陷数量趋势、缺陷生命周期和失败的测试用例等）和项目完成度中的燃尽图和产品代办项为例，阐述如何进行可视化。

图 11.30 就是可视化页面中质量保障及测试的结果。图中左上角表示过去、现在和预测将来的缺陷数量。如果测试运行一段时间之后，缺陷数量趋于稳定或不再增长，这说明测试比较充分，发现了绝大部分的缺陷，预计尚未发现的缺陷较少。相反，如果缺陷持续增加，说明极有可能还有更多的缺陷尚未发现，还需继续测试，项目远未达到交付标准。图中右上角给出了缺陷生命周期和状态等指标，比如在最近 7 天发现的缺陷有 59 个已解决，有 2 个尚未解决，有 3 个推迟到下个交付解决，没有处于监控状态的缺陷。图中左下角表示最近 20 天内每天失败的测试用例的趋势，可看出测试用例失败的数量尚未减少，还需继续加大力度分析测试结果，判断是测试用例缺陷还是软件缺陷。图中右下角表示失败的测试用例分布图，反映不同的组件各有多少测试用例失败。测试和开发人员可以判断潜在问题较多的组件集中力量分析。通过这些直观化的信息，团队可以分析软件质量情况，解决缺陷，预测何时能结束测试交付产品。

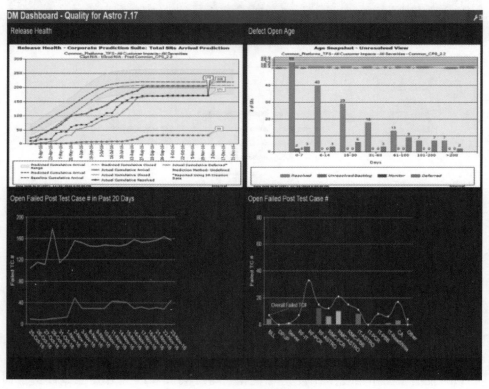

图 11.30　质量保障及测试可视化

在项目完成度方面，RM 项目主要选取燃尽图和产品代办项等来反映项目完成情况。图 11.31 左上角是项目某阶段的燃尽图，可看出现阶段的进度领先于计划预期，项目进展较顺利；右上角是现阶段优先级最高的 5 个产品待办项（Product Backlog Item，PBI）。5 个待办项中，有 1 个工作量较大，占 30 人·月；3 个工作量居中，占 13～15 人·月；1 个工作量较小，暂时忽略不计。可看出，优先级最高的 5 个产品待办项的总工作量为 71 人·月，整体基本可控，不会带来太大的进度风险。

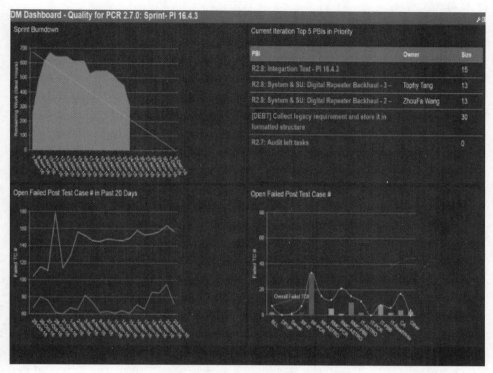

图 11.31　某项目冲刺进展情况可视化

在引入可视化之前,团队存在的一种典型的反模型是含糊不清的"完成"定义,开发人员迫于时间压力可以侥幸少做一些功能或忽略一些潜在缺陷,引发的功能障碍的例子就是:团队签入了许多功能点,冲刺结束时绝大多数功能点都是"几乎完成",但都有细小的模块没有实现。这导致产品负责人在软件上市前无法判断还剩余多少工作为真正完成,从而带来了不可预测性、不确定性及未知的质量风险。而自从团队明确定义了项目完成度的关键因素,并以可视化的形式设置了需要认真对待的"完成"标准,开发人员主观或非主观漏掉功能点并导致软件不可上市的情况被消除。

从项目实践可知,基于 DevOps 能力模型的持续集成新方法能显著缩短构建周期和软件版本控制的时间。如图 11.32 所示,RM 项目使用了该方法后进行软件版本控制的时间从之前未使用该方法的手工集成 150min 缩短到 3min,效率提升 98%;构建周期从之前未使用该方法的平均 270min 缩短到 80min,效率提升 70%。为了验证该方法的成效,将该方法移植到类似项目,使用了该方法软件版本控制的时间从之前未使用该方法的 48min 缩短到 3min,效率提升近 94%;构建周期从之前未使用该方法的平均 109min 缩短到 40min,效率提升约 63%。由两个项目的实践得到结论,采用 DevOps 能力模型持续集成新方法使 RM 项目构建周期和软件版本控制时间显著降低,效率显著提高。

基于下面几个方面的分析,可以得出 RM 持续集成系统的特点。

(1) 性能方面,新方法的每一步都采用了自动化技术,能快速完成。这里将持续集成可分为两类:快速持续集成和全面持续集成。快速持续集成可以实现立等可取(如果不包括可用性测试可以在 5min 内完成),而且支持封闭签入,如果包括可用性测试可以 10min 内

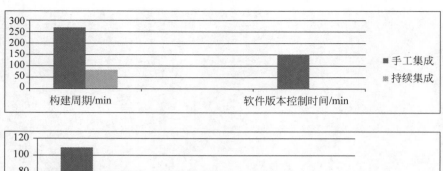

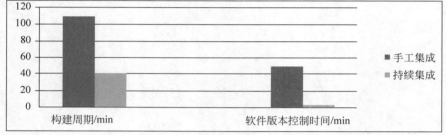

图 11.32　新方法使用前后构建周期和软件版本控制时间比较

完成。全面持续集成如果不包括测试可以在 30min 内完成。其中，测试可以在其他专用测试机上部署和执行，测试时长是变化的，依赖于团队选择测试用例的策略和不同目的的测试类型，还可以通过在多个测试机上分布式运行测试用例来缩短测试周期。

（2）质量保障及测试极大地提高了生产效率和软件质量。如果没有一个稳固和及时反馈的质量系统，持续集成就是一个纸老虎。新方法预先创建好测试用例集合，根据测试目标和功能自动选择测试集合并监控测试是否通过，如果通过将测试结果保存至测试结果库中。如果测试失败，通过自动发送邮件通知和报告等机制，帮助开发人员快速定位问题，找出问题原因，修复问题并通过测试。

（3）新方法还实现了非常有意义和强大的可视化及报告功能，包括：在持续集成构建服务器的启动/关机测量；构建请求和持续集成服务器的响应时间统计；需要注意的突出问题的报警；构建代理的短缺；过于频繁地签入代码导致持续集成资源短缺，能定位到特定的构建和发起者；可能是由于糟糕的设计或编码引起的与之前构建相比太长的周期。RM 持续集成最终实现了团队按计划构建，项目按计划运行，质量有保证；能够向个人、团队/项目发起报告。

（4）可用性方面，新方法实现了构建服务器的相互备份，物理位置在不同国家的服务器互为备份，当某台服务器关闭时，另一台支持自动切换。当出现故障服务器恢复正常再次运行时，构建服务器可以自动切换，提高了系统可靠性。

（5）该方法还实现了硬件资源的高效利用：一方面是充分利用了虚拟机，能够在 Hyper-V 环境中部署复杂的应用程序，支持构建自动化及测试自动化，并且按需动态分配资源；另一方面使 24h 全天候运行状态成为现实。

该项目牵涉多条产品线由几个子项目组成，是一个为期 3 年的产品规划。重建的 RM 系统对未来的集群通信系统无线终端设备的产品线发展有重大意义。在采用 DevOps 能力模型方法之前，RM 项目几乎没有自动化构建、测试及版本控制技术，编码、构建、集成、测试、交付等还处于各自为政的状态，没有打通这一链条，处于 DevOps 能力模型的无序级。

采用 DevOps 能力模型方法之后,RM 项目有效利用了各项自动化技术,加强了质量保障及测试,实现了数据可视化,发动全体人员建设持续集成系统,构建了一个相对完善的系统,基本达到了 DevOps 能力模型中的精通级。

项目实践中采用 DevOps 能力模型方法来实现持续集成,该方法实现了 RM 自动化生命周期管理,其中包括:封闭签入、编译/构建、静态分析、组件测试、代码混淆、安装包生成、安装包部署、集成测试、黑盒测试和错误报告。通过 RM 项目实践,证明该方法极大提高了软件发布效率。由于使用该方法使研发成本减少了 40%,将原来 4 个月的迭代周期缩短到 1 个月,并且实现软件每天可以发布。并且 RM 项目是一个由跨越 5 个国家、3 个大洲和 3 条产品线的 100 多位开发人员的团队组成的大规模软件项目。该方法成功完成了对 100 万行代码、27 年历史的对讲机管理系统架构的重构,并且兼容市面上主流对讲机的所有功能,大大减少了软件人工干预程度,较大程度地提高了软件开发集成发布效率。

值得特别指出的是,该方法显著地提高了软件质量并降低了项目风险。经过集成测试,每个改动签入的问题都会被更早地发现。长时间的集成不再存在,盲区被彻底消除了。在任何时间都知道项目的进展,什么能运转,什么不能运转,系统里有什么明显的问题,这些都一目了然。持续集成不能防止问题的产生,但明显简化定位和修复问题工作。由此可见,该方法使软件开发工作更便捷,在软件开发生命周期中的每个环节都能获得可部署的软件,并且能及早发现缺陷,缩短了开发时间,降低了软件研发成本。通过该方法,软件研发团队可以降低风险及减少重复性劳动,使得整个研发团队能更好地掌握项目的状态,在资源有限的情况下按时地保质保量地顺利完成项目。

通过项目实践,可看出基于 DevOps 能力模型持续集成新方法具备下列这些优点:当开发、测试及运维人员处于分布式开发环境中,持续集成是一种很好的方式确保开发人员正在构建的构建是最新的;连续集成能减少回归次数;开发人员能尽早捕获构建中断,不必等待一天或一周的结束才了解某个签入对构建的影响;在软件生命周期中集成测试提前进行,每次签入都要进行集成测试,尽早发现问题;持续集成能实现更好的开发过程,每个开发者都要对构建负责,而且总是有一个最新最好的构建,用于演示和展示等。当然,该方法也有一些不足之处,例如,持续集成会增加维护开销;需要开发人员改变心态;签入直接导致代码备份,因为程序员无法签入部分完成的代码等。

为了更好地阐述新方法的优势,将该方法与传统方法进行对比分析。由于 Jenkins 方法在业界使用最广泛,最具有代表性,因此将该新方法与 Jenkins 方法从三个方面做了对比分析,结果如表 11.9 所示。从三个方面比较可见,基于 DevOps 能力模型持续集成新方法与现有较常用的持续集成平台 Jenkins 比较,前者具有以下一些优点:插件实用性较高,界面友好,清爽简洁,代码构建支持更换代理,构建流程较清晰。但是也有一些不足,如插件不够丰富,后期可以丰富其插件库,来进一步提升该方法的优越性。

表 11.9 新方法与 Jenkins 方法比较

项目	Jenkins 方法	新 方 法
插件	丰富,实用性有待提高	不够丰富,实用性较高
界面	不够友好	友好,清爽简洁
构建	不支持代理更换,流程不够清晰	支持更换代理,流程较清晰

综上所述，该持续集成新方法创新性地提出了 DevOps 能力模型，并且从自动化、质量保障及可视化等维度出发，实现了多个产品且每个产品多版本的软件开发、测试及运维的高效融合，提高了开发效率，降低了项目质量风险。实践证明，该方法值得在其他大规模软件开发项目中推广和部署。在今后的研发项目中，团队前进的方向为实现产品随时可发布，努力做到极致级别的持续集成。

11.5　本章小结

本章描述了自动化测试的设计、开发和维护，重点在于自动化动态功能测试的概念、方法、工具和过程。本章所描述的方法适用于软件生命周期中广泛使用的方法（例如，敏捷开发、顺序开发、增量开发、迭代开发）、软件系统的类型（如嵌入式、分布式、移动式）和测试类型（功能性和非功能性测试）。并简要介绍了几个软件项目中的自动化测试实例，供读者参考。

参 考 文 献

[1]　朱少民.软件质量保证和管理[M].北京：清华大学出版社,2007.

[2]　秦航,杨强.软件质量保证与测试[M].2版.北京：清华大学出版社,2017.

[3]　郑文强,周震漪,马均飞.软件测试基础教程[M].北京：清华大学出版社,2015.

[4]　贺平.软件测试教程[M].3版.北京：电子工业出版社,2014.

[5]　Huang M,Zheng T. An Instance of DFSS on Matrix Radio Power up Performance Optimizing[C].
Motorola Technical Symposium,2008,4(1)：1136-1142.

[6]　CSTQB. ISTQB认证测试工程师基础级大纲 2018 V3.1 版[EB/OL]. www. cstqb. cn,2019.

[7]　CSTQB. ISTQB认证测试工程师高级大纲测试自动化工程师 2016 版[EB/OL]. www. cstqb. cn,
2018.

[8]　CSTQB. ISTQB认证测试工程师高级大纲测试人员 2012 版[EB/OL]. www. cstqb. cn,2015.

[9]　CSTQB. ISTQB认证测试工程师高级大纲测试经理 2012 版[EB/OL]. www. cstqb. cn,2015.

[10]　CSTQB. ISTQB认证基于模型测试工程师基础级大纲 2015 版[EB/OL]. www. cstqb. cn,2017.

[11]　CSTQB. ISTQB认证测试工程师高级技术测试人员大纲 2012 版[EB/OL]. www. cstqb. cn,2015.

[12]　CSTQB. ISTQB认证测试工程师基础级敏捷测试工程师大纲 2014 版[EB/OL]. www. cstqb. cn,
2015.

[13]　CSTQB. ISTQB认证测试工程师高级敏捷测试技术大纲 V1.1 版[EB/OL]. www. cstqb. cn,2019.

[14]　ISO/IEC/IEEE 12207：2017 Software and software engineering — Software life cycle processes[S/OL].
[2021-12-31]. https：//www. iso. org.

[15]　中国人民共和国国家标准 GB/T 8566—2007.信息技术软件生存周期[S]. 2007.

[16]　林锐.CMMI 3 级软件过程改进方法与规范[M].北京：电子工业出版社,2003.

[17]　刘桂林.关于软件工程标准化现状的思考[J].江苏科技信息,2017,16(6)：79-80.

[18]　ISO/IEC DIS 90003(E). Software engineering — Guidelines for the application of ISO 9001：2015 to
computer software[S/OL]. [2021-12-31]. https：//www. iso. org.

[19]　Nina S. Godbole. 软件质量保障：原理与实践[M].北京：科学出版社,2010.

[20]　ISO/IEC 30130：2016 Software engineering —Capabilities of software testing tools[S/OL]. [2021-
12-31]. https：//www. iso. org.

[21]　张浩华,赵丽,王槐源.软件质量保证与测试技术研究[M].北京：中国水利水电出版社,2015.

[22]　卡内基梅隆大学软件工程研究所 SEI. CMMI® 开发模型(2.0 版)[S]. 2018.

[23]　TMMI 协会. TMMi® 测试成熟度模型集成(1.2 版)[S]. 2018.

[24]　李慧贤,刘坚.数据流分析方法[J].计算机工程与应用,2003,39(13)：142-144.

[25]　马均飞,郑文强.软件测试设计[M].北京：电子工业出版社,2011.

[26]　董昕.一种新的数字集群通信系统网关内存测试方法[J].现代电子技术,2015,38(7)：34-381.

[27]　董昕,王杰.一种自动生成软件测试用例的新方法[J].计算机应用与软件,2017,34(10)：46-50.

[28]　董昕,王杰,邹巍.网络实时音频 QoS 性能分析新方法[J].电讯技术,2018,58(9)：1096-1102.

[29]　董昕,郭勇,王杰.基于 DevOps 能力模型的持续集成新方法[J].计算机工程与设计,2018,39(7)：
1930-1937

[30]　朱二喜,华驰,徐敏.软件测试技术情景式教程[M].北京：电子工业出版社,2018.

［31］ ISO/IEC/IEEE 29119-4：2015 Software and systems engineering — Software testing. Part 4：Test techniques［S/OL］.［2021-12-31］. https：//www. iso. org.

［32］ 李香菊,孙丽,谢修娟,等.软件工程课程设计教程［M］.北京：北京邮电大学出版社,2016.

［33］ 余慧敏,徐白,周楷林,等.动态软件测试中的白盒测试和黑盒测试探讨［J］.网络与信息工程,2018(8)：58-59.

［34］ 周元哲.软件测试［M］.北京：清华大学出版社,2013.

［35］ 韩利凯,高寅生,袁溪.软件测试［M］.北京：清华大学出版社,2013.

附录 A　代码审查规范及代码审查

附录 B　Java 语言编码规范标准

图书资源支持

感谢您一直以来对清华版图书的支持和爱护。为了配合本书的使用，本书提供配套的资源，有需求的读者请扫描下方的"书圈"微信公众号二维码，在图书专区下载，也可以拨打电话或发送电子邮件咨询。

如果您在使用本书的过程中遇到了什么问题，或者有相关图书出版计划，也请您发邮件告诉我们，以便我们更好地为您服务。

我们的联系方式：

地　　址：北京市海淀区双清路学研大厦 A 座 714

邮　　编：100084

电　　话：010-83470236　　010-83470237

客服邮箱：2301891038@qq.com

QQ：2301891038（请写明您的单位和姓名）

资源下载：关注公众号"书圈"下载配套资源。

资源下载、样书申请

书 圈

获取最新书目

观看课程直播